V&R

Beiträge zur Individualpsychologie

Band 30: Ulrike Lehmkuhl (Hg.)
Die Bedeutung der Zeit. Zeiterleben und Zeiterfahrung aus Sicht der Individualpsychologie

Ulrike Lehmkuhl (Hg.)

Die Bedeutung der Zeit

Zeiterleben und Zeiterfahrung aus Sicht der Individualpsychologie

Mit 22 Abbildungen
und 10 Tabellen

Vandenhoeck & Ruprecht

Bibliografische Information Der Deutschen Bibliothek

Die Deutsche Bibliothek verzeichnet diese Publikation in der Deutschen Nationalbibliografie; detaillierte bibliografische Daten sind im Internet über ‹http://dnb.ddb.de› abrufbar.

ISBN 3-525-45011-7

Printed in Germany
Satz: KCS GmbH, Buchholz/Hamburg
Druck und Bindung: Hubert & Co., Göttingen

Gedruckt auf alterungsbeständigem Papier.

Inhalt

Vorwort

»Das Leben ist kurz, weitläufig die Wissenschaft« und »Es mangelt uns nicht an Zeit, sondern wir verschwenden sie.«

Seneca (4 v. Chr.–65 n. Chr.)[1]

Die Zeit ist definiert als die Abfolge von Vorgängen von der Vergangenheit über die Gegenwart in die Zukunft. Seit Isaac Newton galt die Zeit als Absolutgröße, das heißt, zwei Ereignisse finden unabhängig vom Standpunkt des Beobachters entweder gleichzeitig oder mit fester Zeitdifferenz statt. Nach der Relativitätstheorie hängt die Zeit von der Relativbewegung verschiedener Uhren ab, sodass vor allem die Gleichzeitigkeit nicht mehr eindeutig festgestellt werden kann. Bei Annäherung an Lichtgeschwindigkeit erscheint uns die Zeit unendlich gedehnt (Harenberg Kursbuch Bildung 2003).

Zeit kann aber auch unter philosophischen, psychologischen und astronomischen Aspekten definiert werden. Das meistgebrauchte Hauptwort der deutschen Sprache ist »Zeit«, und nichts messen wir lieber, häufiger und mit mehr Akribie als sie – in jedem Jahr werden weltweit mehr als eine halbe Milliarde Uhren hergestellt. Zum Beispiel wissen wir heute, dass die Zeit auf dem Jupiter ein wenig langsamer als auf der Erde vergeht, dass sie an Bord eines Raumschiffs, das mit 260.000 Stundenkilometern durch das All rast, nur halb so schnell vergeht, und wir vermuten, dass es die Zeit im Schwerefeld eines Schwarzen Lochs gar nicht mehr gibt.

Wie die Zeit in uns selbst existiert, wie sie in unserer Wahrnehmung vergeht, ahnen wir nur. Einblick in das Wesen und die Struktur unserer *Eigenzeit* gewähren uns erst Situationen, die ihre Messung erschweren oder unsere Kontrolle über ihr Verstreichen gefährden: Etwa am achten Tag des Eingeschlossenseins beginnt die Orientierungslosigkeit. Nach zwei Monaten hat sich die Spanne der Ungewissheit um fünf Tage vergrößert.

1 Seneca: Die Kürze des Lebens. In: Grünbein, D.: An Seneca. Postskriptum. Frankfurt a. M., 2004.

Der Philosoph Johann Gottfried Herder (1744–1803) schrieb einmal, alles Vergängliche habe das Maß seiner Zeit in sich selbst. Der Mensch lernt erst im Alter von acht bis zehn Jahren, mit der Zeit umzugehen. Die Lebenszeit eines Europäers währt heute im Durchschnitt fast zweieinhalb Milliarden Sekunden, so lange wie nie zuvor in der Menschheitsgeschichte, und diese Zeit ist den Wenigsten genug.

Andererseits haben wir die Zeit fest im Griff. Auf Nanosekunden genau arbeiten unsere Instrumente. Wir sparen Zeit, um aus ihr Geld zu machen. Wir bewundern die Völker, die sich mehr Zeit gönnen, halten es aber dann nicht aus, wenn wir unter ihnen leben.

Schon Augustinus (354–430) ging der Frage nach, was denn die Zeit eigentlich sei. Eine befriedigende Antwort fand er bis zu seinem Tod nicht. Zuletzt hegte er starke Zweifel an ihrem Vorhandensein. Wie viel Zeit seines Lebens er bei dieser Suche verloren hatte, durfte er sich also kaum gefragt haben, denn: Was es nicht gibt, kann man nicht verlieren.

Der Berliner Schriftsteller Sten Nadolny nannte seinen 1983 erschienen Roman über einen englischen Seefahrer des 19. Jahrhunderts »Die Entdeckung der Langsamkeit«. Der Held konnte schon als Kind keine schnellen Bälle fangen und blieb zeitlebens langsam, in der Bewegung, in der Wahrnehmung und der Auffassung. Aber was er einmal aufgefasst hatte, bewegte er gründlich bis hin zu einer Philosophie der Bedächtigkeit und einer Toleranz für die Eigengeschwindigkeit eines jeden. Inzwischen hat sich der Titel des Buches verselbstständigt. »Die Entdeckung der Langsamkeit« wurde eine kulturelle Metapher für eine neue Art des Fortschritts in der Zivilisation, passend zu der Bemerkung des US-Historikers Will Durant: »Kein eiliger Mensch ist ganz zivilisiert.« Der Zeithistoriker Wendorff stellte fest, dass die verschiedenen Formen des Zeitbewusstseins miteinander rivalisieren. Seiner Einschätzung nach brauchen wir sowohl die exakte, harte, schnelle Zeit und die unbestimmte, weiche, langsame Zeit. Er plädierte dafür, uns für beide fähig zu halten, die zwischen ihnen bestehenden Spannungen auszuhalten und als Kraftpotenzial zu nutzen.

Dieser Band in einer wissenschaftlichen Reihe beginnt ausnahmsweise mit dem Auszug aus einem Roman, der auf das Thema einstimmt.

Ulrike Lehmkuhl

Sten Nadolny

Ausgewählte Textstellen aus dem Roman »Die Entdeckung der Langsamkeit«

In der Schule hat der Lehrer Dr. Orme John Franklins außergewöhnliche Langsamkeit studiert und mit Geräten zu messen versucht. Nach seinem Tod (1815) findet man ein Manuskript dazu und überreicht es Franklin, inzwischen Marineoffizier, der sich gerade auf eine Arktisreise vorbereitet. Er beschließt, sich der Schrift erst zuzuwenden, wenn er im hohen Norden ist.

Die Positionsbestimmung ergab, daß sie den 82. Breitengrad überschritten hatten. John legt sich Dr. Ormes Abhandlung über den Schüler F. zurecht. Er war jetzt kein Schüler mehr, er konnte das lesen.

Er war sogar gespannt darauf. »Die Entstehung des Individuums durch Geschwindigkeit« – er hatte immer befürchtet, in der Schrift könnte stehen, wie es mit ihm weitergehen würde. Jetzt hofft er das sogar, denn etwas Schlechtes konnte es nicht mehr sein.

Dr. Orme gebrauchte schwierige Wendungen wie: »Die Verschiedenheit der Menschen, insofern sie sich, gemessen an einer beliebigen Menge wahrnehmbarer Einzelerscheinungen, durch den Grad der Vollständigkeit ihres Sehens unterscheiden.« Die Verschiedenheit begründete Dr. Orme nicht etwa mit mechanischen Eigenschaften des Auges oder des Ohrs, sondern mit einer Einstellung des Gehirns: »Langsam ist der Schüler F., weil er alles, was ihm einmal aufgefallen ist, sehr lang ansehen muß. Das ins Auge gefaßte Bild bleibt zur gründlichen Erforschung stehen, nachfolgende gleiten unbesehen vorüber. Schüler F. opfert die Vollständigkeit zugunsten der Einzelheit. Für die letztere wird der ganze Kopf gebraucht, und es dauert seine Zeit, bis für eine nächste wieder Platz ist. Daher kann der Langsame keine schnellen Entwicklungen verfolgen –«

Aber ich habe die Blindheit und den starren Blick, dachte John, warum hat er das nicht erwähnt?

»– kann aber alles Einzigartige und die allmählichen Entwicklungen besser erfassen.«

Danach schrieb Dr. Orme über die »fatale Beschleunigung des Zeitalters«: er schlug vor, die Geschwindigkeit aller Individuen mit Geräten zu messen und dann zu entscheiden, wofür jedes sich besonders eigne. Es gebe »Überblicksberufe« und »Einzelheitsberufe«. Viele sinnlose Anstrengungen und Leiden erübrigten sich bei rechtzeitigem Messen der Geschwindigkeit. Schon in der Schule könne man Abteilungen für schnelle und langsame Kinder einrichten.

»Man lasse die Schnellen schnell und die Langsamen langsam sein, jeden nach seinem aparten Zeitmaß. Die Schnellen können in Überblicksberufe gebracht werden, die der Beschleunigung des Zeitalters ausgesetzt sind: sie werden das gut vertragen und als Kutscher oder Parlamentsabgeordnete beste Dienste tun. Langsame Menschen hingegen lasse man Einzelheitsberufe wie Handwerk, Arztgewerbe oder Malerei lernen. Aus dieser Zurückgezogenheit werden sie auch den allmählichen Wandel am besten verfolgen können und die Arbeit der Schnellen und Regierenden vom Ergebnis her sorgsam beurteilen.«

Flora Reed würde vor Zorn ganz leise werden, dachte John. Von Gleichheit keine Spur! Aber das hatte er zu früh gedacht, denn nur wenige Zeilen später kam Dr. Orme gerade von dieser seiner Theorie her zum allgemeinen Wahlrecht. Alle vier Jahre sollte die Bevölkerung Englands, und vielleicht sogar nur die Langsamen – auch die Frauen! –, unter den bewährtesten Schnellen die Besten aussuchen und so eine neue Regierung wählen.

»Gerade der Langsame«, argumentierte Dr. Orme, »weiß nach vier Jahren treffend zu beurteilen, was sich geändert hat und wie ihm mitgespielt worden ist.«

John überlegte sehr lange, dann schob er die Schrift beiseite. »Nein!« sagte er stolz und zugleich traurig. »Er hat sich da etwas ausgedacht!«

Wenn der Lehrer noch erfahren hätte, was John jetzt konnte und tat, er hätte alles anders geschrieben. Wenn ein Langsamer es entgegen den Voraussagen schaffte, mit einem schnellen Beruf zu leben, dann war er besser als die anderen.

Er wandte sich wieder dem Franklinschen System zu. Erste Gesichtspunkte standen schon im Strafenbuch:

»Ich bin der Kommandant und lasse daran nie einen Zweifel, vor allem nicht bei mir selbst. Meiner Geschwindigkeit müssen sich, weil sie die langsamste ist, alle anderen anpassen. Erst wenn in diesem Punkt Respekt geschaffen ist, können Sicherheit und Aufmerksamkeit einkehren. Ich bin mir selbst ein Freund. Ich nehme ernst, was ich denke und empfinde. Die Zeit, die ich dafür brauche, ist nie vertan. Dasselbe gestehe ich auch den anderen zu. Ungeduld und Angst werden nach Möglichkeit ignoriert, Panik ist streng verboten. Bei Schiffbruch müssen immer zuerst gerettet werden: KARTEN, BEOBACHTUNGEN UND BERICHTE, BILDER«.

Sir John Franklin, Gouverneur von Tasmanien, wird 1845 aufgrund von Intrigen aus seiner erfolgreichen Arbeit nach London zurückgerufen. Er will den falschen Anschuldigungen begegnen und sucht das Gespräch mit dem britischen Premierminister Sir Robert Peel. Der will zwar in den Fall nicht eingreifen, hat aber doch mit Franklin etwas vor.

Um seinem Gegenüber nicht zu lange in die Augen zu starren, senkte John den Blick, aber nur bis zu der hellen Schleife, die den steifen Kragen zusammenhielt. Dieser Kragen saß so eng, daß die Ecken dem Minister ständig in die Wangen stachen. Das vermehrte den selbstquälerisch-korrekten Eindruck ebenso wie die viel zu engen langen Hosen. Sie mochten eine schöne Gestalt noch verschönern, aber Peels kurze Beine wurden durch sie noch kürzer. John begann ihn irgendwo zu mögen. »Mir ist nun nahegelegt worden«, fuhr Peel fort, »sie der Königin für eine Erhebung« – er stellte sich auf die Fußballen – »zum Baronet vorzuschlagen. Nur wäre das ein Affront gegen Lord Stanley und kommt auch aus anderen Gründen nicht in Frage. Ich sehe eine bessere Möglichkeit. Setzen wir uns!«

Er ist mir nicht unähnlich, dachte John. Für ihn ist Ordnung keine Selbstverständlichkeit. Er hat das Chaos im Kopf und muß sich schrecklich anstrengen. Ein Bürgerlicher. Mühsam hat er sich seinen eigenen Rhythmus erkämpft. Ich habe einen Bruder gesucht mein Leben lang – vielleicht ist er wenigstens ein Vetter.

»Ich habe Ihre Schrift zur Schulgründung gelesen«, sagte Peel. »Dr. Arnold gab sie mir in Oxford. Langsamer Blick, starrer Blick, Panoramablick, ausgezeichnet! Der Gedanke der Toleranz, aufgebaut auf die Verschiedenheit der individuellen Geschwindigkeiten oder Geschwindigkeits-Phasen – sehr einleuchtend. Über die Schule sind wir einig. Lernen und Sehen sind wichtiger als Erziehung. Ich habe zur Zeit ständig mit sendungsbewußten Erziehern zu tun, Anglikanern, Methodisten, Katholiken, Presbyterianern. Gemeinsam ist allen: Sehen spielt keine Rolle, der gottgefällige Charakter ist alles.«

John fühlte sich erwärmt von so viel zustimmenden Worten. Noch immer blieb er wachsam. Als Theoretiker gelobt zu werden war nicht alles, was sich ein Praktiker wünschte.

»In die Schule muß mehr vom Geist unserer Navigatoren hinein«, sagte Peel, »und weniger von dem der Prediger«. Er zog die Uhr aus der Westentasche und hielt sie sich zum Ablesen an die rechte Kniescheibe. Weitsichtig also. John hatte schon davon gehört. »Um es kurz zu machen, Mr. Franklin: ich will eine neue Institution schaffen, einen Königlichen Beauftragten für Erziehung. Damit kann ich den vielen pädagogischen Ansprüchen entgegenkommen und sie zugleich in Schach halten. Die neue Stelle soll unter anderem für den Kinderschutz und die Einhaltung der Arbeitszeitbestimmungen zuständig sein. Sie soll Vereinheitlichungspläne prüfen und jährlich einen umfassenden Bericht über alle Schulen und die Lage der Jugend vorlegen. Dafür brauche ich jemanden, der nichts überstürzt, der keine persönlichen Ziele verfolgt, keine religiösen und weltverbessernden Interessen vertritt und sich unbeirrbar zeigt von Geschrei. Es muß einer sein, der einen guten Ruf und Integrität besitzt und dessen Ernennung nicht von einer der religiösen Gruppen als Provokation aufgefaßt werden kann. All das trifft auf Sie zu, Mr. Franklin!«

John merkte, daß er rot wurde, und gab sich Mühe, seiner Freude nicht ganz nachzugeben. Dieser Peel schien, wie er, aus eigener Notwendigkeit die Langsamkeit entdeckt zu haben. Er war offenbar bereit, ihr Geltung zu verschaffen. John meinte wie durch eine Wand ins Freie zu treten. Die Utopien seines Lebens waren wieder gegenwärtig: Kampf gegen unnötige Beschleunigung, sanfte, allmähliche Entdeckung der Welt und der Menschen. Eine sprechende Säule schien sich aus der Mitte des Meeres zu erheben, er sah Maschinen und Einrichtungen vor sich, die nicht der Ausnutzung, sondern dem Schutz der individuellen Zeit dienten, Reservate für Sorgfalt, Zärtlichkeit, Nachdenken. Auch schienen ihm Schulen möglich, in denen nicht mehr das Lernen unterdrückt und die Unterdrückung gelehrt wurde. Es gab kaum ein mächtigeres Reich als das britische, kaum einen mächtigeren Mann als dessen Premierminister, und keinen angeseheneren als Robert Peel. Wenn dieser ein Bruder war …

»Lassen Sie sich Zeit mit Ihrer Antwort«, sagte Peel und hielt abermals die Uhr ans Knie, »und schweigen Sie darüber noch zu jedermann. Wenn Ashley von der Sache Wind bekäme …«

John wurde wieder wachsam. Lord Ashley, der Earl von Shaftesbury? Das war doch der, der für die Abschaffung der Kinderarbeit kämpfte. John nahm sich ein Herz und fragte:

»Viel durchsetzen soll ich wohl nicht?«

»Wir haben uns vollkommen verstanden«, antwortete der Premier. »Es geht darum, mit großer Würde auf der Stelle zu treten. Plötzliche Änderungen gerade auf diesem Gebiet würden viele Gefahren heraufbeschwören – aber wem sage ich das!«

»Sie brauchen jemanden, der für alles zuständig ist, aber nicht viel tut«, überlegte John und stand auf. Sollte er die Augen zumachen und dem faulen Angebot zustimmen? Auszahlen würde es sich natürlich. Er ging zum Fenster. Trotz Peels spürbarer Ungeduld dachte er ausgiebig nach. Dann wandte er sich um: »Sie haben mir das Richtige angeboten, Sir Robert, aber aus den verkehrten Gründen und zum falschen Zweck. In der Tat, wir sollten darüber zu jedermann schweigen.« Damit verbeugte er sich und ging.

Aus: Sten Nadolny. Die Entdeckung der Langsamkeit.

Karlheinz Geißler

Die Zeiten ändern sich – mit Folgen

Time change – with consequences

What actually is »time«? We don't know – and yet we find ourselves talking more than ever about »time«. Times have never been, nor are they nowadays, the same. Actively experiencing time and our experiences of time have both seen momentous changes over the course of history. In the Premodern-Age time is not a focal point. Time is determined by the course of the stars as well as natural and social rhythms, without explicitly experiencing these as what we call »time« today. The cockerel and the sun determine time. In the Modern Age time moves into the foreground. It can be planned and organised. The organisation of time revolves primarily around work. As the popular equation goes »Time is money«. Who regulates the speed of the clock? Who determines time? These are the central questions of the Modern Age, the beginning of which was signalled by factory sirens and the steam locomotive and the end by the telephone as well as digital information transportation. Today, in the Postmodern-Age there are increasing signs that we are currently experiencing fundamental change in our attitude to time. The most important economic products is now information which is transported at the speed of light. If we have everything and everywhere at our immediate disposal, then the clock loses its significance and the time loses its monopoly as the determining measure of time. The order of the time is »one at a time«, and not all at the same time, which we call flexibility. The ethic of punctuality is being replaced by the ethic of flexibility. The time then becomes a time or an age alongside many others.

Zusammenfassung

Was ist »Zeit«? – Wir wissen es nicht – und doch reden wir mehr denn je über »Zeit«. »Zeit«, das ist das am meisten benutzte Substantiv in der deutschen Sprache, und sie ist das am präzisesten messbare Phänomen. Und trotzdem fragen wir immerzu »Was ist Zeit?« und suchen sie darüber hinaus unentwegt. Es waren und es sind nicht alle Zeiten gleich. Das Zeiterleben, die Zeiterfahrung hat in der Geschichte sehr folgenreiche Veränderungen durchgemacht. In der Vormoderne ist Zeit kein Thema. Die Zeit ist durch den Lauf der Sterne sowie durch natürliche und soziale Rhythmik bestimmt, ohne dass diese ausdrücklich als das erlebt wird, was wir heute »Zeit« nennen. Zeit ist Ereignis. Der Hahn und die Sonne bestimmen die Zeitmaße. In der Moderne wird Zeit zum Thema. Sie wird damit plan- und organisierbar. Diese Organisation erfolgt primär im Hinblick auf Arbeit. »Time is money«, lautet die populär gewordene Gleichung. Wer regelt den Takt, wer bestimmt die Zeit? Dies sind die zentralen Fragen der Moderne, an deren Anfang die Fabriksirene und die Dampflokomotive und an deren Ende der Telefontakt sowie der digitale Informationstransport stehen. Heute, im Zeitalter der Postmoderne, mehren sich die Zeichen, dass wir uns wieder vor einem grundlegenden Wandel unseres Umgangs mit der Zeit befinden: Wir sind am Ende der Uhrzeit angelangt. Das wichtigste Wirtschaftsgut sind die Informationen, die mit Lichtgeschwindigkeit transportiert werden. Schneller geht es nicht mehr. Wenn wir alles immer und überall und sofort zur Verfügung haben, wird die Uhr überflüssig, verliert die Uhrzeit ihr Monopol als bestimmendes Zeitmaß fürs Leben und Arbeiten. Die Pünktlichkeitsmoral wird von der Flexibilitätsmoral abgelöst. Die Uhrzeit wird zu einer Zeit neben vielen anderen. In der Zukunft wird es viele Zeiten und auch mehrere Zeitordnungen nebeneinander geben. Aber auch dies wird uns nicht die sehnlichst erwartete Befreiung von Zeitdruck bringen.

Norbert Elias, der sehr viel über Zeit und Gesellschaft nachgedacht hat, erzählt die Geschichte einer Gruppe von Menschen, die in einem unbekannten, sehr hohen Gebäude immer höher stiegen. Die ersten Generationen drangen bis zum fünften Stock vor, die zweiten bis zum siebenten, die dritten bis zum zehnten. Im Lauf der Zeit gelangten die Nachkommen bis in das hundertste Stockwerk. Dann brach das Treppenhaus ein. Die Menschen richteten sich in diesem hundertsten Stockwerk ein. Sie vergaßen im Lauf der Zeit, dass ihre Ahnen je auf unteren Stockwerken gelebt hatten und wie sie auf das hundertste Stockwerk heraufgelangt waren. Sie sahen die Welt und sich selbst aus der Perspektive dieser Höhe, ohne zu wissen, wie Menschen dahin gelangt waren. Ja sie hielten sogar die Vorstellungen, die sie sich aus der Perspektive ihres Stockwerks machten, für allgemein menschliche Vorstellungen (Elias 1984, S. 1016).

So geht es uns mit dem, was wir »Zeit« nennen. Es waren und es sind eben nicht alle Zeiten gleich.

Heute nun kann man sich vom Dach eines so großen Gebäudes mit dem Hubschrauber abholen lassen und damit den Blick von außen auf den Wolkenkratzer und seine Stockwerke richten. Dies will ich tun.

Wir können, bei grober Betrachtung, drei große Bauabschnitte unterscheiden: die Vormoderne, die Moderne und die Postmoderne.

Diese dreifache phasische Gliederung bietet sich für den Versuch an, die historische Entwicklung unseres individuellen und gesellschaftlichen Verhältnisses zur »Zeit« systematisch darzustellen.

Die Vormoderne

Die erste Phase ist gekennzeichnet durch eine enge Verbindung des gesamten Lebens – speziell auch der Arbeit – mit den Dynamiken der Natur. Natürliche Zyklen bestimmten den Lebensrhythmus (der Wechsel der Gestirne, Ebbe und Flut, Regenzeiten und Trockenzeiten, Tag und Nacht und andere mehr). An ihnen wurden kulturelle und soziale Ereignisse festgemacht. Bäuerliche Traditionen, die ja besonders eng in Naturvorgänge eingebettet sind, bestimmten das soziale Leben und das Zeitbewusstsein. Man lebte in der Natur und mit der Natur, ging mit den Hühnern schlafen und stand beim ersten Hahnenschrei wieder auf. Die Zeit war aufgabenbezogen strukturiert. Abstrakte Maße wie Jahreszahlen waren ungebräuchlich. Noch bis ins 17. Jahrhundert, so lässt sich aus Chroniken ersehen, konnten die wenigsten Menschen das Jahr beziffern, in dem sie geboren waren.

Das soziale Leben begann mit dem Aufgang der Sonne, und es endete meist bei Sonnenuntergang. Homer etwa rechnete nach Morgenröten, Cäsar nach Nachtwachen. So, wie das Sonnenzeitmaß die Grundgeschwindigkeit der Natur bestimmte, so auch das der Menschen. Im Sommer reduzierten die Bauern die Schlafenszeit auf die wenigen Stunden der Dunkelheit, im Winter hingegen waren dann so lange Schlafenszeiten üblich, dass man auf die Idee kommen konnte, der Mensch hätte alle Anlagen für einen ausgiebigen Winterschlaf.

Die von Menschen geschaffenen Signale und Geräte, mit deren Hilfe man Zeitpunkte und Zeitstrecken festlegte, wurden nicht an einem abstrakten Maß »Uhrzeit«, sondern an der Länge des *lichten* Tages festgemacht. Die Uhren waren Sonnenuhren. Das Abendläuten, so habe ich es noch in meiner Kindheit in den fünfziger Jahren in einem hessischen Dorf erlebt, geschah im Sommer erheblich später als im Winter. Und da es die Kinder nach Hause läuten sollte, war es für diese auch weitaus akzeptabler als die abstrakte Uhrzeit, da solche Zeitorientierung mit der Umwelt und den Wahrnehmungen der Kinder fein abgestimmt war. Zeit wurde darüber hinaus, wie beim Hahnenschrei, durch Töne und Klänge erfahren.

Die Einteilung des Jahres geschah (und geschieht auch noch heute auf der Welt vielerorts) nach zyklischen Naturereignissen wie den Regenzeiten, nach den Überschwemmungsperioden und nach dem jahreszeitlichen Wechsel der Natur, von dem so mancher Bauernkalender und manche Bauernregel Zeugnis ablegt. Die bewusste Lebensbewältigung durch die nur selten romantische Auseinandersetzung mit der Natur bestimmte das Zeiterleben und die Zeitwahrnehmung.

An solche konkreten Anschauungen waren auch jene Zeitstrecken geknüpft, die über die Wiederkehr der Jahreszeiten hinausgingen. Nicht das Jahrhundert oder die Legislaturperiode waren dabei die entscheidende Maßzahlen, es war die »Generation«. Das Zählen nach Generationen stellte einen zur Orientierung ausreichenden und einen konkreten und langfristigen Zusammenhang der Ereignisse her.

Über den familiären Rahmen hinaus wurde Zeit nach den Regentschaftszeiten von Monarchen eingeteilt. Man kennt dies ja aus der Weihnachtsbotschaft in Lukas 2: »Es begab sich aber, in jenen Tagen erging ein Erlass des Kaisers Augustus, den ganzen Erdkreis aufzeichnen zu lassen. Diese Aufzeichnung war die erste und geschah, als Quirinius Landpfleger in Syrien war.« Auch heute ist uns so etwas noch aus unseren Geschichtsbüchern bekannt, obgleich für eine gute Schulnote nicht mehr die Bezeichnung eines Zeitraums durch den Namen eines Regenten ausreicht – es muss auch eine präzise Jahreszahl genannt werden können.

Zeit ist in der Vormoderne und deren Lebensform nicht die Summe von Tagen, Stunden, Minuten und Sekunden. Zeit ist der Zusammenhang von Erlebnissen und Erfahrungen. Es ist eben nicht etwa sechs Uhr, sondern Sonnenaufgang. Im Gebirge maß man die Zeit mithilfe der Bergspitzen; so wird etwa aus Südtirol berichtet: Gewisse Stunden des Tages wurden in verschiedenen Orten nach dem Aufgehen der Sonne über einzelne Bergspitzen festgestellt, die dementsprechend die Namen Neuner, Zehner, Elfer, Mittagsspitze oder Einser erhielten. Auf solche Weise kam die Benennung der bekannten »Sextener Sonnenuhr« zustande; den Bewohnern der Ortschaft Moos im Sextental in den Dolomiten kündeten der Neuner-, der Elfer-, der Zwölfer- und der Einserkofel die Tageszeiten an.

Mit Vorliebe wurde die Zeitorientierung auch an religiösen Ordnungen und sozialen Abläufen, etwa Festen, gewonnen. Die Gänse wurden eben an Kirchweih verspeist, und der Henker tauchte Agnes Bernauer »fünf Vaterunser lang« unter. Die kosmischen, natürlichen und die sozialen Prozesse gaben dabei nicht, wie wir uns das heute vorstellen, die Zeit an, sie waren die Zeit, und sie legten fest, um welche Art Zeit es sich jeweils handelte. Damit war Zeit immer auch qualifizierende, verortete Zeit, denn die Zeitstrukturen galten in unproblematisierter Art und Weise für alle, mit denen man auf relativ beschränktem Raum lebte. Zukunftsperspektiven entwickelten sich bei einem diesbezüglichen Zeiterleben und Zeitverständnis nur sehr begrenzt. Man ging davon aus, dass alles so weitergeht wie bisher. Typisch dafür ist die Formulierung aus der Thorner Zunfturkunde von 1523, die den Fortschritt verbietet:

»Kein Handwerksmann soll etwas Neues erdenken oder erfinden oder gebrauchen, sondern jeder soll aus bürgerlicher und brüderliche Liebe seinem Nächsten folgen und sein Handwerk ohne des nächsten Schaden treiben.«

Die Zeit war kein Besitz des Menschen, sie gehörte Gott, der allen Lebewesen ihre Zeiten gab. »Meine Zeit liegt in Deinen Händen«, sang man und lebte es auch. Sündig wurden jene, die mit der Zeit handelten und aus ihr Profit zogen. Darum galt im Mittelalter der Wucher, das Geldverleihen auf Zins, als ganz besonders verwerfliche Sünde. In einem Handbuch für Beichtväter lässt sich das nachlesen:

»Der Wucherer leiht dem Schuldner nicht, was ihm gehört, sondern nur die Zeit, die Gott gehört. Er darf also keinen Gewinn aus dem Verleih fremden Eigentums machen. Die Wucherer sind Diebe, denn sie handeln mit der Zeit, die ihnen nicht gehört; und mit dem Eigentum eines anderen gegen den Willen des Besitzers zu handeln, ist Diebstahl. Und da sie außerdem mit nichts anderem als mit erwartetem Geld, das bedeutet mit Zeit, handeln, treiben sie mit Tagen und Nächten Handel. Der Tag aber ist die Zeit der Helligkeit und die Nacht die Zeit der friedvollen Ruhe. Also handeln sie mit Licht und friedvoller Ruhe. So wäre es nicht gerecht, wenn sie das ewige Licht und den ewigen Frieden erlangten« (Engadiner Kolloquium 1994, S. 53f.).

Bei solchem Blick auf das Vergangene darf man sich jedoch nicht zu idyllischer Verklärung verführen lassen. Die Naturnähe war damals auch zwangsläufig mit all jenen Dramatiken verbunden, in die eine nicht beherrschte und nicht beherrschbare Natur die Menschen mit einbezog. Hungersnöten, Überschwemmungen und Trockenheiten war man ausgeliefert; nicht wenige Männer, Frauen und Kinder fielen der Natur zum Opfer. Wenn, so Otto Neurath, ein Wiener Philosoph, der vor 100 Jahren lebte, früher ein Sumpf und ein Mensch zusammenstießen, starb der Mensch, heute stirbt der Sumpf.

Die Lebenden waren damals in guten wie in schlechten Zeiten eins mit der Natur. Sie lieferte die orientierenden Maßstäbe des Handelns und strukturierte die Wahrnehmung dessen, was sich veränderte. Die Rhythmen der Natur verorteten in Raum, Zeit und Gesellschaft. Sie waren die stabilisierenden Ordnungsprinzipien der Lebensführung, in die man sich demütig eingebettet sah. Insofern ist ein solches Zeitverständnis »begrenzt«. »Begrenzt« ist auch die Lebensform, die ihm entspricht; eine Weisheit aus der Oberpfalz kündet davon: »Die Welt is' groß, und hinter Straubing soll's noch weitergehn.«

»Zeit« war zu dieser Zeit daher kein Thema. Man redete nicht über sie.

Die Moderne

Dies änderte sich am Ausgang des Mittelalters, beim Übergang zu jener Epoche, die wir die »Renaissance« nennen. Die Menschen begannen in einigen europäischen Städten, besonders in den italienischen und den nordfranzösischen, »einen eigenartigen und bislang unerhörten Wunsch zu verspüren. Sie wollten wissen, wie spät es ist« (Adolf Holl). Die Zeit wurde als Thema entdeckt. 1358 wurde in Regensburg die erste deutsche Schlaguhr am Rathaus angebracht, andere Städte wie Nürnberg und Augsburg folgten. Die Stadtbewohner konnten von da an in pünktliche und unpünktliche Einwohner eingeteilt werden. Es ließen sich plötzlich Termine machen, das, was fünfhundert Jahre später zum allseits beliebten Volkssport wird.

Die Zeit wurde wertvoll, Turmuhren dienten zur Orientierung bei der Arbeit und beim Geschäft. Die Kaufleute entwickelten sich zu Kalkulatoren und zu Buchhaltern der Zeit.

»Durch den Besuch großer Messen oder durch die periodischen Reisen der venezianischen Kaufleute nach dem Orient, der hansischen Kaufleute nach Nowgorod, kam ein fester Zeitrhythmus in das Leben vieler Kaufleute. Wer schon beim Einkauf – zumindest gewisser Güter – und erst recht beim Verkauf der erste sein wollte, mußte ein sehr genaues Bewußtsein von der richtigen Zeit haben. Das Zeitmoment spielte besonders bei spekulativen Geschäften eine Rolle, wie es z. B. der Safranhandel war … Das gleiche galt für den Kredit, der ja durch die Zerlegung des Tausches von Gütern oder Werten in einer gestreckten Zeit gekennzeichnet ist. Durch das Aufkommen der verschiedenen Kreditformen, besonders des Wechsels, war der Kaufmann gezwungen, genau mit der Zeit zu rechnen« (Maschke 1976, S. 190f.).

Aufgehoben wird das theologische Verbot, die Zeit durch Zinseneinnahmen zu »verkaufen«. Nicht länger mehr ist Zeit ein Gottesgeschenk, sondern eine knappe Ressource, mit der kalkulatorisch umgegangen werden kann. Die Stunde mit ihrer Unterteilung in sechzig Minuten wurde erfunden. Sie löste das »Tagwerk« als handlungsorientierte Maßeinheit der Arbeit immer mehr ab.

Das alles vollzog sich langsam, dauerte Jahrhunderte und hatte seinen Schwerpunkt in den wachsenden Städten. Zuallererst waren es die Kaufleute, die Handwerker und jene Personen, die mit Verwaltungs- und Kontrollaufgaben befasst waren, deren Lebensformen sich immer mehr an der Uhr und immer weniger am Himmel und der Natur ausrichtete. Für die Landbevölkerung blieben die natürlichen Zyklen jedoch weiterhin die bestimmenden Orientierungsmerkmale ihres Lebensrhythmus.

Es zeichnete sich eine neue Zeit ab, und folgerichtig nennen wir heute zurückblickend diese Epochenschwelle auch »Neuzeit«. Die Ablösung der Lebensgestaltung von den »Zeitangaben« der Natur führte in der Folgezeit dann zur industriellen Revolution, mit ihren abstrakten und differenzierten Zeithorizonten. Trotzdem stand das vormoderne Zeitverständnis über lange Zeit in Konkurrenz zu jener Zeitauffassung, die wir die moderne Zeit nennen.

Bereits vor langer Zeit wurde der ungleiche Kampf entschieden. Wer sich heute in seinem Alltag nach der Natur und dem gestirnten Himmel ausrichtet, der gilt als Sonderling, häufig als Aussteiger. Aber es gibt auch noch in unseren Lebensbereichen deutliche Anzeichen für einen gelebten Bezug zu den irdischen und auch den überirdischen Perioden und Rhythmen. In dem in Bayern noch mancherorts üblichen Begriff des »Tagewerks«, als eines Maßes für die bäuerliche Arbeitsleistung und als Maßstab der zu bearbeitenden Fläche gleichermaßen, ist dieser ebenso enthalten wie in den abnehmenden ländlichen Bräuchen und Festen. Im englischen Ausdruck »journey« für die Reise wird jene Wegstrecke benannt, die man an einem Tag zurücklegen kann. Eine kurze Zeiteinheit nennen wir in unserem Sprachgebrauch immer noch einen »Augen-Blick«. In allen diesen Begriffen drückt sich, heute nur noch bei sehr genauem Hinsehen, der qualitative Charakter der Beziehung zur Natur und zu den Perioden und Rhythmen dieser Natur aus. Es hat sich viel geändert – aber nicht alles. Hat man in der Vormoderne Zeitpunkte nach auffälligen Ereignissen markiert – »das war damals, als sich die Oma das Bein gebrochen hatte«, »als der Josef von der Kuh getreten wurde« –, so sind es heute zwar andere Ereignisse, die wir für solche Zwecke nutzen, aber es sind immer noch Ereignisse, an denen man sich zeitlich festhält. So hört man im Alltag immer noch Formulierungen wie: »Ach, das war doch, als wir noch unseren ersten Mercedes hatten«, oder eher fragend: »Hatten wir damals eigentlich schon unseren Computer?« Sind es auch heute noch häufig Ereignisse, in denen wir uns zeitlich lokalisieren, so ist doch auffällig, dass es immer seltener Ereignisse sind, die auf Personen oder die auf das natürliche Leben hinweisen.

Aber nicht nur die Sprache transportiert heute noch Reste des zyklischen Zeitverständnisses. Einzelne Arbeits- und Lebensbereiche sind in unserer Gesellschaft immer noch so organisiert, dass innere und äußere Natur und deren Veränderungen den Umgang in und mit der Zeit bestimmen. Dies ist, trotz aller Technisierung, der bäuerliche Arbeitsbereich sowie der Lebensbereich »Haushalt und Familie«. Dort ist die Gleichung »Zeit ist Geld« nur teilweise gültig. Aber auch das Industriesystem kann noch nicht ganz als von Naturzyklen losgelöst gelten. Die Angestellten der Bundesagentur für Arbeit etwa investieren sehr viel Energie, um die Jahreszeiten und deren Einflüsse auf die Arbeitslosenzahlen wieder herauszurechnen. »Saisonbereinigt« sieht eben alles anders aus. Die Veränderung der Lebensauffassung von der Vormoderne zur Moderne lässt sich pauschalierend mit den

Etiketten versehen: »Vom heiligen Geist zum eiligen Geist.« Oder solider: von der lebensorientierten Arbeitszeit zur arbeitsorientierten Lebenszeit. Und dies geschah mit kirchlicher, speziell mit pietistisch-protestantischer Rückendeckung. Max Weber hat die Wurzeln des Kapitalismus, dem ja die arbeitsorientierte Beschleunigungsdrift wie ein Wasserzeichen eingeprägt ist, aus dem Geist der protestantischen Askese entwickelt. Ich habe nirgends eine treffendere Schilderung dieser arbeitsorientierten Zeitauffassung gefunden, als bei Paul Scheerbart. 1902 veröffentlichte dieser folgende mit dem Doppeltitel »Die gebratene Ameise, Arbeitsspaß« versehene kleine Geschichte:

Bei den fleißigen Ameisen herrscht eine sonderbare Sitte: Die Ameise, die in acht Tagen am meisten gearbeitet hat, wird am neunten Tag feierlich gebraten und von den Ameisen ihres Stammes gemeinschaftlich verspeist.

Die Ameisen glauben, daß durch dieses Gericht der Arbeitsgeist der Fleißigsten auf die Essenden übergehe.

Und es ist für eine Ameise eine ganz außerordentliche Ehre, feierlich am neunten Tag gebraten und verspeist zu werden. Aber trotzdem ist es einmal vorgekommen, daß eine der fleißigsten Ameisen kurz vorm Gebratenwerden noch folgende kleine Rede hielt:

»Meine lieben Brüder und Schwestern! Es ist mir ja ungemein angenehm, daß Ihr mich so ehren wollt! Ich muß Euch aber gestehen, daß es mir noch angenehmer sein würde, wenn ich nicht die Fleißigste gewesen wäre. Man lebt doch nicht bloß, um sich totzuschuften!«

»Wozu denn?«, schrien die Ameisen ihres Stammes – und sie schmissen die große Rednerin schnell in die Bratpfanne – sonst hätte dieses dumme Tier noch mehr geredet.

Die zweite Phase der Entwicklung, die der »Moderne«, ist dort zeitlich zu lokalisieren, wo menschliche und tierische Arbeitskraft durch Maschinen ergänzt und ersetzt wurden. An die Stelle der rhythmisch gestalteten Produktivität der Natur trat die Produktivität der industriell organisierten Arbeit. Die technisch-industrielle Produktion löste das Zeiterleben von der Natur. Zeit wurde nicht mehr an konkreten Erlebnisinhalten und an anschaulichen Erfahrungen festgemacht, sondern weitgehend als von Ereignissen losgelöst verstanden. Auf den Erziehungsbereich bezogen: Die Schule begann und beginnt heute ebenso situationsunabhängig um acht Uhr und nicht, wenn es hell wird oder wenn alle Schüler da sind, wie dies noch in ähnlicher Form vom Kirchgang in Südtirol aus dem letzten Jahrhundert berichtet wird, wo das sonntägliche Glockenläuten zum Gottesdienst erst dann einsetzte, wenn der am weitesten entfernt wohnende Bauer auf dem Hügel von der Kirche gesehen werden konnte.

Die Uhr, nicht die Natur bestimmt die Zeit und die Menschen. Technik und Ökonomie setzen den Takt – die mechanische Wiederkehr des Gleichen – an die Stelle der rhythmischen Gliederung des Werdens und Vergehens. Nicht mehr natur- und aufgabenbezogene Rhythmik bestimmen in der Moderne das Leben, sondern die Eigendynamik des Ökonomischen und des Mechanischen. Die »Zeit« und die Zeiteinteilung werden an das abstrakte Medium Geld gekoppelt. Die Verrechenbarkeit von Geld und Zeit (»Time is money«) macht die Zeit zur knappen Ware und fördert die Beschleunigung der Lebensverhältnisse. Die Zeit wird kontrolliert und verplant, um sie in Form von Arbeitskraft und Arbeitszeit zu kaufen und zu verkaufen. Sie wird zu einem zu bewirtschaftenden Gut. Das Zeitmuster des Taktes wird zum alles beherrschenden Organisationsprinzip. Moderne Zeiten: Chaplin hat für dieses Leben auf die Minute in »Modern Times« die treffenden Bilder gefunden. Die Maschine liefert das Zeitmaß, an diesem gilt es sich primär auszurichten und nicht mehr an den Rhythmen des Lebendigen. Der Fortschritt als eine auf Zukunft gerichtete Heilserwartung bestimmt die temporale Lebensform. Die unendliche Ausdehnung in die Zukunft hinein macht »Zeit« grenzenlos teilbar und zerstückelbar. Besonders dieses Aufteilen der Zeit in Stücke, in Abschnitte, prägt die Vorstellung (die sich ja vielfach zur speziellen Lebensauffassung entwickelt), dass man mit der Zeit etwas tun, mit ihr nach funktionalen Erfordernissen umgehen könne. Wir Menschen, so die unproblematisierte Alltagsvorstellung, können die Entwicklung und die Geschwindigkeit dieser Entwicklung – die wir Fortschritt nennen – bestimmen. Zeit lässt sich quantifizieren, Zeiträume lassen sich planen. In dem häufigen und verbreiteten Gebrauch von Uhren, von Kalendern, von Fristen und Zeitnormen entwickelt sich dieses primär geldbestimmte Zeitverständnis schließlich zum dominierenden sozialen Ordnungsprinzip der Alltagsrealität. Der immer wiederkehrende Blick zur Uhr macht etwas davon deutlich, wie wir mit Zukunft rechnen und die Gegenwart dafür opfern. Dazu eine chassidische Geschichte, die dieses Zeitverständnis problematisiert:

Der Rabbi sah einen auf der Straße eilen, ohne rechts und links zu schauen. »Warum rennst du so?«, fragte er ihn. – »Ich gehe meinem Erwerb nach«, antwortete der Mann. – »Und woher weißt du«, fuhr der Rabbi fort zu fragen, »dein Erwerb laufe vor dir her, daß du ihm nachjagen mußt? Vielleicht ist er dir im Rücken, und du brauchst nur innezuhalten, um ihm zu begegnen, du aber fliehst vor ihm.«

Eine historisch gänzlich neue Produktionsform entsteht im 17. Jahrhundert, die der Fabrikarbeit. Das Zeitbewusstsein wird dort von der Knappheit der Zeit bestimmt. »Zeit« wird eine »ausbeutbare Ressource«. Die Messtechnik dominiert das menschliche Zeitverhalten. Sie wird immer präziser und die Zeitplanung immer kleinteiliger. Die Stechuhren, die Wecker, die Fabriksirenen zerhacken die fließende Zeit. Die zeitlichen Ordnungsleistungen werden durch die streng geregelten Arbeitszeiten und zunehmend auch von den vielfältigen Konsumangeboten erbracht. Die Werbung für das Mittwochslotto aus den siebziger Jahren macht es offensichtlich:

Montags kommt der Spiegel
Dienstags kommt Dallas
Mittwoch kommt das Glück.

Die Abkoppelung der Zeitorientierung von den kosmischen und den natürlichen Vorgaben führt dann auch dazu, dass Regeln (in Tarifverträgen, in Betriebsordnungen, durch Arbeits- und Verwaltungsgerichte) entwickelt werden (müssen), die die Menschen vor den negativen Effekten einer naturfernen Zeitordnung schützen. Kaffeepausen, Urlaub, Freizeit, Fünftagewoche, all dies ist das Ergebnis einer Gesellschaft, die die Zeit und ihre Strukturierung selbst in die Hand genommen hat. Die Beherrschung möglichst aller Bedingungen menschlichen Daseins – wir nennen dies »Fortschritt« – eröffnet vielfältige neue Denk- und Handlungsperspektiven. Letztlich haben wir unseren Güterwohlstand diesem Perspektivenwechsel zu verdanken – aber auch unseren Zeitnotstand. Die Ablösung der Naturrhythmen durch den menschengemachten mechanischen Takt hat uns zu neuen Horizonten der Freiheit geführt – jedoch um den Preis wachsender funktionaler Abhängigkeiten. Wir sind heute weitgehend unabhängig von den Folgen von Naturgewalten, dafür abhängiger vom Ölpreis. Unsere Erlösungshoffnungen richten sich nicht mehr auf die Ewigkeit, sondern auf die rechtzeitige Auszahlung unserer Lebensversicherung. Und eines Tages, es ist noch nicht allzu lange her, entdeckte man, dass »Flexibilisierung« der richtige Name für das sei, woran es uns fehlt. Dies war der Anfang vom Ende taktmäßiger Zeitordnung.

Die Postmoderne

Heute zeigen sich die Grenzen der am mechanischen Takt orientierten zeitlichen Lebens- und Arbeitsform. Dies berechtigt dazu, die neueren Entwicklungen als eigenständige dritte Phase, als »Postmoderne«, zu kennzeichnen. In dieser wird das mechanistische Weltbild des Uhrwerks und des regelmäßigen Taktes von den Vorstellungen, des Chaos, der Komplexität, der Diskontinuität und des Nichtlinearen abgelöst. Unter den in unserer Gesellschaft positiv bewerteten Begriffen von »Flexibilisierung« und »Deregulierung« wird die Orientierung am Takt gelockert. Dies aber *nicht* zugunsten einer Anbindung an rhythmische Prozesse. Vielmehr wird die Bindung an standardisierte äußere Zeitgeber *generell* verringert. Die zeitlichen Orientierungsmaße werden individueller Disposition anheim gestellt. »Wir sind«, so kann man bereits bei dem weitsichtigen Novalis nachlesen, »aus der Zeit der allgemein geltenden Formen heraus« (Fragment Nr. 2167). Dafür idealisieren und realisieren wir das Prinzip des »Immer und Überall«: Alles zu jeder Zeit an jedem Ort. Die Ruhelosigkeit einer solchen Gesellschaft drückt sich bei deren Mitgliedern in dem Bedürfnis aus, möglichst überall zu sein, und weil dies nicht realistisch ist, möglichst überall erreichbar sein zu wollen. »Globalisierung« heißt die Attraktivitätsformel, mit der wir uns – und besonders unsere Nachrichten – in kürzester Zeit an fast jeden beliebigen Ort dieser Welt transportieren. »Mobil sein ist alles«, suggeriert uns die Werbung. Die weißen Stellen auf der Landkarte, die gibt es seit längerem nicht mehr, und Löwen, vor denen man an solch leeren Stellen immer gewarnt wurde (hic sunt leones!), die gibt es inzwischen überall – wenn nicht im zoologischen Garten, dann im täglichen Tierfilm des Fernsehprogramms.

Wird der Raum durch das Prinzip des »Überall« lückenlos besetzt, so die Zeit durch die Pausenlosigkeit des »Immer«. Die Erfindung des elektrischen Lichts hat die Nacht erleuchtet. Die wochentagsunabhängigen Supermärkte haben die Markttage, die ehemals die Wochen und Monate strukturierten, abgelöst. Die Veränderung der Ladenöffnungszeiten laden zum Dauerkonsum ein. Die Freizeitindustrie und das Telebanking haben den Sonntag säkularisiert. Die beschleunigten Transportmöglichkeiten setzen die Jahreszeiten außer Kraft – dies mit der Folge, dass Weihnachtsgeschenke das ganze Jahr über zum Verkauf angeboten werden und dass sich so mancher Tourist im Hochsommer »Stille Nacht, heilige Nacht« von der Musik erbittet. Warum auch nicht, wenn frischer Spargel im Dezember zu erwerben ist. Ständig, das scheint das Ideal zu sein, soll alles per Knopfdruck zur Verfügung stehen, unabhängig von Tageszeiten, von Wochentagen und Jahreszeiten, jederzeit fertig und abgelöst von der sozialen und der natürlichen Rhythmizität des Lebendigen. Wir fangen nicht mehr an, wir hören nicht mehr auf, wir tun immer möglichst alles zur gleichen Zeit, und das möglichst rasch. Die Computermaus konnte so zum schnellsten Haustier werden.

Dies alles wird als Fortschritt gefeiert, zumindest akzeptiert. Und es ist auch einer, weil er uns von Hunger, Dunkelheit und erzwungener Sesshaftigkeit befreit und viele Möglichkeiten des Handelns eröffnet, die früheren Generationen verschlossen blieben. Aber diese Entwicklung hat einen spürbaren, bisher jedoch noch zu wenig beachteten Preis. Die schönsten Errungenschaften, so bemerkt Hans Blumenberg treffend, »ziehen eine Schleppe von allerlei Missliebigkeiten, die wir ›Nebenfolgen‹ zu benennen gelernt haben, mit« (Blumenberg 1987, S. 78). Zeitlich wollen und müssen wir unser Leben selbst führen, und das heißt, jeder Einzelne muss seine Zeitordnung finden, muss sich im »Zeitlichen« Halt verschaffen – und wenn es durch den nervösen Blick auf die Uhr ist. Werden die Arbeitszeiten, wie es zurzeit ja der Fall ist, immer unregelmäßiger, wird der Normalarbeitstag zur Ausnahme, dann verflüssigen sich die standardisierten Zeitvorgaben zugunsten situativer und punktueller Entscheidungen. Statistisch findet dies seinen Ausdruck in dem Sachverhalt, dass »Manpower«, eine Zeitarbeitsvermittlung, Amerikas größter Arbeitgeber ist. Der Mensch wird zum Nomaden zwischen unterschiedlichen Zeitmustern. Sein Leben besteht im permanenten Bemühen, diese verschiedenen Zeitanforderungen und Zeitbedürfnisse zu balancieren. Wir leben nicht mehr in *einer* Zeit, sondern in *vielen* Zeiten, wir leben multitemporal, und die Gefahr wächst, zu Orientierungswaisen im Kontinuum der Zeit zu werden.

Die Frage nach Zeitmaßen stellt sich heute daher für alle permanent. Die Individuen werden gezwungen, selbst darüber zu entscheiden, an welchen Zeitmaßen sie ihr Leben ausrichten. Sie werden zu dieser Freiheit verpflichtet. Beispielsweise besteht unser Alltag immer weniger aus Anpassungsleistungen an Zeitvorgaben der Natur oder des Arbeitssystems und auch nicht an diejenigen einflussreicher Personen und sozialer Organisationen; dafür besteht er mehr aus komplizierten Entscheidungs- und Abstimmungsprozessen im Hinblick auf die zeitliche Koordination unterschiedlichster Handlungen. Die hochflexiblen jungen Menschen, die mehr oder weniger gezwungen heute durch »Job-Surfen« ihren Lebensunterhalt bestreiten, erleben das: morgens Textverarbeitung, mittags Austeilen von Fastfood am Tresen der Schnellimbissrestaurants, nachmittags zwei Stunden Arbeit im Szenekaffee, abends noch schnell einen Artikel für die Stadtzeitung schreiben und nachts hin und wieder Taxifahren. Das lässt sich nicht so einfach unter einen Hut bringen, das »kostet« Zeit – manchmal mehr Zeit, als wir durch Arbeitszeitverkürzung und Beschleunigungsprozesse »gewonnen« haben. So kommt es zu dem lästigen Zustand, dass man immer mehr Zeit braucht, um mehr Zeit zu haben. Man sieht – auch dies ein Fortschritt, der bei näherem Hinsehen nur halb so groß ist, wie er auf den ersten Blick aussieht. Bestes Beispiel dafür ist der Computer. Er ist eine Zeitsparmaschine, die viel Zeit kostet.

Die Freiheiten nämlich, die in der Lockerung von der Anbindung an die taktförmigen Organisationsvorgaben enthalten sind, die können dann nicht genutzt werden, wenn die Individuen nur die abstrakte Freiheit der Wahl ihrer Zeit-Maßstäbe haben, für die Entscheidung jedoch, an welchen sie sich orientieren, aber keine Kriterien besitzen. Wir wissen: Morgen geht gestern nicht weiter. Aber wir wissen nicht: Wie soll es weitergehen?

Orientierung ist nötig. Zunehmend wird dieser Bedarf auch angemeldet. Die Enttraditionalisierung, das heißt die Ablösung von sozial verbindlichen Zeitvorgaben, belastet die Individuen mit zeitaufwändigen Koordinations- und Integrationsaufgaben. Der Fremdzwang wird zum Selbstzwang. Die Abhängigkeiten von der Zeit sind nicht weniger, sie sind nur anders geworden. Der Ertrag eines Bauern hängt heute nicht mehr von seiner Arbeitsleistung, auch nur mehr in geringem Maß von der Fruchtbarkeit des Bodens ab, er wird von den Manipulationen an den Warenterminbörsen bestimmt. Weit mehr Angst als vor einem Crash durch ein Erdbeben haben wir vor dem an den Finanzmärkten. Wir rechnen nicht mehr in Generationen, dafür in den erheblich kürzeren Legislaturperioden, und wir verzichten auf Kinder und leisten uns dafür erheblich mobilere Kraftfahrzeuge. In München kommen auf ein Kind fünf Autos.

Mithilfe von Zeitmanagementseminaren, durch Zeitplanbücher und Terminkalender, jetzt auch in elektronischer Ausführung, werden Orte und Zeiten gesucht, in und an denen man verweilen kann, die dem raschen Veränderungsprozess entzogen sind. Die Freiheit, zwischen unterschiedlichen Zeiten wählen und entscheiden zu können, hat ihren Preis: Unsicherheiten nehmen zu, Orientierungsprobleme wachsen, Selbstüberforderungssymptome werden offensichtlich. Befreit von Zeitzwängen landen wir schließlich bei anderen Zeitzwängen. Weil wir die »Zeit« zum Thema machen und weil wir zeitlich begrenzte Wesen sind, begrenzt uns die Zeit besonders dann, wenn wir ihre Grenzen überwinden wollen.

Wir befinden uns immer häufiger in Zeitparadoxien. Wir müssen sie leben, lösen lassen sie sich nicht. Die all die täglichen paradoxen Situationen überlagernde Zeitparadoxie besteht in der Erfahrung, dass jene, die systematisch Zeit sparen, immer mehr in Zeitnot geraten, und jene, die fleißig Zeit gewinnen, müssen immer wieder überrascht feststellen, dass sie schließlich Zeit verloren haben. Wie auch diejenigen, die nach dem Glück des Augenblicks gieren und dabei keine Zeit mehr für den glücklichen Augenblick haben.

Die permanente Erneuerung des Status quo produziert noch weitere paradoxe Situationen: Da richten gestresste Mütter an ihre Kinder die seltsame Bitte: »Warte mal schnell«, und Vorgesetzte schränken die flexiblen Arbeitszeiten ihrer Mitarbeiter mit der Ermahnung ein: »Komm, wann du willst, aber sei pünktlich.« So bleibt schließlich alles beim Neuen und wir kommen vor lauter Schnelligkeit immer häufiger zu spät. Wir wissen nicht wohin, sind aber schneller dort – und zwar da, wo die attraktivste Form der Freizeit jene ist, bei der man keine freie Zeit mehr hat. Und konsequent schaffen wir das freie Wochenende ab, um mehr Zeit zu haben, und machen schließlich gerade dadurch alle Wochentage zum hurtigen Alltag. Virilio hat dafür den treffenden Begriff des »rasenden Stillstands« gefunden.

Was sich verändert von der Moderne zur Postmoderne, das kann man sich an einem Dialog zwischen Karl Valentin und Liesl Karlstadt vergegenwärtigen.

In dem kleinen Stück mit dem Titel »Der Hausverkauf« fragt Liesl Karlstadt, die sich für das zum Verkauf inserierte Objekt interessiert, den Besitzer Karl Valentin: »Wann sind Sie in das Haus eingezogen?« Valentins Antwort: »Einen Tag später«, »So früh schon« ist die erstaunte Reaktion der Karlstadt.

Das ist ein typisch *moderner* Dialog. Würde dieser heute geschrieben, hätte Valentin ihn sicher anders, nämlich *postmodern* konzipiert. Er hieße dann: »Wann sind Sie in das Haus eingezogen?« – »Einen Tag früher.« – »So spät erst« müsste dann die erstaunte Reaktion heißen.

An der Schwelle zum dritten Jahrtausend ist die tiefe Überzeugung zu spüren, so Claudio Magris in seiner Rede zur Eröffnung der Salzburger Festspiele (1996), »dass die Kultur und der Mensch selbst in einem radikalen Wandel begriffen ist, also die Überzeugung vom unleugbaren Ende nicht der Welt, sondern einer jahrhundertealten Art und Weise, die Welt zu erleben, zu erfassen und zu verwalten«. Es gibt unübersehbare Indizien dafür, dass dies für unseren Umgang mit der Zeit und unsere Zeitwahrnehmung in besonderem Maß zutrifft. In der Moderne hat man sich mit der Zeit beschäftigt, um über sie verfügen zu können. Heute wird uns klar, dass dies ein nicht erreichbares Ziel ist. Heute wissen wir, dass jene, die Zeit verstehen wollen, um über sie verfügen zu können, schließlich feststellen müssen, dass sie ihre Zeit eben damit verlieren.

Schluss

Die drei Phasen der »Zeit- Geschichte« entsprechen, um das architektonische Beispiel vom Anfang wieder aufzunehmen, drei Bauabschnitten eines hohen Gebäudes:

In der *Vormoderne* ist Zeit kein Thema. Die Zeit ist durch kosmische Zyklizität sowie durch natürliche und soziale Rhythmik bestimmt, ohne dass diese ausdrücklich als das erlebt wird, was wir heute »Zeit« nennen. Zeit ist Ereignis. Der Hahn und die Sonne bestimmen die Zeitmaße. Die Zeit ist Gottesgeschenk und nicht etwa das Resultat marktwirtschaftlicher Regulation.

In der *Moderne* wird Zeit zum Thema. Sie wird damit plan- und organisierbar. Diese Organisation erfolgt primär im Hinblick auf Arbeit. Die Arbeit ist auf Profit hin ausgerichtet, das heißt, sie wird an Gelderwerb gekoppelt, und damit geschieht dies auch mit der Zeit. »Time is money« lautet die populäre Gleichung. Der Takt der Maschinen bestimmt die soziale und die individuelle Zeit. Wer regelt den Takt, wer bestimmt die Zeit? Dies sind die zentralen Fragen der Moderne, an deren Anfang die Fabriksirene und an deren Ende der Telefontakt steht.

In der *Postmoderne* werden die Zeitordnungen individualisiert. Untrügliches Anzeichen dafür ist das allmähliche Verschwinden der öffentlichen Uhren. Es gibt viele Zeiten. Zeitnot wird zur kollektiven Erfahrung. Es beginnt eine breite Suche nach Zeitmaßen und Zeitordnungen. Dies sichert den Erfolg des Zeitmanagements, das ja nichts anderes ist, als der Verkauf von Zeit in Dosen – im doppelten Sinne. Aber sowohl die Suche nach Zeitordnungen wie auch das Lernen einer individuellen Zeitordnungsstrategie (in Zeitmanagementseminaren) kostet Zeit, viel Zeit. Die Suche nach der gewonnenen Zeit wird zum Volkssport. Die zentralen Zeitordnungsmittel der Postmoderne sind die Wecker. Sie disziplinieren individualistisch im Hinblick auf selbst organisierte Zeiteinteilung. Kämpfte man in der Moderne mit den Vorgesetzten um die Zeiten, so heute mit sich selbst. Daher lautet die wichtigste Frage in den Zeiten der Postmoderne: »Wann soll ich heute aufstehen?« Und die zweitwichtigste, die jeden Vortragenden quält: »Wann sollte man aufhören?«

Literatur

Blumenberg, H. (1987): Die Sorge geht über den Fluß. Frankfurt a. M.
Elias, N. (1984): Über die Zeit. Frankfurt a. M.
Engadiner Kolloquium (Hg.) (1994): Zeit und Zeitlosigkeit. Zürich.
Maschke, E. (1976): Berufsbewußtsein des Fernkaufmanns. In: Haase, C. (Hg.): Die Stadt des Mittelalters, Darmstadt.

Novalis: Fragmente. München, 1987.
Scheerbart, P. (1902): Immer mutig! Ein phantastischer Nilpferdroman mit 83 merkwürdigen Geschichten. Ohne Ort.

Franz Resch

Selbstentwicklung und Zeiterleben im Kindes- und Jugendalter

Developmental aspects of time experience in childhood and youth

Facing the fact, that human time experience emerges from a complex perceptual process comprising changes of objects in shape or location, different aspects of cognitive and emotional development will be outlined. Development of memory function and tuning processes in early infant-parent interactions will be covered. Changes of time experience in subjects with various psychiatric disturbances will be described. Conclusions from clinical practice in dealing with subjective time during psychotherapy with children and adolescents will be drawn.

Zusammenfassung

Ausgehend von der Erkenntnis, dass die menschliche Zeiterfahrung einen komplexen Wahrnehmungsvorgang zur Voraussetzung hat, der Veränderungsvorgänge erfasst, werden unterschiedliche Domänen des kognitiven Apparats unter Entwicklungsaspekten erörtert. Neben der Entwicklung der Gedächtnisfunktionen werden zeitliche Abstimmungsprozesse der frühen Interaktionen zwischen Kind und Bezugsperson näher beleuchtet. Die Abwandlungen des Zeiterlebens bei unterschiedlichen psychischen Störungen leiten über zu wichtigen Zeitaspekten in der Psychotherapie bei Kindern und Jugendlichen, die im therapeutischen Alltag Berücksichtigung finden sollten.

Das Geheimnis der Zeit bei Kindern und Jugendlichen erschließt sich nur dem Geduldigen. Zeit ist in der postmodernen Beschleunigung zur Kostbarkeit geworden. Aus persönlicher Sicht und Erfahrung ist sie etwas, das man sich bewahren, einteilen, stehlen, totschlagen oder jemandem wie zum Beispiel Partnern oder Kindern schenken kann.

Die Diskussion, ob Zeit nur in unseren Gedanken erzeugt wird oder tatsächlich existiert und als echte Relation durch uns erkannt wird, kann nicht wissenschaftlich geführt werden, sondern gibt für allerlei ideologische Streitpunkte Spielraum und soll daher nicht Gegenstand dieser Erörterung sein. Die Auswirkungen der Zeit spüren wir allemal.

Zeit hat eine Form. Sie ist ein Konstrukt, das Ordnung schafft, Veränderung misst, Abläufe, Geschehnisse und Szenen umschreibt und einander zuordnet. Zeit entwickelt sich wie die leibliche und seelische Person als subjektive Gestalt. Zeit bedarf einer besonderen Wahrnehmung. Sie ist eine Erkenntnis – eine Erkenntnis von Beziehungen. Die Erkenntnisfähigkeit des Kindes für Zeit entwickelt sich erst. Der Mensch kann Zeit nicht unmittelbar wahrnehmen, wie Schmerz, Licht oder Raum. Zeit muss aus Raum und Bewegung – aus Veränderungsvorgängen – erschlossen werden. Dazu bedarf es komplexer kognitiver Voraussetzungen. Das Kind lebt also in einer anderen subjektiven Zeit als der Erwachsene. Ein paar Aspekte dieser Entwicklung sollen aufgegriffen und erörtert werden.

- Zeitgestalt als Veränderung, Rhythmus, Melodie oder Ablauf hat eine diachrone Form. Zeit erschließt sich in einem Hintereinander von Ereignissen, die in einem unumkehrbaren Verhältnis zueinander stehen. Die Erkenntnis einer Zeitgestalt bedarf also eines Gedächtnisses, das ein »Früher« mit einem »Später« vergleichen kann. Zeit kann ohne Gedächtnis nicht erkannt werden.
- Zeit hängt eng mit dem Lebendigen in der Welt zusammen. So vollziehen sich alle biologischen Prozesse in der Zeit; sie sind nur in einem Kontext von Vergangenheit und Zukunft denkbar. Zeit macht ohne das Lebendige auch keinen Sinn, denn Zeit ist eine Erkenntnis, die Orientierung für Handlungen schafft. Für alles Lebendige ist die Zeit das Kernproblem, weil Leben immer einen Anfang und ein Ende hat. Über Zeit nachzudenken ist das Denken über Geburt, Entwicklung und Tod! Zeit als Endlichkeit ist am eigenen Leben jedoch gar nicht so schmerzlich erkennbar, als sie am »Du« zu erleben ist. So erleben wir den Tod primär als Trennung von einem »Du«. Dort liegt die eigentliche Erkenntnis und Einsicht, weil unser Erleben ja mit dem eigenen Ende erlischt. Aber das Überleben, der erlittene Verlust des »Du«, das Noch-nicht-so-weit-Sein ist das schlimme Auszuhaltende des eigenen Lebens. Levinas (1989, S. 17) sagt, »daß die Zeit nicht das Faktum eines isolierten und einsamen Subjektes, sondern das Verhältnis des Subjektes zum ande-

ren ist«. Das kleine Kind ist einfach in der Zeit, wie es von Beginn an in der Beziehung zu seinen Eltern ist; in Beziehung zu dem großen »Du« steht, das es gezeugt und geboren hat. Aus diesem Sein in der Zeit als Beziehungsdasein resultieren die frühen Zeiterfahrungen als Beziehungserfahrungen! Die eigenen biologischen Rhythmen entfalten sich immer in einem Beziehungsrahmen intuitiver elterlicher Fürsorglichkeit. Der Säugling würde ohne diese Beantwortung seiner frühen rhythmischen Bedürfnisse von Hunger, Ausscheidung, Schlaf und Wachheit nicht überleben! Nur durch Synchronizität und Kontingenz gelingt der gemeinsame Tanz zwischen Bezugsperson und Kind, gelingt die emotionale Abstimmung.

- Die Abwandlung des Zeiterlebens bei psychischen Störungen kann uns diagnostische Aufschlüsse geben.
- Zeitaspekte in der Therapie bei Kindern und Jugendlichen sollen die Erörterung abschließen.

Zeit und Gedächtnis

Unter neurobiologischen Aspekten gehen wir davon aus, dass das Gehirn selbst Zeit als Ordnungsprinzip verwendet. Es gibt ein Phänomen der neuronalen Oszillation, das dadurch zustande kommt, dass jedes Neuron durch ein periodisches Aufeinanderfolgen von Erregungs- und Hemmungsphasen in neuronalen Netzwerken Systemzustände herstellt, während deren alle eintreffenden Reize jeweils so behandelt werden, als wären sie gleichzeitig angekommen. Dadurch entstehen Zeitfenster, die etwa in einem Dreißigmillisekundentakt sich öffnen und schließen. Nur während der Erregungsphasen werden ankommende Reize weiterverarbeitet. Alle Reize, die in diesen dreißig Millisekunden eintreffen, werden sozusagen synchronisiert, ungleichzeitige Reize gleichzeitig gemacht (Kasten 2001). In einfallsreichen Experimenten, in denen akustische Klicks einer Versuchsperson rechts und links zu unterschiedlichen Zeitpunkten dargeboten wurden, konnte festgehalten werden, dass erst oberhalb von dreißig Millisekunden eine so genannte Ordnungsschwelle zu fassen war, ab der es gelang, die zeitliche Reihenfolge der Klicks richtig anzugeben.

Weiterhin scheint es auch eine zeitliche Begrenzung des Hier und Jetzt im Bewusstsein zu geben (Kasten 2001). An mehreren Beispielen konnte nachgewiesen werden, dass das Gehirn eine Umschaltzeit von etwa drei Sekunden für Wahrnehmungsprozesse besitzt. Dies kann beispielsweise bei der Wahrnehmung zweideutiger Reizkonfigurationen (Vexierbilder) nachgewiesen werden. Neuropsychologische Forscher gehen davon aus, dass auch Verszeilen und musikalische Motive unbewusst auf diese biologisch fundierten Drei-Sekunden-Zeittakte zugeschnitten sind.

Hier zeigen sich bereits Zusammenhänge mit dem Gedächtnis: Die während der Öffnungszeit eines Dreisekundenfensters eingetroffenen Informationen können nur weiterverarbeitet und gespeichert werden, wenn sie inhaltlich mit nachfolgenden oder vorausgegangenen Zeitfenstern und deren Inhalten verglichen und vernetzt werden (Grüsser 1992; Kasten 2001).

Wir unterscheiden zwei Formen von Gedächtnis. Bereits ab Geburt besteht das implizite Gedächtnis, das die Grundlage von Handlungsroutinen und mentalen Modellen ist. Demgegenüber entwickelt sich das explizite Gedächtnis erst in der Mitte des zweiten Lebensjahrs so weit, dass Speicherungen von Szenen und Lerninhalten auf bewusste Weise möglich werden (Köhler 1998).

Die Entwicklung des Selbst wird im Sinne einer Selbsterkenntnis mit Benennung des eigenen Namens und dem Erzeugen von Geschichten über die eigene Person ab diesem Zeitpunkt möglich. Wir sprechen vom Stadium des narrativen Selbst. Erst ab dem Ende des dritten Lebensjahrs ist das Gedächtnis so weit entwickelt, dass wir von autobiografischen Gedächtnisfunktionen sprechen können, die eine Einordnung von unterschiedlichen Erlebnisinhalten zur eigenen Person auf einer Zeitachse möglich machen (Resch 2001).

Wir gehen davon aus, dass das Kind bereits von Geburt an ein Zeitgefühl besitzt, ebenso wie es ein Selbstgefühl für eigene Aktionen und Wahrnehmungsvorgänge hat. Das Kind der Frühzeit lebt jedoch in der Zeit, ohne darüber zu reflektieren. Trotzdem sind genaue Zeitabstimmungen mit Bezugspersonen möglich. Für eine umfassende zeitliche Orientierung bedarf es einer Funktionstüchtigkeit des limbischen Systems und offenbar einer Aktivität von Neuronennetzen in der nichtdominanten, also zumeist rechten Hirnhälfte. Demgegenüber sind für die periodische Abfolge vegetativer Funktionen im Sinne von zirkadianen Rhythmen in erster Linie Neuronennetze im Zwischenhirn (Hypothalamus) zuständig.

Wenn wir heute in der Postmoderne von einer »Krise der Zeiterfahrung« sprechen (Zoll 1988, zit. n. Kasten 2001), so müssen wir uns vor Augen führen, wie der subjektive Zeitbegriff als Zeiterfahrung wirksam wird. Zeit ist bereits in den mentalen Modellen des Kleinstkindes enthalten; in jeder Vorhersage, in jeder Logik des »Vorher/Nachher«, im Erkennen von Sinn in Abläufen liegt eine Zeiterfahrung versteckt. Zeit ist also bereits im impliziten Gedächtnis als Erfahrung gespeichert; Zeit wird aber erst im episodischen und autobiografischen Gedächtnis explizit gemacht. Dann entsteht der geschichtliche Zeitbegriff mit seinen Deutungen und Verknüpfungen nach Sinn und Inhalt. Es entstehen Erlebnisstrukturen mit dem Stoff einer empfundenen Zeit. Tempo, Hektik, Leere und glückliche Erfüllung geben dem Gewesenen spezifische persönliche Bedeutung.

Das Leben ist als Spirale zu denken, im persönlichen Blick und Erleben zyklisch durch zirkadiane Rhythmen. Tag, Nacht, Jahreszeiten und tägliche Rituale gliedern unsere Erfahrungen. Darin liegt das Prinzip der Wiederholbarkeit: die Hoffnung, eine versäumte Gelegenheit nachholen, etwas Missglücktes verbessern zu können oder sich einem Rhythmus anheim geben zu wollen. Aber das Leben schreitet auch unaufhaltsam voran, es lässt uns altern und Chancen verpassen, es macht Schönes unwiederbringlich und bewirkt, dass Zerstörerisches nicht wieder gutzumachen ist. Diese Zeiterfahrung hat etwas Unwiederbringliches und Irreversibles. Diese Zeiterfahrung lässt Zeit als einen Pfeil erscheinen. Wir sprechen auch von einem linearen Zeitbegriff. Das Verständnis für lineare und zyklische Zeit entwickelt sich parallel aus der kindlichen Erfahrung.

Die periodische Zeit gibt Hoffnung und Sicherheit in der Verlässlichkeit der Wiederkehr; sie wirkt aber auch katastrophal bei der Perpetuierung des Mangels, in wiederholten Traumata und repetitiver Sorge. Die lineare Zeit gibt Hoffnung auf Veränderung bei Kontinuität der Erfahrung. Über die Kohärenz der Gefühlszustände und die Kontinuität des eigenen Erlebens entsteht Sicherheit. Die lineare Zeit trägt aber auch das Ende glücklicher Momente in sich und führt uns in die Unausweichlichkeit des Todes, sie wird katastrophal bei einem

Bruch der Kontinuität der Person, wie wir es beispielsweise in den Identitätskrisen der Adoleszenz oder den Psychosen fassbar machen können. Das Gefühlschaos zerstört periodische und lineare Zeit. Bei einer ersten Beschäftigung mit dem Zeitbegriff dachte ich, dass zyklische Zeit beruhigend ist und Geborgenheit vermittelt, während die lineare Zeit kalt und vergänglich ist. Aber bei genauer Beschäftigung mit dem Phänomen zeigt sich, dass jede subjektive Zeit, ob linear oder zyklisch, ihr Hoffnungspotenzial und ihre katastrophalen Auswirkungen haben kann.

Zeit und Entwicklung

Der Umgang des Kindes mit Zeit kann kognitiv, emotional und aktional beschrieben werden. Kognitiv handelt es sich um die Entwicklung von Zeiterkenntnis, demgegenüber ist das Zeitgefühl zu beschreiben, das unmittelbare Auswirkungen auf die zeitliche Handlungsorientierung besitzt und damit deutlich macht, wie das Kind mit Zeit umgeht (Kasten 2001).

Die Ausbildung der Zeiterkenntnis folgt den Stadien der kognitiven Entwicklung von Piaget (1973). Im sensomotorischen Stadium, das von der Geburt bis etwa zum Alter von zwei Jahren reicht, bilden sich die mentalen Repräsentationen aus. Schon in den ersten Lebensmonaten können Kleinkinder offenbar auf Unterschiede in der Zeitdauer von Ereignissen reagieren; vor allem, wenn diese direkt mit ihren eigenen Handlungen verknüpft sind. Zeitstrukturen wie die Reihenfolge des Auftretens von Ereignissen werden gebildet: So können Ereignissequenzen zu einem sinnhaften Ablauf integriert werden, beispielsweise Hungergefühlsäußerungen durch Schreien, Reaktion durch das Stillen und Erlangen von Befriedigung durch Sättigung. Solche Handlungszyklen können antizipiert werden, sodass das Kind gegen Ende des ersten Lebensjahrs schon das nächste Ereignis der Sequenz erwartet und irritiert ist, wenn dieses nicht eintritt. Wahrscheinlich sind dabei vegetative und zirkadiane Taktgeber beteiligt. Während anzunehmen ist, dass das Kind zu Beginn des zweiten Lebensjahrs noch ganz in ein Hier und Jetzt eingebunden ist, folgen radikale Entwicklungsschritte im Gedächtnis – nämlich die Ausbildung expliziter Gedächtnisstrukturen. Indem das Kind Sprache erlernt, kann es nicht nur Vorstellungen entwickeln, sondern auch über Zeit und Zeitstrukturen Aussagen machen. Kinder können gegen Ende des zweiten Lebensjahrs zwischen Ereignissen, die zeitlich weiter zurückliegen und Ereignissen, die sich gerade eben ereignet haben, unterscheiden. Anfangs beziehen Wörter wie »gestern« und »morgen« sich nicht auf das Zeitmaß des Tages, sondern auf alle möglichen vergangenen oder zukünftigen Ereignisse (Kasten 2001). Zu Beginn des fünften Lebensjahrs lernen die Kinder allmählich, Referenzzeiten genauer anzugeben und zwischen Sprechzeit und Ereigniszeit zu unterscheiden. Ereignisse können in korrekter zeitlicher Reihenfolge erzählt werden. Wörter wie »vorher« und »danach« spielen dabei eine Rolle. In dieser Zeit hat sich das autobiografische Gedächtnis so weit ausdifferenziert, dass korrekte Zeitzuordnungen möglich werden. Trotzdem ist der Zeitbegriff durch das Zeitgefühl bestimmt. Zeit erschließt sich durch das, was das Kind erlebt (Resch et al. 1999).

Es ist davon auszugehen, dass die Zeiterkenntnis sich aus zwei unterschiedlichen kognitiven Konzepten entwickelt. Zeit kann empirisch bestimmt werden als Beziehung zwischen der vom Objekt im Raum zurückgelegten Entfernung und der Geschwindigkeit des Objekts, mit der diese Entfernung überbrückt wurde. Ein zweites Konzept bestimmt sich durch die Dauer, die vergeht, während sich ein Ereignis vollzieht, also wenn sich beispielsweise ein Objekt vom Punkt A zu einem Punkt B bewegt. Schon bei Vierjährigen lassen sich offenbar Vorläuferformen beider Zeitkonzepte nachweisen. In dieser Entwicklungsphase werden aber noch häufig räumliche und zeitliche Perspektiven vermischt. Die Auswirkungen von Geschwindigkeit und zurückgelegter Distanz auf die Zeitdauer, wenn beide gleichzeitig verändert werden, können erst von Zwölfjährigen fehlerlos erkannt werden. Je weiter der zurückgelegte Weg ist, desto mehr Zeit wird benötigt; je schneller sich das Objekt bewegt, desto weniger Zeit dauert es, bis es das Ziel erreicht hat. Die gleichzeitige Erwägung beider Aspekte ist eine komplexe Aufgabe (Kasten 2001).

Während wir ein basales Zeitgefühl des Kindes bereits ab der Geburt postulieren, kommt es im Verlauf des zweiten und dritten Lebensjahrs – beim Kind, das Sprechen und Laufen gelernt hat – zu einer immer stärkeren Ausdifferenzierung von Gefühlen der Erwartung zukünftiger Ereignisse. Freudige Gespanntheit kann mit Langeweile abwechseln. Schon Dreijährige können sich auf ihren Geburtstag oder das bevorstehende Weihnachtsfest freuen. Sie zeigen Ungeduld oder sie wissen mit sich in der Langeweile emotionaler Vernachlässigung nichts anzufangen. Rhythmisches Schaukeln, Trichotillomanie bis hin zu rhythmischem Schlagen der Extremitäten oder des Kopfes kennen wir bei depravierten Kindern, die emotional vernachlässigt einer zeitlichen Leere überlassen werden.

Schon die frühe Mutter-Kind-Interaktion ist ein wunderbares Beispiel zeitlicher Taktung. Die Mutter-Kind-Interaktion ist durch Synchronizität und Kontingenz getragen. Mechanismen wie das affektive Attunement und die soziale Referenzierung finden in einem genau abgestimmten zeitlichen Wechselverhältnis nonverbaler Kommunikation statt (s. Resch u. Möhler 2001).

Auch für die Entwicklung des mentalen Modells der Bindung bedarf es zeitlicher Zusammenhänge und der Gedächtnisfunktion der Objektkonstanz und Objektpermanenz. Dabei spielt die Erfahrung der sicheren Rückkehr des momentan abwesenden Bindungsobjekts eine besondere Rolle. Vergangenheit, Gegenwart und Zukunft spiegeln sich daher im mentalen Modell der Bindung wider. Das Phänomen der Passung zwischen wichtigen Bezugspersonen und Kindern ist auf die optimale emotionale Abstimmung gerichtet (Resch u. Möhler 2001). Störungen des Zeittaktes und der Intensität wirken sich ungünstig auf die Affektregulation des Kindes aus. Schon wenige Monate alte Säuglinge reagieren unmittelbar, das heißt mit einer zeitlichen Verzögerung einer Dreißigstelsekunde, auf Äußerungen oder Verhaltensänderungen der Bezugsperson (Kasten 2001). Die Vorhersehbarkeit von Reaktionen der Bezugsperson in rhythmisch wiederholten Tätigkeiten spielt offenbar eine Rolle für antizipatorische Leistungen. Diese Vorhersehbarkeit wirkt sich auch günstig auf die Selbstentwicklung aus. Regelmäßige Fütterzeiten, der Umgang mit Schlaf- und Ruheperioden des Säuglings und eine Gestaltung von Erfahrungsräumen, die den Zeitrhythmen von Kindern angemessen ist, haben eine positive Wirkung. Eine frühkindliche Sozialisation, die durch Genervtheit der Bezugspersonen nur nach den Bedürfnissen der Erwachsenen gegliedert wird und auf die kindlichen Bedürfnisse wenig Rücksicht nimmt, wirkt sich ungünstig auf Bindungsentwicklung und Affektregulation aus. Wir müssen in die Zeitrhythmen von Kindern einsteigen, um sie zu erreichen! Wir müssen sozusagen auf die Rhythmen der Kinder eintakten.

Zeit und psychische Störungen

Den augenfälligsten Zusammenhang zwischen Veränderungen der Zeitlichkeit des Menschen und psychischen Störungen bietet die Depression (Fuchs 2002). Es wird eine Desynchronisierung zwischen dem Individuum und seiner Umwelt angenommen. Eine solche Desynchronisierung entsteht dann, wenn die Bewältigung wesentlicher Versuche des Menschen, sich mit anderen abzustimmen, nicht gelingt. Beim Depressiven selbst kommt es zu einer Entkoppelung von innerer und äußerer Zeit. Die somatische Desynchronisierung kommt in Veränderungen und Störungen des Biorhythmus, des Schlafs und der vegetativen Funktionen zum Ausdruck. Aber auch in der intersubjektiven Zeit kommt es zu einer Abkehr des depressiven Menschen von sozialen Zeitgebern. Die veränderte Antriebslage bewirkt, dass die Menschen aus dem Arbeitsprozess oder der Schule aussteigen; auch familiäre Aktivitäten werden reduziert. Der Depressive erstarrt im Ausdruck und verliert seine nonverbale Modulationsfähigkeit. Bereits Kinder können in solche Zustände geraten und lösen dann bei ihren Bezugspersonen Betroffenheit aus. Demgegenüber werden depressive Bezugspersonen für ihre Kinder zu blinden Spiegeln des Affektausdrucks. Die Kinder finden ihr Gegenüber nicht mehr und verlieren dadurch die Orientierung im interaktiven Wechselspiel. Man kann formulieren, dass der Depressive aus der gemeinsamen Zeit herausgefallen ist. Er lebt in einer anderen zähflüssigen Zeit, während die äußere intersubjektive Zeit an ihm vorüberläuft (Fuchs 2002). Die intersubjektive Zeit wird für den depressiven Menschen zur leeren, nur noch vergehenden Zeit, die er nicht mehr erfüllen und gestalten kann.

Demgegenüber lebt das Kind mit hyperkinetischer Symptomatik in einem aktuellen Chaos, das durch Ablenkung und Getriebenheit definiert ist. Das Kind erscheint in einer jeweiligen Gegenwart festgehalten. Durch die Impulshaftigkeit findet das Leben in Unmittelbarkeit statt. Kein sinnvolles Planen und Lernen kann aus dem gerade Vergangenen folgen. Häufig kommt es bei hyperkinetischen Kindern zu einem interaktiven Chaos, weil sie ihre Aufmerksamkeit nach getaner Tat so rasch aus der Situation abziehen, dass die Reaktion der Bezugsperson das Kind nicht mehr rechtzeitig erreicht. So wird aus dem individuellen Chaos schließlich ein interaktives Chaos, in dem alle Beteiligten keine gemeinsame Wellenlänge mehr finden.

Bei der posttraumatischen Störung wird das Kind in seiner Gegenwart durch die Vergangenheit überwältigt. Immer wieder kommt es zu intrusiven Einschießungen vergangener Ereignisse. Typischerweise erfolgt ein Zukunftsverlust gepaart mit einer dynamischen Restriktion, wobei auch ein Einbruch in das Kohärenzerleben des Patienten durch dissoziative Mechanismen erfolgt.

Drogenerfahrungen durch stimulierende Mittel, wie sie von Jugendlichen häufig gemacht werden, verändern ebenfalls auf fundamentale Weise das Zeiterleben. Alle Mittel, welche die vitalen und psychischen Prozesse anzuregen in der Lage sind, tragen zu einer Überschätzung von Zeitintervallen bei. Während alle sedierenden Drogen und Pharmaka, die eine Verlangsamung psychophysiologischer Vorgänge bewirken, eine Unterschätzung von Zeitintervallen unterstützen.

Die fundamentalste Störung des Zeiterlebens wird aber durch die Psychose bewirkt. Dabei kommt es zu einer Beeinträchtigung des Kohärenzerlebens und zu einem Bruch in der Biografie der Person. Die Zeittaktung in der Psychose ist völlig verändert. Durch diese Nichtberechenbarkeit der Umwelt, welche durch die veränderte Wahrnehmung getriggert wird, kommt es nicht nur zu schweren Identitätsstörungen bis hin zum Identitätsverlust, sondern auch zu einem Gefühlschaos, das zu kritischen Existenzängsten Anlass gibt. Die Unterbrechung von Lebenszyklen und der Abriss der Zeitachse beim Psychotiker wird manchmal durch repetitive und stereotype Verhaltensweisen im Sinne eines archaischen Ordnungsprinzips zu kompensieren versucht. Die Wiederherstellung der Kontinuität des Erlebens vor und nach der Psychose ist ein fundamentales Ziel der Psychotherapie bei diesen Jugendlichen (Resch 2003).

Zeit und Therapie

Wenn man den Überlegungen von Fonagy et al. (2003) folgt, dann ist die therapeutische Beeinflussung durch Psychotherapie nicht so sehr im Wiedergewinn von Kindheitserinnerungen zu suchen. Es geht vielmehr darum, die im impliziten Gedächtnis verfestigten mentalen Modelle der Beziehungsgestaltung, die sich als Erfahrungsmodelle herausgebildet haben, durch Wechselwirkung mit den Therapeuten in einem emotionalen Beziehungsmodus – im Sinne einer Neustrukturierung – zu verändern. Es geht also nicht um die Erzeugung einer Bewusstmachung bisheriger unbewusster Ereignisketten, sondern es geht um die aktive Konstruktion einer neuen Art und Weise, die eigene Person mit der Welt und anderen Menschen in Beziehung zu setzen. In der therapeutischen Situation sollte dabei auf klare zeitliche Strukturierung, beispielsweise des Therapieangebots, Wert gelegt werden. Auf die Ereigniszeit von Kindern ist dabei zu achten. Das Therapiesetting ermöglicht ein verlässliches zyklisches Zeiterleben. Individuellen Kinderzeiten muss Rechnung getragen werden.

Wir müssen dafür sorgen, dass in den Familien Freiräume entstehen, die Kindern ein langsameres Lebenstempo als dem Erwachsenen erlauben. Ein Beispiel dafür ist die Zeit des morgendlichen Anziehens. Die Horrorszenarien, in denen hektische Eltern ungeduldig die Knöpfe an kindlichem Hemd und Hose schließen, genervt die Schuhe zubinden und sich über das langsame Anziehtempo beim Überstreifen des Mantels mokieren, sind dabei bekannte Beispiele.

Es müssen Erfahrungsräume entstehen können, in denen das Kind in der Lage ist, intuitive Wissensaneignung zu betreiben. Unter Druck und im Stress ist das Kind nicht fähig, seine wichtigen Alltagsprobleme selbst zu durchschauen und zu lösen. Der hektische Erwachsene, der dem Kind die Alltagsschwierigkeiten vorneweg löst, verhindert wichtige Lernprozesse für die Selbstentwicklung.

Kinder brauchen eine freundliche, bestärkende und aufmunternde Zuwendung. Erwachsene brauchen Zeit, um sich zu verlangsamen und für die geteilte Aufmerksamkeit mit dem Kind frei zu sein. In therapeutischen Situationen werden trotz klarer Rahmengebung in der zeitlichen Struktur Atmosphären erzeugt, in denen »Wartenkönnen« eine

Rolle spielt und in denen eine Wendung von Leere und Langeweile in Muße und Zeitlosigkeit möglich ist.

Zeit und Sinn hängen eng zusammen. Das Kohärenzerleben in der Zeit gibt uns Identität und Sicherheit. Wo in einem Leben keine Zeit mehr ist, gibt es auch keinen Sinn. Und so gefährden wir Erwachsenen uns in der Welt durch hektische Überbeschäftigung im mittleren Lebensalter und durch menschenunwürdiges Verlassensein und Langeweile im höheren Alter. Aber über allem gefährden wir unsere Kinder, wenn wir ihnen ihre Eigenzeit stehlen, sie in Förderprogramme einspannen, sie an unserem eigenen Leistungswillen straff entlangführen und ihnen die Gelegenheit zum freien Spiel, zur Entfaltung der eigenen Fantasie verunmöglichen.

Ich plädiere dafür, sich auf das subjektive Zeitgefühl von Kindern mehr einzustellen, sie zu sichern und ihnen Spielräume offen zu halten, in denen kindliche Überlegungen sich in der Welt verwirklichen und sich mit den Gesetzen der Welt messen können. Wer das Spielen verlernt, verlernt letztlich eigenständig zu denken.

Es liegt an uns, diese Spiel- und Erfahrungsräume, diese Probebühnen des Lebens aufzubauen und offen zu halten. Und vielleicht können bei aller Ökonomisierung und Effizienzsteigerung wir als Erwachsene auch von unseren Kindern lernen, dass Zeit-Haben und Sich-Zeit-Nehmen die Grundlagen eines bewussten und sinnhaften Lebens darstellen.

> *Jetzige Zeit und vergangene Zeit*
> *sind vielleicht gegenwärtig in künftiger Zeit*
> *und die künftige Zeit enthalten in der vergangenen.*
> *Ist alle Zeit auf ewig gegenwärtig*
> *wird alle Zeit unerlösbar!*
> (T. S. Eliot, *Vier Quartette/Burnt Norton,* 1936)

So weit sollten wir es nicht kommen lassen!

Literatur

Fonagy, P.; Target, M.; Allison, L. (2003): Gedächtnis und therapeutische Wirkung. Psyche 57(9/10): 841–856.

Fuchs, T. (2002): Zeitdiagnosen. Zug.

Grüsser, O.-J. (1992): Zeit und Gehirn: Zeitliche Aspekte der Signalverarbeitung in den Sinnesorganen und im Zentralnervensystem. In: Piper, S. (Hg.), Die Zeit: Dauer und Augenblick. München, S. 79–132.

Kasten, H. (2001): Wie die Zeit vergeht: Unser Zeitbewusstsein in Alltag und Lebenslauf. Darmstadt.

Köhler, L. (1998): Einführung in die Entstehung des Gedächtnisses. In: Koukkou, M.; Leuzinger-Bohleber, M.; Mertens, W. (Hg.), Erinnerung von Wirklichkeiten. Psychoanalyse und Neurowissenschaften im Dialog. Bd. 1. Stuttgart, S. 131–222.

Levinas, E. (1989): Die Zeit und der Andere. Hamburg.

Piaget, J. (1973): Das Erwachen der Intelligenz beim Kinde. Stuttgart.

Resch, F.; Möhler, E. (2001): Wie entwickelt sich die kindliche Persönlichkeit? Beiträge zur Diskussion um Vererbung und Umwelt. In: Wink, M. (Hg.), Vererbung und Milieu. Heidelberg, S. 95–151.

Resch, F. (2001): Selbstentfremdung: Entwicklungsstörung oder Selbstfürsorge? Beiträge zur Individualpsychologie 26: 99–116.

Resch, F. (2003): Entwicklungspsychiatrie der Schizophrenie. In: Herpertz-Dahlmann, B.; Resch, F.; Schulte-Markwort, M.; Warnke, A. (Hg.), Entwicklungspsychiatrie. Stuttgart.

Resch, F.; Parzer, P.; Brunner, M.; Haffner, J.; Koch, E.; Oelkers, R.; Schuch, B.; Strehlow, U. (1999): Entwicklungspsychopathologie des Kindes- und Jugendalters. Ein Lehrbuch. 2. Aufl. Weinheim.

Zoll, R. (1988): Zeiterfahrung und Gesellschaftsform. In: Zoll, R. (Hg.), Zerstörung und Wiederaneignung von Zeit. Frankfurt a. M., S. 72–88.

Thomas Reinert

Therapiefaktor Zeit

Time as therapeutic factor

Based on the idea that our perception of time is basically (at least unconsciously) characterised by the finiteness of human existence and hence by »restriction«, the following contribution will emphasise time as in a way a subjective construct of the human being, referring also to results from brain research. Severe disorders can be seen as »time-disorders« that, in the course of their development, lead to a rudimentary sensation of peace and safety due to lacking or insufficiently perceived conveyance of routines, regularities and reliability. To compensate for this, the child demonstrates more or less neurotic behaviours to gain alleged »securities«. In therapy of so-called »early-disorder-patients« classic analytical work, that assumes an Ego or Self in the patient, does not meet their need. The author is convinced that such therapies need long-term preparation in terms of a carefully accompanying depth-regression, which could possibly take many hours. It will be shown in a case study how self-treating powers can guide the therapeutic process and lead to considerable improvements in therapy, if they are not hindered but stimulated, that could without much doubt not be achieved with other therapeutic methods.

Zusammenfassung

Ausgehend davon, dass unser Zeitempfinden grundsätzlich, zumindest unbewusst, von der Endlichkeit der menschlichen Existenz und damit von »Begrenztheit« geprägt ist, wird – unter Hinweis auch auf Ergebnisse der Hirnforschung – in der vorliegenden Arbeit Zeit als zum Teil subjektives Konstrukt des Menschen herausgestellt. Schwere Störungen lassen sich auch als »Zeit-Krankheiten« auffassen, bei deren Entstehung das vom Kind als fehlend oder unzureichend erlebte Vermitteln von Routinen, Regelmäßigkeit und Zuverlässigkeit zu einem nur rudimentären Empfinden von Ruhe und Geborgenheit geführt hat, dem das Kind dann ein auf die Gewinnung von vermeintlichen »Sicherungen« ausgerichtetes, mehr oder weniger neurotisches Verhalten entgegensetzen musste. In der Therapie von so genannten »Frühstörungspatienten« geht deshalb ein klassisch-analytisches Arbeiten, das ein Ich oder Selbst im Patienten als gegeben voraussetzt, an dessen Bedürftigkeiten vorbei. Es bedarf nach Überzeugung des Autors in solchen Therapien einer längerfristigen Vorbereitung im Sinne einer sorgsam begleiteten Tiefenregression, für die unter Umständen viele Stunden benötigt werden. In einem Fallbeispiel wird gezeigt, wie die vom Patienten entwickelten Selbstbehandlungskräfte den Therapieprozess leiten können und, wenn sie nicht behindert, sondern aufgegriffen werden, zu wesentlichen Fortschritten in der Therapie führen können, die hoch wahrscheinlich mit anderer therapeutischer Methodik nicht zu erzielen wären.

Viktor von Gebsattel schrieb 1954 (S. 369):

»Die Integrität des Lebens ist im Dasein des Menschen auf allen Stufen seiner vielschichtigen Belebtheit nicht ein selbstverständlich oder unangefochten Gegebenes, sondern ein Errungenes, und wenn auch mühelos errungen, trotzdem ein Erkämpftes. Irgendeiner Bedrohung ist dieses Leben ja dauernd ausgesetzt, bleibt diese auch anonym und unausgesprochen am Werk. D. h.: Es lebt der Mensch im Modus des In-Frage-gestellt-Seins durch die Möglichkeit des Auch-nicht-sein-Könnens: Und vielleicht ist, je tiefer wir hinter die Vitalsphäre des Lebensgefühls greifen, desto mehr das unbewußt gelebte Leben fast eins mit der unbewußt sich vollziehenden Abwehr der in tausend Verkleidungen wirksamen Bedrohung. Als drastische Realität hat die Möglichkeit des Auch-nicht-sein-Könnens für das Lebewesen Mensch die Symbolgestalt des Todes. Der Tod in irgendeiner Gestalt – als leiblicher, seelischer, geistiger, sittlicher und geistlicher Tod – ist der ständige Mitspieler und Gegenspieler des täglichen Lebens in der Zeit. In dieser Sicht wird anschaulich, was gemeint ist, wenn wir sagen, es sei das Leben der Gesundheit eine fortwährende Leistung. Gesundheit besteht in der erfolgreichen, aber rastlosen Abwehr der im vielschichtig sich emporbauenden Leben gelegenen Möglichkeiten seiner Einschränkung, seines Absinkens, seines Verfalls und schließlich seiner partiellen oder totalen Aufhebung. So hat jeder Atemzug, jeder Herzschlag, jeder Trunk, jede Mahlzeit auch diese Seite: Im Dienst zu stehen der zu leistenden, aber zugleich bedrohten Lebensfristung.«

Die Begrenztheit und Endlichkeit unseres Lebens ist eine uns permanent, zumindest unbewusst vertraute Tatsache, der wir uns im Rahmen der Dialektik unseres Daseins überhaupt nicht entziehen können.

»Man kann versuchen, dem Gedanken an den Tod dadurch aus dem Wege zu gehen, daß man das Unerwünschte soweit als möglich von sich weist – es verdeckt und verdrängt; … dabei ist die Verdrängung und Verdeckung der Endlichkeit des einzelnen menschlichen Lebens ganz gewiß nicht, wie es manchmal hingestellt wird, erst eine Eigentümlichkeit des 20ten Jahrhunderts. Sie ist wahrscheinlich so alt wie das Bewußtsein dieses Endes – wie die Voraussicht des eigenen Sterbens – selbst« (Elias 1982, S. 7 u. S. 55).

Nach Elisabeth Ströker (1993/1996, S. 182f.) gehen wir im Rahmen dieser allgemein üblichen Verdrängung ungefähr von folgender Zeiterfahrung aus:

»Zwar ist die Zeit nicht gegeben, wie uns sonst Gegenstände, und gar solche in sinnlicher Erfahrung, gegeben sind. Doch ist sie offenkundig etwas, das ein jeder ›haben‹ kann. Wieviel wir von ihr haben, regeln objektiv die Instrumente, die für ihre Messung erdacht wurden; wieviel wir im Einzelfall von ihr brauchen, das richtet sich auch danach, wie wir sie uns einteilen und zu nutzen wissen. Auch sonst scheint es mit der Zeit wie mit einer Ware zu stehen: Wo sie reichlich vorhanden ist, wird sie leicht verschwendet, dagegen läßt Knappheit sie wertvoll und kostbar erscheinen … Auch zählt sie anscheinend zu den verderblichen Gütern: Sie kann reifen, kommen und gehen; stets ist sie flüchtig und entschwindet ohne Wiederkehr. Einzig dem Glücklichen mag sie, selten genug, für Augenblicke stille stehen und auch dem Leidenden und Bekümmerten oft nicht vergehen. Gemeinhin aber wirkt sie segensreich – sie heilt Wunden, tröstet und bringt Rat.«

Dies klingt nach der linearen, objektiven, physikalisch gefassten Zeit, die Newton 1779 definierte (zit. n. Stöckler 1993/1996, S. 151):

»Die absolute, wahre und mathematische Zeit verfließt an sich und vermöge ihrer Natur gleichförmig und ohne Beziehung auf irgendeinen äußeren Gegenstand.«

Zeiterleben ist jedoch subjektiv! Es ist gebunden an die Dimensionen »Gewesenheit, Gegenwart und Zukunft«, die wiederum Funktionen der Speicherfähigkeit unseres Gedächtnisses darstellen. Dessen Leistungen zur Ermöglichung eines Erlebens von Zeit sind gebunden an »eine ganze Hierarchie psychophysischer Systeme« (Heimann, zit. n. Jost 2000, S. 66). Annemarie Jost (2000, S. 66) fasst wichtige Ergebnisse neurophysiologischer und neuropsychologischer Forschungen zusammen:

»Alle eingehenden Sinnesinformationen werden, den Erkenntnissen aus ganz verschiedenen Wahrnehmungsexperimenten zufolge, innerhalb von 20–30 ms andauernden Wahrnehmungsfenstern so zusammengeführt, daß das wahrnehmende Subjekt innerhalb dieser 20–30 ms zeitliche Abfolgen nicht erkennen kann. Sinneseindrücke werden also zunächst zeitlos verarbeitet. Diese zeitlosen ›Momente‹ sind keine unausgedehnten Jetzt-Punkte, sondern – von außerhalb gemessen – Zeitintervalle von 20–30 ms Dauer (Pöppel, 1997, zitiert nach Jost 2000). Unsere Zeiterfahrung läßt sich also nicht aus der unmittelbaren Sinneserfahrung ableiten; auf einer ersten Integrationsstufe ist die Wahrnehmung atemporal. Diese atemporalen Wahrnehmungsmuster werden nun vor dem Hintergrund unseres Erfahrungshorizontes gedeutet. Hierbei werden aktuelle Sinneseindrücke, die Impulse zur Steuerung des Bewegungsapparates und die emotionalen Tönungen vor dem Hintergrund von Gedächtnisinhalten zu einem komplexen Gesamtbild verwoben. Gedächtnisinhalte können sprachliche Bedeutungsbildungen, emotionale Erinnerungen, Wahrnehmungsbilder (Sinneserinnerungen) oder erlernte Fertigkeiten (Handlungsmuster) sein. Diese Integration aktueller zeitloser Wahrnehmungen in das lebensgeschichtlich entstandene Gedächtnis ist eine aktive Leistung des Kurzzeitgedächtnisses, durch die die Zeitlichkeit der Wahrnehmung erst entsteht. Man darf sich das Kurzzeitgedächtnis nicht als dem Langzeitgedächtnis vorgeschaltet vorstellen, Informationen werden nicht erst im Kurzzeitgedächtnis und dann im Langzeitgedächtnis gespeichert, sondern das Kurzzeitgedächtnis ermöglicht filternd eine Integration aktueller Eindrücke in die Erinnerungskontinuität. Hierbei scheinen Zeitintervalle von 2–3 Sek. Dauer von besonderer Bedeutung zu sein. Ganz unabhängig von den entstehenden sprachlichen Deutungen werden innerhalb dieser ›Sekunden-Fenster‹ Wahrnehmungen im Kurzzeitgedächtnis miteinander vernetzt. Hierbei entstehen bereits zeitliche Beziehungen. Die Folge zeitloser Momentaufnahmen ist vor dem Hintergrund der Lebenserfahrung zu Bedeutungseinheiten vernetzt worden.«

Der Hirnforscher Gerhard Roth (1997, S. 125) bestätigt:

»Wahrnehmung hängt zwar mit Umweltereignissen zusammen, welche die verschiedenen Sinnesorgane erregen; sie ist jedoch nicht abbildend, sondern konstruktiv … Diese Konstruktionen sind aber nicht willkürlich, sondern vollziehen sich nach Kriterien, die teils angeboren, teils frühkindlich erworben wurden oder auf späterer Erfahrung beruhen.«

Zeitempfinden ist subjektiv. Das heißt aber: Es unterliegt den Einflüssen der Persönlichkeitsstruktur oder auch des Lebensstils des Individuums und ist damit auch den Auswirkungen der unter Umständen pathologischen Ausformung derselben ausgesetzt.

Schon in der Schwangerschaft kommt das ungeborene Kind mit Zeit in Berührung: Ab dem fünften Monat ist das Gehör voll entwickelt und werden sowohl der Herz- als auch der Atemrhythmus der Mutter über Monate hinweg konstant gehört. Es ist bekannt, dass Neugeborene auf das Vorspielen der mütterlichen Herztöne vom Tonband hin sich beruhigen, auf schnelleren oder unregelmäßigen Herzschlag dagegen mit Unruhe reagieren. Auch für die weitere Persönlichkeitsentwicklung sind Rhythmen und Regelmäßigkeit Ausdrucksformen von Kontinuität und damit nach Ricardo Rodulfo (1996, S. 155) »bei der frühen Strukturbildung sehr hoch zu bewerten«. Er führt aus:

»Tatsächlich bedeuten die Routinen, derer ein Baby bedarf, gewisse Regelhaftigkeiten und Vorhersagbarkeiten für ein Subjekt, das sich in einer Lage befindet, in der alles unvorhersehbar und, schlimmer noch, ›undenkbar‹ ist, befindet es sich doch in einer vollständig neuen Welt.«

Die Wahrnehmung *eigener* körperlicher Rhythmen, wie auch des der Atmung, trägt wesentlich zur Ausbildung einer körperlichen Identität bei.

»Bei der Beschäftigung mit körperlichen Rhythmen treffen wir auf ein zyklisches Zeitkonzept. Die zyklische Wiederkehr ist ein wesentliches Element unseres Zeitbezugs, sie stiftet Identität und bettet die Gegenwart ein in größere Bezüge. So gewinnt beispielsweise die Wiederkehr der Jahreszeiten mit zunehmendem Lebensalter bei den meisten Menschen an Bedeutung, das Aufblühen der Landschaft im Frühling, ein warmer Sommertag, die wilden Farben des Herbstes oder ein sonnig weißer Wintertag wecken Erinnerungen und Vorstellungsbilder, rufen tiefe Gefühle wach und symbolisieren sowohl verläßliche Wiederkehr als auch Vergänglichkeit … Zyklische Zeitkonzepte spiegeln sich auch in Ritualen. Indem Rituale in regelmäßigen Abständen wiederholt werden, symbolisieren sie Kontinuität und Wiederkehr, schaffen Sicherheit und ein Zusammengehörigkeitsgefühl einer sozialen Gruppe und synchronisieren die einzelnen Mitglieder. Das Ritual steht gewissermaßen außerhalb der linear sich entfaltenden Zeit und schafft wiederkehrende Bezugspunkte« (Jost 2000, S. 77).

Jost schildert auch die komplexen und störanfälligen Prozesse im intrafamiliären Kommunikationsgeschehen, die das weitere Schicksal der körperlichen Identitätsentwicklung als erstem und elementar wichtigem Schritt bei der Entwicklung einer Gesamtidentität wesentlich beeinflussen:

»Wenn das Kleinkind beginnt, Körpergefühle zu artikulieren, wird es von den Eltern oder nahen Bezugspersonen nonverbal und verbal beantwortet und lernt dabei, den eigenen Körper zu verstehen. Oft gehen in diese Antworten der Erwachsenen jedoch Interpretationen der kindlichen Körpergefühle ein, die wenig mit dem kindlichen Körpererleben zu tun haben … Das Kind erlebt ein Bedürfnis und sendet ein Signal aus, die Eltern benennen jedoch in ihrer Antwort ein anderes Bedürfnis und schreiben dieses andere Bedürfnis dem Kind zu, was dazu führt, daß die Begriffsbildung des Kindes hinsichtlich seiner eigenen Körperreize und seines Körperbewußtseins verwirrt wird …, so verlieren die heranwachsenden Menschen in vieler Hinsicht den Bezug zu ihren Körpersignalen und Gefühlen, erleben unangenehme Körperbotschaften anstelle seelischer Spannungen. Sie wenden sich dem leidenden Körper zu, obwohl es doch eher darum ginge, seelische Spannungen zu lösen und Beziehungen zu klären. Der Körper wird zum Ersatzschauplatz und die eigentlichen Körperbotschaften treten in den Hintergrund. Anstatt den Körper wahrzunehmen, werden Mythen und Geschichten gebildet, die irgendwann eine solche Überzeugungskraft gewinnen, daß wir sie von den ursprünglichen Körperbotschaften gar nicht mehr unterscheiden können. Der Körper wird kolonialisiert. Wir fühlen den Hunger wirklich, wenn wir uns langweilen, und entwickeln vielleicht Kopfschmerzen in seelischen Spannungssituationen. Gleichzeitig brauchen wir mehr und mehr extreme körperliche Erfahrungen, um den Körper ursprünglicher zu erleben, um uns überhaupt in unserem Körper zu erleben« (Jost 2000, S. 79).

»Eine rhythmische Lebensweise vermittelt im Gegensatz zur Starrheit eines eintönigen (Maschinen-)Taktes nicht nur die in der Wiederholung liegende Sicherheit, sondern ebenso Elastizität und Variabilität. Biologische Rhythmen sind nicht starr, sondern stehen flexibel mit ihrer Umwelt in Verbindung. Der Einklang mit den menschlichen Rhythmen fördert Geborgenheit und Weltoffenheit, Identität und die Bereitschaft zum Wandel« (Jost 2000, S. 99).

Genau dies aber kennzeichnet im Umkehrschluss seelische Krankheit: Fehlende Verankerung im eigenen Körper, in den eigenen Rhythmen und in der Wechselbeziehung zwischen eigener Identität, eigenem Selbst und Umwelt führt zu Verunsicherung und Angst. Diese wiederum suchen nach kontrollierbaren entängstigenden Sicherheiten: Lebensereignisse, Geschehnisse, Verhaltensweisen anderer Menschen und die Führung des eigenen Lebens, das heißt auch die Zeit, sollen möglichst verstandesmäßig beherrscht werden. Wir können sagen: Je fixierter ein Mensch geplante Vorgaben und deren Vollzüge lebt, desto limitierter sind seine Entwicklungsfähigkeiten.

Nach Günter Heisterkamp (1990) lassen sich »alle seelischen Störungen ... als Blockierungen originärer Lebens- oder Selbstbewegungen verstehen. Es sind zwei grundlegende Formen der Beeinträchtigung zu unterscheiden: Die Unterdrückung der Lebensbewegung und die Auflösung der Lebensbewegung. In beiden Fällen ist das seelische Existieren von Vernichtung bedroht. Zur Abwehr gegen die damit verbundenen Panik- und Notzustände werden im Seelischen kompensatorische Selbstschutz- und Selbstheilungsmaßnahmen mobilisiert.«

In Analogie formuliert Rodulfo (1996, S. 78), Ziel einer Analyse sei es, »eine unterbrochene Bewegung wiederherzustellen, wenn nicht dazu eine Bewegung aufzubauen, die noch nicht einmal in Gang gekommen ist«. Fernziel unserer analytischen Behandlungen ist es also, kurz gesagt, Lebendigkeit angstfrei erfahrbar zu machen und damit flexible Antworten des Patienten auf seine Lebensaufgaben zu ermöglichen. John S. Kafka (2001, S. 300) schreibt:

»Psychoanalyse ist von Zeit sozusagen durchdrungen. Bei seiner Einführung in einem Panel über Zeit hat Hans Loewald es so zusammengefaßt:
- Gedächtnis, Vergessen, Regression, Wiederholung, Antizipation, Präsentation, Repräsentation, der Einfluß der Vergangenheit auf die Gegenwart in Gedanken, Gefühlen und im Verhalten;
- Aufschub von Befriedigung, Schlaf- und Wach-Rhythmus, Variationen und Abnormitäten im Empfinden der verflossenen Zeit;
- die sogenannte Zeitlosigkeit des Unbewußten;
- Werte, Standards und Ideale als zukunftsorientierte Kategorien;
- Konzepte wie das der Objektkonstanz und der Ich-Identität.

All das ist zentral in unserer Arbeit. Fügen wir dem die Beachtung der Zeit im psychoanalytischen Prozeß hinzu, z. B. in der Einhaltung des Stundenplans und des Stundenendes. Darüber hinaus ist Psychoanalyse undenkbar ohne die Theorie der Evolution und Ontogenese der psychischen Entwicklung. Fixierungen, Aufschub, Umwege, Verzögerungen und plötzliche Entwicklungsschübe sind gewichtige Faktoren im Aufbau und in den Störungen des psychischen Lebens.«

Diese Auflistung zeitrelevanter Themen ist noch nicht einmal vollständig, Zeit ist im therapeutischen Prozess ubiquitär. Der zentrale Begriff psychoanalytischen Behandelns ist unter den von Kafka genannten sicher der der Regression, die nach Gonzáles (1974, S. 91) unentbehrlich ist, um den Patienten in eine adäquatere Integration in die äußere Realität führen zu können und ohne die analytisches Arbeiten überhaupt undenkbar ist. Der Begriff Regression wird in der psychoanalytischen Literatur aber sehr vielfältig und auch kontrovers interpretiert und verstanden, was Peter Geissler (2001) veranlasst hat, die zahlreichen divergierenden Verständnisweisen des Wortes mit bewundernswerter Akribie zusammenzutragen und in seinem Buch »Mythos Regression« einander gegenüberzustellen. Ich beziehe mich im Folgenden auf den Begriff der »strukturellen Regression«, zu der Geissler (2001, S. 258) schreibt:

»Im Gefolge der auch in der Psychoanalyse immer wichtiger werdenden Dimension des ›Hier und Jetzt‹ und der Betonung des interaktionellen Geschehens hat sich der Begriff strukturelle Regression, als Variante topischer Regression, in jüngerer Zeit durchgesetzt. Strukturelle Regression meint die Wiederbelebung infantiler Formen des unbewußten Denkens und der Bewältigungsstrategien, meint die Aktualisierung innerer Repräsentanzen und unterschiedlicher seelischer Verarbeitungsformen in der gegenwärtigen Situation der Übertragung des Patienten auf den Therapeuten.«

Wie weit sich ein Mensch oder Patient auf einen regressiven Prozess einlässt, stellt Joyce McDougall (1988, S. 139) als einen Entscheidungsprozess dar:

»Jeder von uns muß entscheiden, was er aus all dem machen will, das ihm in seinem Leben widerfahren ist, ob er es kreativ oder destruktiv verwendet. Das ist der Ertrag einer Psychoanalyse. … Viele Menschen ziehen es vor, die Verantwortlichkeit für ihr Unglück oder Versagen den Gestalten der Vergangenheit oder jenen anzulasten, die sie gegenwärtig umgeben, um damit an einem lebenslangen Identitätsmuster im Dienste psychischen Überlebens festzuhalten.«

In analytischen Prozessen, in denen eine gute Patient-Therapeut-Beziehung zustande kommt, spüren auch schwer gestörte Patienten sehr genau, was sie zu ihrer Gesundung brauchen. Heisterkamp spricht hier (2003, S. 306f.) von den »Selbstheilungskräften des Seelischen« und beschreibt in seinem Buch »Basales Verstehen« (2002) die Vielfältigkeit der von Patienten ausgesandten bewussten oder unbewussten Botschaften, die hinsichtlich der Bedürfnisse des Patienten vom Analytiker eben entschlüsselt werden müssen, um daraus therapeutischen Nutzen mit dem Patienten zu erarbeiten. In durchaus ähnlichem Sinn urteilt Christa Rohde-Dachser (1979, S. 215):

»Ich selbst habe mich beim Überlesen der Literatur und dem Gespräch mit Kollegen oft gefragt, ob viele sogenannte maligne Regressionen nicht iatrogen induziert sind, weil einfach der Patient um seine Regression kämpft und diese mit allen Mitteln gegenüber einem streng realitätszugewandten Therapeuten durchzusetzen versucht ...«

Sie knüpft hier an Balint an, der in derartigem Suchverhalten des Patienten den Wunsch und das Ziel sah, »erkannt« zu werden. Und wenn dann der Therapeut nicht in der Lage ist, diese Signale aufzufangen und therapeutisch zu verarbeiten, könnten, laut Rohde-Dachser,

»an die Stelle des Erkanntwerdens ... dann massive Wünsche nach Befriedigung an den Therapeuten gerichtet werden, deren Erfüllung – gesetzt den Fall, sie fände statt – nur neue Wünsche provozieren muß, weil der Analytiker die eigentlichen Bedürfnisse des Patienten nicht verstanden hat. Auf diese Weise kann tatsächlich die ›suchtartige Spirale‹ in Gang gesetzt werden, die die maligne Regression kennzeichnet« (S. 215).

Maligne Regression aber bedeutet im Sinne meines Themas absolute Vergeudung von Zeit in einem pseudotherapeutischen Geschehen, das pathologieverstärkend wirkt statt heilungbringend.

Eine solche Fehlentwicklung der Therapie kann fatale Folgen haben. Rohde-Dachser (1987, S. 280) sieht hier vor allem für »schwerer ich-gestörte Patienten, also z. B. für die meisten sogenannten Borderline-Patienten« die Gefahr eines »unerwünschten regressiven Sog(es)«, der in Übertragungspsychosen oder schweres destruktives Ausagieren münden könne. Sie hat hier ohne jeden Zweifel Recht, und diese Gefahren müssen bei der Gestaltung des therapeutischen Dialogs jederzeit mitbedacht werden. Wichtig ist aber: Die Verantwortung für die Entstehung einer malignen Regression liegt keineswegs immer nur beim Patienten, sondern ist unter Umständen Folge des »Nicht-Erkennens« der wirklichen Bedürftigkeit des Patienten durch den Therapeuten.

Wesentliche Grundlagen der Entstehung schwerer ichstruktureller Störungen sieht Erik H. Erikson (1956, S. 180) in einer sich unzureichend entwickelnden Wahrnehmungsmöglichkeit von »Zeitzyklen und Zeitqualitäten« durch ausbleibende oder verzögerte Befriedigung berechtigter frühkindlicher Bedürftigkeiten. Es komme dann zu einer »Zeit-Diffusion«, also dem »Verlust jener Ich-Funktion, welche Zeitperspektive und Zukunftserwartung festhält«. Er schreibt:

»Unsere am bedenklichsten regredierten jungen Patienten zeigen deutlich eine allgemeine Haltung, die so etwas wie ein Mißtrauen gegen die Zeit an sich darstellt; jeder Aufschub erscheint als ein Betrug, jedes Warten-Müssen als ein Ohnmachtserlebnis, jede Hoffnung als eine Gefahr, jeder Plan als eine Katastrophe, jeder potentielle Versorger als ein Verräter.«

Rohde-Dachser (1987, S. 283) sieht ein wesentliches Problem der Borderline-Kranken in der Unfähigkeit, aus der Vergangenheit zu lernen:

»Menschen ohne die Fähigkeit zur zeitlichen Synthese können gemachte Erfahrungen nicht in die Zukunft hineintragen und müssen also, zu ihrer eigenen Verwunderung und zum großen Verdruß ihrer Mitmenschen, immer wieder ›von vorne‹ anfangen.«

In Interpretation dieser Feststellungen (und aufgrund langjähriger Erfahrung) lassen sich für mich, unter der Bedingung, dass weitgehende Heilung und nicht nur Symptomverbesserung angestrebt wird, für die Gestaltung eines sinnvollen therapeutischen Umgangs mit derart schwer gestörten Patienten drei Schlussfolgerungen formulieren:

- Wenn schwerste ichstrukturelle Mängel und Defizite aufgearbeitet werden sollen, ist dies mit dem angestammten Handwerkszeug der Psychoanalyse in Reinform nicht möglich. Analytische Arbeit erfordert ein im Wesentlichen intaktes Ich und Selbst, die bei diesen Patienten nicht haben entstehen können. Ich kann als Therapeut in meiner Arbeit nicht auf Erfahrungen des Patienten aufbauen, die nie gemacht worden sind.
- Eine im wörtlichen Sinne »nachholende Ich- und Selbst-Entwicklung« ist nur zu erzielen mit einer Regression in früheste Lebensbereiche hinein, mit einem Sich-Einlassen des Patienten auf basale Stadien der Erfahrungsbildung unter Einschluss der Körperebene. »Um sich trennen zu können, muß man sehr vereint sein, sehr verschmolzen. Die Verschmelzung ist es, die die (Bedingung für die) Trennung möglich macht und nicht umgekehrt« (Rodulfo 1996, S. 168).
- In einer derartigen, sicher sehr sorgsam und fachkundig zu begleitenden Tiefenregression eines Patienten muss vorübergehend die, wie Rohde-Dachser (1987, S. 280) sie nennt: »tiefe Sehnsucht nach Zeitlosigkeit …, nach einer Fortdauer der ursprünglichen, primär-

narzißtischen Vollkommenheit, wie sie am Anfang des Lebens, in der Dualunion mit der Mutter, … erlebt oder doch erahnt wurde«, wohl prinzipiell anerkannt, aber nur partiell und dosiert und dazu in einer Art erfüllt werden, die eben nicht den Charakter einer »nachnährenden oralen Befriedigung« hätte, wobei der Therapeut quasi in die Rolle einer »besseren Mutter« käme, sondern in Form einer empathischen, haltenden Präsenz des Therapeuten in klarer Funktion als Selbstobjekt (oder auch: »Verwandlungsobjekt«, so Christopher Bollas 1997, S. 127).

Eine solche Situation erziele ich zum Beispiel, indem ich meinen schwerstgestörten Patienten und Patientinnen verbindlich so viele Therapiestunden lang zur Verfügung stehe, wie sie selbst sie zu brauchen glauben (Reinert 2001a, 2001b, 2003).

Dieter Tenbrink (1998, S. 106) schreibt über die Behandlung von Borderline-Patienten:

»Erst dadurch, daß der Patient die Möglichkeit erhält, seine Form der Erlebnisverarbeitung und Beziehungsgestaltung in der analytischen Situation zu entfalten – und zwar so lange und so intensiv, wie er es braucht und nicht wie der Analytiker es gerne hätte – ,entsteht die Voraussetzung für eine Veränderung, die allerdings bei solchen Patienten, bei denen die unter der Beziehungsoberfläche liegenden tiefgreifenden Defizite (kein ausreichend gutes inneres Objekt) in zugespitzter Form existieren, in der Regel sehr viel Zeit braucht.«

In ganz ähnlicher Weise äußern sich Heinz Henseler und Peter Wegner (1993, S. 29) über lang dauernde, das »normale Höchstmaß« von 300 Stunden weit überschreitende analytische Therapien schwer gestörter Patienten:

»Die ›scheinbare Endlosigkeit der Kur‹ und die Notwendigkeit, einen zeitlichen Raum für den Patienten zur Verfügung zu stellen, der seinen individuellen Notwendigkeiten angemessen ist, wird vor allem dann wichtig, wenn zentrale innere Konflikte für eine lange Zeit nicht aktuell erlebbar sind. Die therapeutische Arbeit hat dann Vorleistungen zu erbringen, die mit der Ermöglichung, Konflikte zuzulassen, wahrzunehmen und auszuhalten in Verbindung stehen. Hierzu ist viel Zeit nötig, weil ein verhungerndes Ich die angebotene Nahrung nur in kleiner Dosierung wirklich verdauen kann.«

Und selbst Freud (1937, S. 68) sah die Notwendigkeit gelegentlich deutlich längerer Therapien als üblich:

»… eine im Verhältnis geringe Zahl von schwerer Leidenden blieb bei mir zu fortgesetzter, wenn auch durch kurze oder längere Pausen unterbrochener Behandlung. Bei diesen letzteren war die therapeutische Zielsetzung eine andere geworden. Eine Abkürzung der Kur kam nicht mehr in Betracht, die Absicht war, eine gründliche Erschöpfung der Krankheitsmöglichkeiten und tiefgehende Veränderung der Person herbeizuführen.«

Ich möchte die Bedeutung der Zur-Verfügung-Stellung einer ausreichenden Entwicklungszeit und die sich daraus ergebenden Chancen für die Therapie schwer gestörter Patienten anhand eines Beispiels verdeutlichen:

Es handelt sich nicht um einen Borderline-Patienten, sondern, wenn man denn eine Diagnose benennen müsste, würde man am ehesten die einer »schizoiden Persönlichkeitsstörung« zu stellen haben. Bei insgesamt reduzierter »Gefühlspalette« war der Patient über lange Zeit, wenn überhaupt, in seiner Grundstimmung depressiv getönt gewesen; er war sehr kontaktgestört, hatte nur einen Freund; nur wenige Tätigkeiten brachten ihm Freude. In Konfliktsituationen hatte er immer nachgegeben, sich hinterher deprimiert gefühlt, auch als Versager, und sich selbst gegenüber eine aggressive Haltung gespürt, ohne dass irgendwelche Selbstverletzungen oder Selbstbestrafungen real aufgetreten sind. Im Kontakt wies er eine emotionale Kühle auf, in den Stunden war unüberbrückbar eine deutliche Distanz vorhanden; warme Gefühle schien er nicht ausdrücken zu können, gegenüber Lob oder Kritik von anderen nicht empfänglich zu sein. Er lebte für sich, sehr introvertiert, unternahm Aktivitäten allein oder mit seinen beiden kleinen Söhnen. Auffällig war, dass er nach den Stunden den Therapieraum so verließ, wie der gerade beim Ende der Stunde aussah: Hatte er eine Decke benutzt, so lag die nachher wie benutzt auf den Matratzen. Er litt unter seiner Distanz, seiner Gefühlsunfähigkeit, seiner Kühle, seiner Isoliertheit. Er wirkte in seiner gesamten Vitalität schwer beeinträchtigt. Über den Patienten habe ich bereits zweimal in kurzen Fallvignetten berichtet, zum einen (Reinert 2001c, S. 78) handelte es sich um die Darstellung einer therapeutischen Sequenz, innerhalb derer er sich konstruktiv-aggressiv von ihm in seiner Herkunftsfamilie auferlegten Signifikaten in Form von »Handlungsgesetzen« oder auch »Handlungsverboten« befreit hatte. Zum anderen habe ich kurz eine Situation zusammenfassend dargestellt (Reinert

2000, S. 612), auf die ich hier jetzt sehr viel ausführlicher eingehen möchte.

Herr D. hatte bereits zahlreiche Konflikte in der bisherigen Therapie mit etwa 240 Stunden Dauer bearbeitet, hatte sein Leben drastisch verändert, sich aus seiner Ehe gelöst und zu gegenüber früher deutlich intensivierten Gefühlswahrnehmungen und zu viel häufigerem Empfinden von Freude im Leben gefunden. Zurückgeblieben war jedoch, völlig unveränderlich und praktisch permanent vorhanden, eine ausgeprägte »Restsymptomatik«, mit einer untergründigen Unruhe, einer diffusen Angst und Bedrohtheit, die er nicht an äußeren Fakten festmachen und auch nicht in ihrer eigentlichen Wahrnehmung näher beschreiben konnte. Die Symptomatik führte zu einem spürbaren weiteren Leidensdruck des Patienten. Die Therapie mit Herrn D. war nicht einfach gewesen; immer wieder hatten sich bei mir Gegenübertragungsgefühle von Isoliertheit, Kälte und Freudlosigkeit eingestellt, die sich auch nicht zu verändern schienen. Die Beziehungsfähigkeit, die der Patient in der Analyse bis dahin entwickelt hatte, wirkte begrenzt, und ich war eher pessimistisch, ob sie sich noch wesentlich würde weiterentwickeln lassen. Ohne Zweifel hatte der Patient in der Therapie Fortschritte gemacht, seine »Lebensfähigkeit« war mittlerweile durchaus gut ausgebildet, so war er auch unproblematisch und erfolgreich in seinem Beruf tätig. Aber: Er war unglücklich in seiner Grundstimmung und in seiner letztendlich fortbestehenden Isoliertheit im Leben.

Jenseits der 240. Sitzung begann er nun im Therapieraum, in dem er sich jederzeit frei bewegen konnte, immer wieder eine bestimmte Position aufzusuchen; er legte sich nämlich, nachdem er vorhandene Matratzen zu einer »Landschaft« ausgebreitet hatte, mitten hinein in dieses geschaffene Feld, kümmerte sich nicht weiter um mich, nahm eine Art Embryonalhaltung ein und begann ohne weitere Mitteilung zu weinen. Dieses Verhalten tauchte von da ab in jeder Stunde in fast gleicher Form wieder auf, was mich zunehmend beunruhigte. Verbale Versuche der Kontaktaufnahme meinerseits wurden von ihm entweder nicht beachtet oder freundlich, aber eindeutig als eher störend zurückgewiesen. Lange Zeit empfand ich mich in diesen Situationen auf verlorenem Posten, fror körperlich, hatte gar kein Gefühl mehr für den Stand unserer therapeutischen Beziehung oder auch nur für das gegenwärtige Geschehen. Etwas ratlos trug ich mein Problem in meine Supervisionsgruppe, wo man aber den Eindruck hatte, dass der Patient in irgendeiner Weise wohl einem festen Gefühl folgte und zumindest ahnte, dass das, was er da vollzog, einem (vorerst verborgenen) Sinn entsprach. Wochen und Monate zogen sich hin, ohne dass sich in den therapeutischen Stunden irgendetwas Wesentliches veränderte, davon abgesehen, dass der Patient die Anordnung der Matratzen im Raum schon mal in der einen oder anderen Weise modifizierte, auch seine eigene Körperlage hin und wieder veränderte: Mal lag er auf dem Bauch, mal auf der Seite oder auf dem Rücken. Ich machte mir zunehmend Sorgen um den Fortgang der analytischen Behandlung, die ich als solche kaum noch etikettieren mochte. Ich hatte auch Schuldgefühle diffuser Art, wusste nicht, was ich hier vielleicht nicht erkannte, möglicherweise auch induzierte, ohne es zu merken. Mit dem Patienten sprach ich durchaus gelegentlich über Themen, die er in die Stunden mitbrachte, die dann aber von ihm wie abgehakt wurden, woraufhin er sich beeilte, wieder in »seine Lage« zu gelangen.

Der Patient erreichte auf diesem Weg das Ende des genehmigten Stundenkontingents, und es stand die Frage der Beendigung der Therapie oder deren Fortsetzung an, wobei er dann würde selbst bezahlen müssen. Er überlegte gar nicht lange, fragte nach meinen Honorarvorstellungen, war mit denen einverstanden und bezahlte von nun an die Stunden aus eigener Tasche. Selbstverständlich fragte ich ihn immer wieder zwischendurch nach seiner Befindlichkeit, seinem Fühlen; ich fragte auch gelegentlich nach dem von ihm vielleicht erkannten Sinn seines Tuns; diese Fragen wurden aber von ihm eher unwillig in der Körperhaltung, verbal kaum, beantwortet. In meiner Ratlosigkeit stellte ich den Fall mehrfach wieder in meiner Supervisionsgruppe vor, in der die Kollegen und Kolleginnen sich zwar auch den Sinn der geschilderten Abläufe in den Stunden nicht recht erklären konnten, auf der anderen Seite aber erneut den festen Eindruck gewannen, man solle das Verhalten des Patienten auch weiterhin tolerieren, es folge wohl doch irgendeiner sich zukünftig wahrscheinlich noch klärenden Zielsetzung. Ich wartete also aufmerksam weiter ab.

Und tatsächlich: Nach über einem Jahr und mehr als 100 weiteren in beschriebener Weise zugebrachten Sitzungen begann der Patient, offenbar seinen spontanen Gefühlen folgend, seine Gestaltung der Stunden zu verändern: Er wurde körperlich aktiver, sein zunehmend lauter und immer verzweifelter werdendes Weinen war jetzt oft begleitet von zum Teil schraubenden, nach vorne drängenden, aber in ihrer Dynamik behindert wirkenden Bewegungen des Gesamtkörpers, wobei er oft mit dem Kopf voran sich in die Matratzen zu bohren schien, dabei auch Schmerzlaute von sich gab, die überhaupt nicht demonstrativ oder hysteriform wirkten, sondern so, als kämen sie völlig ungeachtet der Anwesenheit meiner Person aus einem tiefen inneren Schmerz und seien von erheblichem Leiden begleitet. Herr D. schien völlig allein zu sein, einen Kontakt zu mir in keiner Weise selbst herstellen zu können. Diese neue Entwicklung beobachtete ich natürlich mit besonderer Aufmerksamkeit, wobei ich das Gefühl hatte, dass sich die Intensität der Abläufe steigerte und der Patient wirklich in den Sitzungen schwer arbeitete, weniger unter bewusster Ausklammerung und Aussparung meiner Person, als dass sie für ihn vielmehr gar nicht zu existieren schien.

In einer Sitzung nun veränderte sich sein Tun plötzlich dergestalt, dass mir mit einem Mal klar wurde, worum es hier ging. Ich hatte das Gefühl, es mit einem Kleinstwesen zu tun zu haben, das von einer ungeheuren Kraft getrieben wird, aber nicht vorwärts kommt und »stecken bleibt«. Er schien auch keine Luft mehr zu bekommen. Ich entschloss mich, in die Situation hineinzugehen, ergriff mit meinen Händen erst vorsichtig, jederzeit zum Rückzug bereit und dann zunehmend mutiger, den Kopf des Patienten von beiden Seiten und zog ihn, der oben auf einem erhöhten Matratzenstapel lag und sich wandt, langsam am Kopf zu mir herunter. Zu meiner Verwunderung griff der Patient mit seiner Eigenbewegung mein Tun sofort auf. Ich zog ihn quasi auf meinen Schoß und hatte ihn, der von der realen Körpergröße her mich um etwa fünf Zentimeter überragte, auf einmal unzweideutig wie ein Baby auf meinem Schoß liegen, wobei er jetzt erneut heftigst weinte, dies aber in einer gänzlich anderen Qualität als zuvor.

Mit zuletzt unbezweifelbarer Klarheit wurde mir deutlich, dass ich hier einen »verzögerten Geburtsvorgang« mit drohendem Erstickungstod erlebt hatte, den der Patient wohl in einer Art »Gefühlserinnerung« in sich getragen und nunmehr in selbsttherapeutischer Weise zum Ausdruck gebracht hatte. Ich war ungeheuer bewegt! Meine Intervention war offensichtlich im Empfinden des Patienten völlig richtig gewesen, wie ich an seiner Resonanz merkte: Ohne jedes Wort hatte sich unser Tun zu einem gemeinsam gestalteten Gesamtgeschehen verbunden.

In meinem Da-Sitzen und Den-Patienten-Halten war mir mit einem Mal klar, dass der Patient nunmehr keine Sitzungen mehr brauchen würde, wir waren in meinem Empfinden »angekommen«. Ich hatte das klare Gefühl, diese Therapie sei nunmehr »abgeschlossen«. Umso innerlich erstaunter war ich, als der Patient dann am Ende der Sitzung, zwar noch tief erschüttert und unter Tränen, aber doch sicher und selbstverständlich, seinen Kalender zückte, um mit mir für die Folgewoche zwei weitere Sitzungen zu vereinbaren. Die bekam er natürlich; wobei ich von meinem »End-Gefühl« nichts sagte; Herr D. erschien zur ersten dieser Sitzungen in einer deutlich anderen Verfassung als sonst üblich. Er berichtete nunmehr in völlig normaler verbaler Kommunikation sehr bewegt über den stattgehabten Vorgang; dass ihm sofort beim Erleben klar geworden sei, was sich hier ereignet hatte. Und er hatte ein Übriges getan: Er hatte bei Verwandten nachgefragt und dabei erfahren, dass er tatsächlich bei seiner Geburt einen Stillstand erlebt hatte und vorübergehend effektiv von Erstickung bedroht gewesen war. Dies war ihm zuvor nie erzählt worden. Der Patient fügte hinzu, er habe seit dem Ereignis jetzt aber auch das Empfinden entwickelt, keine Stunden mehr zu brauchen und sich eigentlich sehr wohl zu fühlen.

Die zweite bereits angesetzte Sitzung wurde daraufhin zur Abschiedsstunde bestimmt, und der Patient erhielt, wie alle meine Patienten, die Zusicherung, beim Wiederauftauchen irgendwelcher Schwierigkeiten sich erneut melden zu können. Das tat er dann ein halbes Jahr später; er rief an und vereinbarte einen nochmaligen Termin. Zu diesem erschien er in aufgeräumter Verfassung, teilte mir mit, er habe seit dem Ende unserer Arbeit keinerlei Symptome der geschilderten Restsymptomatik mehr verspürt; er fühle sich körperlich wie seelisch ganz und gar befreit und freue sich riesig, dass er sich damals doch entschlossen hatte, nach dem Auslaufen der kassenbezahlten Sitzungen auf eigene Kosten weiterzumachen. Wir rekapitulierten noch einmal den gesamten Ablauf, und er schilderte, dass er bis zu dieser »Schlüsselstunde« das Gefühl gehabt hatte, in seiner imaginären Höhle in seiner ungeheuren Einsamkeit und Traurigkeit gefangen bleiben zu müssen und gar nicht die Möglichkeit zu haben, dieses »innere Gefängnis« aus eigener Kraft zu verlassen. Andererseits seien meine Worte immer eher wie Fremdkörper in ihn eingedrungen; und er habe gar nicht das Gefühl gehabt, irgendetwas »erklären« zu können, ja er habe seine gefühlsmäßige Befindlichkeit lange Zeit überhaupt nicht in Worte zu fassen vermocht.

Um Missverständnissen vorzubeugen: Keineswegs interpretiere ich die Pathologie des Patienten als Ergebnis eines einzelnen geburtstraumatischen Ereignisses! Selbstverständlich war die Herkunftsfamilie des Patienten hochpathologisch und hatte sehr kranke Beziehungsformen und kühle, isolierende, uneinfühlende, gefühlsunterdrückende atmosphärische Gegebenheiten produziert, in deren Rahmen sich Herr D. nur mit großen Schwierigkeiten entwickeln konnte.

Was sich in den letzten über 100 Stunden seiner analytischen Therapie abgespielt hat, verstehe ich vielmehr als gelungene Selbstbehandlung des Patienten, der es, indem er seinen Gefühlen folgte, fertig brachte, seine viele Bereiche seines Selbstempfindens umfassende, grundlegende vitale Behinderung einer Entwicklung zuzuführen, die letztlich in einem Befreiungsakt kulminierte; dieser bezog seine Kraft und Wirksamkeit offenbar daraus, dass in ihm alle seine grundlegenden Selbstblockierungen symbolisch eine Art Auflösung erfahren konnten: durch die gefühlsgeleitete Reinszenierung der wohl tatsächlich stattgehabten (an Erfahrungsintensität alle späteren einengenden Traumatisierungen überragenden) partalen Notsituation und deren (ebenfalls symbolisch) glücklichem Ausgang.

Heisterkamp (2003, S. 306) schreibt zu derartigen Selbstbehandlungssituationen:

»Der therapeutische Prozeß verläuft nicht nur so, daß der Patient auf frühere Verfassungen regrediert und auf diesem Regressionsniveau dann einen Neuanfang wagt, sondern der Vorgang selber, sich nämlich auf die bedrohlichen Ängste und Affekte einzulassen, ist schon eine Form der ›therapeutisch gestützten und abgesicherten‹ Selbstbehandlung. Sie impliziert bereits ein Vertiefen der Selbstwahrnehmung, ein Wachsen an Lebensmut, ein Lockern von Selbstsicherungen, ein Spüren von Lebensenergie, ein Ahnen von Lebenssinn usw. Sie stellt insgesamt eine vorsichtig tastende Suchbewegung zu den diffus gespürten Momenten des Selbst, die der notgeborenen Selbstsicherung zum Opfer gefallen sind, sowie zu den erahnten schöpferischen Selbstentwürfen.«

Geben wir doch unseren Patientinnen und Patienten öfter die Zeit dazu!

Literatur

Bollas, C. (1997): Der Schatten des Objekts / Das ungedachte Bekannte – zur Psychoanalyse der frühen Entwicklung. Stuttgart.

Elias, N. (1982): Über die Einsamkeit der Sterbenden in unseren Tagen. Frankfurt a. M.

Erikson, E. H. (1956): Das Problem der Ich-Identität. In: Erikson, E. H. (1973), Identität und Lebenszyklus. Frankfurt a. M., S. 123–212.

Freud, S. (1937): Die endliche und die unendliche Analyse. In: G. W. Bd. XVI, Werke aus den Jahren 1932–1939. Frankfurt a. M., S. 57–99.

Geissler, P. (2001): Mythos Regression. Gießen.

Gebsattel, V. E. v. (1954): Prolegomena einer medizinischen Anthropologie. Berlin/ Göttingen/Heidelberg.

Gonzáles, J. L. (1974): Psychoanalyse und Kreativität. In: Ammon, G. (Hg.): Psychodynamik der Kreativität. München, S. 88–91.

Heisterkamp, G. (1990): Konturen einer tiefenpsychologischen Analyse originärer Lebensbewegungen. Teil I und II. Z. f. Individualpsychol. 15: 83–95, 163–176.

Heisterkamp, G. (2002): Basales Verstehen. Handlungsdialoge in Psychotherapie und Psychoanalyse. Stuttgart.

Heisterkamp, G. (2003): Regression und basales Verstehen. Z. f. Individualpsychol. 28: 288–315.

Jost, A. (2000): Zeitstörungen – Vom Umgang mit Zeit in Psychiatrie und Alltag. Bonn.

Kafka, J. S. (2001): Zeit: Rahmen und Inhalt und die Zeithaftigkeit der psychoanalytischen Erfahrung. Forum Psychoanal. 17: 299–311.

McDougall, J. (1988): Theater der Seele – Illusion und Wahrheit auf der Bühne der Psychoanalyse. 2. Aufl. Stuttgart, 1994.

Reinert, T. (2000): »Von Ganzheitlichkeit zu reden ist leicht, sie konsequent ernst zu nehmen, nicht!« – Über die Schwierigkeiten der Medizin, den Menschen als Ganzheit zu betrachten. Int. J. Prenatal and Perinatal Psychology and Medicine 12: 603–615.

Reinert, T. (2001a): »Keiner versteht mich! Als rede ich chinesisch! Ich glaube, ich bin verrückt« – Die bizarre Welt des Borderline-Patienten. Methodik, Verlauf und Ergebnisse modifiziert-analytischer Langzeitbehandlung. Z. f. Individualpsychol. 26: 99–115.

Reinert, T. (2001b): »… es durchwegs angezeigt ist, sich der Führung des Patienten zu überlassen« (Adler 1930). Geht das denn bei Borderline-Patienten? In: Lehmkuhl, U. (Hg.), Beiträge zur Individualpsychologie 26. München, S. 83–98.

Reinert, T. (2001c): »Der Kontext, in den wir gestellt wurden … Über die Bedeutung von ›Signifikanten‹ für die Entwicklung des Kindes«. Dynamische Psychiatrie 34: 73–82.

Reinert, T. (2003): Und sie bewegen sich doch! Modifiziert-analytische Langzeittherapie bei Patienten/innen mit schweren Borderline-Störungen. In:

Gerlach, A.; Springer, A.; Schlösser, A.-M. (Hg.), Psychoanalyse mit und ohne Couch. Haltung und Methode. Gießen, S. 208–220.

Rodulfo, R. (1996): Kinder, gibt es die? – Die lange Geburt des Subjekts. Freiburg.

Rohde-Dachser, C. (1979): Das Borderline-Syndrom. 3. Aufl. Bern/Stuttgart/Wien, 1983.

Rohde-Dachser, C. (1987): Zeitbegriff und Zeitbegrenzung in der Psychotherapie. Prax. Psychother. Psychosom. 32: 277–286.

Roth, G. (1997): Das Gehirn und seine Wirklichkeit – kognitive Neurobiologie und ihre philosophischen Konsequenzen. Frankfurt a. M.

Stöckler, M. (1993/1996): Ereignistransformationen. Relativierungen des Zeitbegriffs in der Physik des 20. Jahrhunderts. In: Baumgartner, H.-M. (Hg.): Das Rätsel der Zeit; philosophische Analysen. Freiburg/München, S. 146–177.

Ströker, E. (1993/1996): Zeit erfahren – Zeit bestimmen. Temporale Strukturen in Natur und Geschichte. In: Baumgartner, H.-M. (Hg.): Das Rätsel der Zeit; philosophische Analysen. Freiburg/München, S. 181–212.

Tenbrink, D. (1998): Über den Unterschied zwischen Wiederfinden und Finden in der Psychoanalyse. In: Lehmkuhl, U. (Hg.): Sinnverlust und Kompensation. Beiträge zur Individualpsychologie 24. München/Basel, S. 101–114.

Henseler, H.; Wegner, P. (Hg.) (1993): Psychoanalysen, die ihre Zeit brauchen. Opladen.

Er zitiert zu viel!
Steht auch wenig drin,
viel Plattitüden

Stefani Theis

Unternehmenstheater – Beratung und Gestaltung von organisationalen Veränderungs- und Lernprozessen mit Theater und theaterpädagogischen Methoden

Company theatre

In this contribution many plots come together and overlap each other. They are accompanied by short novelistic passages that include the topics time and theatre. The author reports her own personal critical dispute with the topic time, how she came to theatre, why she works with company theatre, and what company theatre actually is. By displaying the history of origins of theatre and the societal duties, Stefani Theis points out which strengths, chances and possibilities company theatre offers to change processes. At the same time she unfolds the different methods and applications of company theatre. Telling stories and thereby passing on implicit knowledge, is an essential part of change.

Zusammenfassung

In dem Beitrag verknüpfen und überlappen sich mehrere Erzählstränge und werden unterfüttert von kurzen Romanausschnitten, die die Themen Zeit und Theater zum Inhalt haben. Die Autorin berichtet von ihrer persönlichen Auseinandersetzung mit dem Thema Zeit, wie sie zum Theater gekommen ist, warum sie heute mit Unternehmenstheater arbeitet und was überhaupt Unternehmenstheater ist. Anhand der Entstehungsgeschichte von Theater und den gesellschaftlichen Aufgaben schlägt Stefani Theis die Brücke, welche Kraft, Chancen und Möglichkeiten im Einsatz von Unternehmenstheater bei Veränderungsprozessen liegen. Gleichzeitig fächert sie die unterschiedlichen Methoden und Einsatzfelder von Unternehmenstheater auf. Geschichten erzählen und somit implizites Wissen weiterzugeben ist ein wesentlicher Bestandteil von Veränderung.

Themenschwerpunkt: Arbeitswelt

Ich wurde im Zeichen des Zwillings in einer westfälischen Kleinstadt geboren. Getauft auf den Namen Stefani – kommt aus dem Lateinischen und heißt »die Bekränzte«, was im Konfirmandenunterricht für viel Heiterkeit und Spott sorgte –, verbrachte ich auch meine gesamte Kindheit und Jugendzeit in derselbigen Kleinstadt. Die Uhren gingen dort langsamer als meine innere Uhr. Auch das Denken hatte ein anderes Tempo, und ich hatte das Gefühl, dass ich die Zeit antreiben musste, um etwas zu erleben.

Mit 19 ging ich nach dem Abitur gemeinsam mit meiner Freundin los, die große Stadt Köln zu erobern. Wir wollten beide Kunsttherapie studieren, was damals nur als Zusatzausbildung parallel zum Pädagogikstudium möglich war. Hoch motiviert stürzten wir uns ins Studentenleben. Die Ernüchterung kam prompt, die Dinge liefen anders, als wir dachten. Die Organisation Universität tickte langsam, fast langsamer als die Uhren in unserer Heimatstadt.

Wir brauchten mehr Erleben. Fündig geworden im Lauf der Zeit sind wir beide. Meine Freundin arbeitet heute als Grafikerin und ich als Organisationsberaterin.

Eine intensive Lebenszeit setzte mit meiner Schauspielausbildung ein, es gab viel Raum für meine Fantasie, und die Bühne war der Ort des Ausprobierens. Es gab nicht Falsch und Richtig, es gab Anders.

Aber diese Welt war leider von allzu kurzer Dauer. Sie endete für mich mit dem Eintritt ins Berufsleben als Schauspielerin. Das Theater, das nach außen so sehr glänzt und lockt, verlockt, war in der Innenbetrachtung sehr blass und matt. Willkür regierte und der Raum für Fantasie war wieder begrenzt. Die zweite schmerzliche Erfahrung, dass Organisationen im Inneren nicht immer das halten, für was sie nach außen stehen.

Also habe ich gedacht: dann muss ich mir meine Arbeit, meinen Arbeitsplatz, meine Arbeitswelt selber schaffen, was ich bis zum heutigen Tag tue.

Aber auch das ist nicht konfliktfrei. Ich komme immer wieder in Konflikt mit der Zeit. Heute tickt die Uhr zu schnell, ich komme mit meiner gefühlten Zeit nicht hinterher. Was also ist der geheime Plan hinter der Zeit, der gemessenen Zeit?

Ich streckte den Arm aus und schüttelte sie vorsichtig, sie wachte auf. Als sie Luft holte, um zu schreien, legte ich ihr eine Hand über den Mund und hielt den Schrei auf. »Ich bin's«, sagte ich. Sie setzte sich auf, doch ich ließ sie erst los, als sie ruhig dasaß.

»Ich komme wegen August«, sagte ich.

Es war nötig zu flüstern, sehr leise, die Lippen ganz dicht an ihrem Ohr. Sie rückte nicht weg.

»Es steckt ein Plan hinter der Schule«, sagte ich, »August wird damit nicht zurechtkommen. Er läuft darauf hinaus, daß die Zeit einen emporhebt.«

Bis zu diesem Augenblick hatte ich es anderen Menschen verschwiegen, auch ihr, jetzt war ich gezwungen, Vertrauen zu haben.

»Wenn man blind würde«, sagte ich, »wenn man es gewöhnt wäre, durch ein Haus zu gehen und plötzlich eines Tages einen Unfall hätte, überfallen würde oder irgendwas, und blind würde, würde man erst dann die Möbel entdecken. Sie wären immer dagewesen, aber man hätte sie nicht bemerkt, man wäre einfach um sie herumgegangen. Erst wenn etwas schwer zu bewältigen ist, sieht man es. Auf diese Weise bemerkt man die Zeit, wenn es schwer wird, sie zu bewältigen.«

Ihr Haar war im Weg, ich strich es weg und behielt es in der Hand, damit es nicht wieder zurückfiel. Da, wo ich mich aufs Bett stützte, hatte sie geschlafen, es war noch warm. Ich wußte, was ich sagen wollte, ich hatte es vorher durchdacht.

»Wenn man es schafft, an der Schule zu bleiben, wenn man es nicht zu schweren Verstößen oder Versäumnissen kommen läßt, dann bleibt man zehn Jahre hier. In diesen zehn Jahren wird der Zeitplan für einen ganz festliegen, nur sehr wenige Male wird man in Zweifel sein, wo man sich aufhalten und was man machen soll, sehr wenige Stunden insgesamt, wo man selber etwas entscheidet. Der Rest der Zeit liegt ganz fest. Es läutet, man geht rauf in die Klasse – es läutet, man geht runter – es läutet, man ißt – läutet, arbeitet – läutet, ißt – läutet, Schulaufgaben – läutet, drei Stunden frei – läutet, man geht ins Bett. Es ist, als gäbe es ein paar sehr schmale Tunnel, und man geht da durch und nirgendwo anders. Sie sind unsichtbar, wie Glas, das eben gerade geputzt wurde, man sieht es nicht, wenn man nicht hineinfliegt. Aber wenn man blind wird oder schwachsichtig, dann muß man versuchen, das System zu verstehen. Ich habe es lange versucht, jetzt weiß ich es.«

(Hoeg 1995)

Meine Aufträge haben immer mit dem Thema Zeit zu tun:

- Veränderungsprozesse sollen in einer bestimmten Zeit abgeschlossen sein.

- Der Prozess wird über Zeitfenster und Meilensteine getaktet.
- Die Projektgruppen haben enge Zeitpläne und können diese häufig nicht einhalten.
- Menschen kommen mit der Veränderungsgeschwindigkeit nicht zurecht.

Aber was ist Unternehmenstheater überhaupt? Wofür ist es gut? Ein Erklärungsversuch:

Im Anfang war das Wort
Und das Wort war bei Gott
Und das Wort war Gott
Im Anfang war es bei Gott
Alles ist durch das Wort geworden
Und ohne das Wort wurde nichts, was geworden ist.
In ihm war das Leben
Und das Leben war das Licht der Menschen
Und das Licht leuchtet in der Finsternis
Und die Finsternis hat es nicht erfaßt.

(Johannes 1, 1–5)

Zeit

zeitraubend	zeitlos	zeitlang	zeitlebens	zeitgemäß
Zeitgenosse	Zeitgeist	Zeitalter	Zeitansage	Zeitlupe
Zeitpunkt	Zeitnot	Zeitraum	Zeitschrift	Zeitvertreib
Jahreszeit	Essenszeit	Schlafenszeit	Uhrzeit	
Lebenszeit	Vorkriegszeit	Bronzezeit	Übergangszeit	

Die schönste Zeit des Jahres
Die schönste Zeit des Lebens
Die Zeit der Ernte
Sie sind schon längere Zeit verheiratet
Er hat Zeiten, in denen er sehr reizbar ist
Die erste Zeit ist alles ungewohnt
In kurzer Zeit fertig sein
Er gönnt sich kaum Zeit zum Essen
Wir dürfen jetzt keine Zeit vergeuden
Die Zeit, als es noch kein elektrisches Licht gab
Eine Sage aus alter Zeit

Das Wort Zeit ist ein altes Wort. Es hat seine Ursprünge im Mittel- und Althochdeutschen zit und im Germanischen und Altnordischen tid, was die Bedeutung von »Gezeiten, Flut« hat.

Schon die Urmenschen erkannten, dass zwischen zwei Sonnenaufgängen oder -höchstständen immer etwa die gleiche Zeitspanne liegt, dass der Mond nicht jede Nacht gleich aussieht und immer wieder vom Himmel verschwindet.

In frühen Zeiten glaubten sich die Menschen von geheimnisvollen Mächten umgeben, die ihr Dasein feindlich oder freundlich beeinflussten. So wurden Geburt und Tod, Sonne und Regen, Lust und Leid, Segen der Erde und Erhaltung des Lebens zu Motiven der Anrufung oder Bekämpfung von Dämonen, deren Macht der Mensch sich ausgesetzt fühlte. Das geschah durch Tänze, Gesänge, Opfer und Prozessionen. Diese Handlungen, die im Lauf der Zeit fest umrissene Formen annahmen, bezeichnet man in ihrer Gesamtheit als religiösen Kult.

In dem gemeinschaftlichen Tanz drückten die Tänzer durch Gesten und Gebärden ihre Furcht, Achtung, Flüche oder Bitten aus und durch den begleitenden Chorgesang die Worte der Beschwörung, Freude und Klage. So stellte sich eine Verbindung von Pantomime und Wort her, deren Zusammenklang allmählich die Form des Dramas entwickelte: die pantomimische und dialogische Wiedergabe von Gefühlen und Gedanken innerhalb einer begrenzten Handlung und somit auch einer bestimmten Zeitabfolge, eines Rhythmus.

Im alten Griechenland war es der Dionysoskult, der besondere Bedeutung erlangte. Dionysos, Gott des Weines und der Ekstase, aber auch der Musen und Künste, hatte großen Einfluss auf die seelische und kulturelle Entwicklung des griechischen Volkes. Aus seinem Kult entstanden die pantomimischen Anfänge des griechischen Schauspiels. Viermal im Jahr innerhalb von sechs Tagen wurden in Athen, dem damaligen geistigen Zentrum der attischen Welt, rauschende Feste zu Ehren des Dionysos abgehalten. Die Teilnehmer versammelten sich um einen runden Platz, die Orchestra, in deren Mitte sich ein Altar erhob. Als die Feste immer größere Ausmaße annahmen, wurde die Orchestra erhöht, und die Zuschauer mussten sich auf den umliegenden Felshängen niederlassen.

In alten, alten Zeiten, als die Menschen noch in ganz anderen Sprachen redeten, gab es in den warmen Ländern schon große und prächtige Städte. Da erhoben sich die Paläste der Könige und Kaiser, da gab es breite Straßen, enge Gassen und winklige Gäßchen, da standen herrliche Tempel mit goldenen und marmornen Götterstatuen, da gab es bunte Märkte, wo Waren aus aller Herren Länder feilgeboten wurden, und weite schöne Plätze, wo die Leute sich versammelten, um Neuigkeiten zu besprechen und Reden zu halten oder anzuhören. Und vor allem gab es dort große Theater.

Sie sahen ähnlich aus, wie ein Zirkus noch heute aussieht, nur daß sie ganz und gar aus Steinblöcken gefügt waren. Die Sitzreihen für die Zuschauer lagen stufenförmig übereinander wie in einem gewaltigen Trichter. Von oben gesehen waren manche dieser Bauwerke kreisrund, andere mehr oval und wieder andere bildeten einen weiten Halbkreis. Man nannte sie Amphitheater.

Es gab welche, die groß waren wie ein Fußballstadion, und kleinere, in die nur ein paar hundert Zuschauer paßten. Es gab prächtige, mit Säulen und Figuren verzierte, und solche, die schlicht und schmucklos waren … Mit einem Wort: die Theater waren so, wie die Leute es sich leisten konnten. Aber haben wollten sie alle eins, denn sie waren leidenschaftliche Zuhörer und Zuschauer. Und wenn sie den ergreifenden oder auch komischen Begebenheiten lauschten, die auf der Bühne dargestellt wurden, dann war es ihnen, als ob jenes nur gespielte Leben auf geheimnisvolle Weise wirklicher wäre als ihr eigenes, alltägliches. Und sie liebten es, auf diese andere Wirklichkeit hinzuhorchen.

(Ende 1973)

Theater und Gesellschaft bilden eine Symbiose. Ein Schauspiel ist das lebendig gewordene Wort, oder, um es mit Schiller zu sagen:

»So gewiß sichtbare Darstellung mächtiger wirkt als toter Buchstabe und kalte Erzählung, so gewiß wirkt die Schaubühne tiefer und dauernder als Moral und Gesetze.«

(Schiller 1784)

Theater hat also die Kraft und die Macht, etwas kulturell Grundlegendes in Bewegung zu bringen. Gesellschaftlich betrachtet ist diese Erkenntnis alt. Nach wie vor neu ist, mit den Möglichkeiten des Theaters die Entwicklung von Organisationen zu unterstützen. Mit der Methode Unternehmenstheater ist vor über zehn Jahren der Versuch in Deutschland gestartet worden, Organisationen in ihrem kulturellen Wandel zu begleiten.

Viele Beratungskonzepte, mit denen Unternehmensberater arbeiten, sind sehr kognitiv ausgerichtet. Theater schafft für alle Beteiligten einen emotionalen Zugang, der Veränderung begreifbar macht.

Auf der Bühne, dem Schauplatz des Geschehens, können die Ängste, Sorgen, Hoffnungen und Ungewissheiten, die mit Veränderung einhergehen, dargestellt werden. Die Zuschauer sehen die emotionalen Zustände und Entwicklungen der Protagonisten, sowohl bei jedem einzelnen als auch im Zusammenspiel der Personen im dazugehörigen sozialen System. Wechselwirkungen werden sichtbar, werden bewusst.

Unsere Arbeit beginnt mit einem Auftrag und der Auftragsklärung. Recherchen und Interviews mit Beteiligten folgen. Wir müssen uns ins Thema einarbeiten:

- Welches Produkt wird hergestellt?
- Welche Dienstleistung wird verkauft?
- Um welchen Veränderungsprozess handelt es sich, was ist schon passiert, zu welchem Zeitpunkt werden wir dazu gezogen?
- Wie ist die Organisation aufgebaut?
- Wie offen wird kommuniziert?
- Welches Ziel soll mit unserer Intervention erreicht werden?

Das Konzept wird aus vielen Puzzleteilen zusammengesetzt.

In der Auftragsklärungsphase entscheidet es sich, ob mit professionellen Schauspielern ein Stück auf die Bühne gebracht oder ob in einem Workshop mit den Mitarbeitern »theatral« gearbeitet wird.

Unabhängig davon, für welche Form oder Mischform wir uns in Absprache mit dem Auftraggeber entscheiden, es geht um die Verdichtung, die zentrale Geschichte, die in der Veränderung steckt. Es ist die Suche nach des Pudels Kern.

Unsere Kinder lernen die überlebensnotwendigen Dinge über Nachmachen, sie erleben und erforschen die Welt und uns Erwachsene und spielen sie nach. Wenn wir sie dabei beobachten, erfahren wir eine Menge über unsere eigenen Verhaltensmuster.

Peter Brook, ein großer englischer Regisseur und Geschichtenerzähler, hat seine eigene Theorie über die Entstehung und Notwendigkeit des Theaters:

Als Gott erkannte, wie schrecklich gelangweilt alle am siebten Schöpfungstage waren, strengte er seine überstrapazierte Erfindungsgabe noch einmal an, um etwas zu finden, daß der eben erdachten Vollkommenheit hinzugefügt werden könnte. Plötzlich sprengte seine Inspiration ihre eigenen unendlich weiten Grenzen und er erkannte einen weiteren Aspekt der Wirklichkeit: ihre Möglichkeit, sich selbst nachzuahmen. So erfand er das Theater.

Spielen in jeglicher Form, auch das Theaterspielen, verlässt den realen Raum und das Zeitmaß. Theater ermöglicht ein anderes Zeitmaß. Auf der Bühne können Jahrhunderte oder auch nur ein paar Minuten innerhalb der real gemessenen Zeit von einer Stunde vergehen. Das Spiel auf der Bühne, dem Schauplatz des Geschehens, kann im Zeitraffer oder in Zeitlupe geschehen, je nachdem, was in den Fokus gerückt werden soll. Sollen immer wiederkehrende Muster und Zusammenhänge überhaupt erst sichtbar werden, oder braucht es eine sezierende Betrachtung.

Bei Michael Ende wohnt Momo in der Ruine eines alten Amphitheaters, hier gilt der Tagesablauf nach der Uhr nicht. Hier gilt eine andere Zeit, die des Spielens und des Geschichtenerzählens. Und das ist die größte Bedrohung für »die grauen Herren«. Die wollen alle Menschen zum Zeitsparen bringen, was in der Folge zum kulturellen Zusammenbruch und zur Unmenschlichkeit führt. Momo ist die Gegenspielerin und gewinnt zu guter Letzt. Das Theater und das Spielen bekommen wieder einen Platz im Leben der Menschen.

Wir können die Zeit zwar mit der Uhr messen, das heißt, wir haben ein Maß, das eine vermeintliche Neutralität und Verbindlichkeit schafft, aber unser eigenes Zeitempfinden funktioniert anders.

In Sten Nadolnys Buch »Die Entdeckung der Langsamkeit« gibt es Passagen, die mir sehr nachdrücklich in Erinnerung geblieben sind (vgl. Nadolny in diesem Band):

Back war tüchtig, aber viel zu ungeduldig. Gewiß, es ging nicht sehr schnell voran, aber darauf mußte man sich eben einstellen. Die Voyageurs rasteten zu jeder vollen Stunde und rauchten eine Pfeife. Wenn sie das brauchten – gut. Sie maßen die Länge aller Flußstrecken nach Pfeifen. Wenn sie das aber taten, mußten sie auch rauchen, sonst stimmte ihr Maß nicht mehr.

Als man dann wenigstens einmal, auf dem Flusse Echiamamis, mit der Strömung fahren konnte und gut vorankam, wollten plötzlich die Indianer nicht weiter: Ihre Seelen seien noch nicht nachgekommen, sie müßten warten.

Theater erzählt in erster Linie Geschichten. Aber Geschichten sind langweilig, wenn sie keinen Konflikt, keine Anstrengung, keine Überwindung haben. Es muss nicht ein Happyend geben, auch ein tragischer Ausgang kann zur Katharsis führen. Die klassische Aufgabe von Theater ist emotionale Reinigung, Erkenntnis, Spiegelung, individuelle Wahrheit kontra allgemeine Wahrheit.

Diese Möglichkeiten können gerade bei Veränderungsprozessen in Organisationen zielführend sein, um die Mitarbeiter mit ihrer Wahrnehmung der Dinge ernst zu nehmen und auch öffentlich als Meinung zuzulassen.

Es gibt ein wunderbares Motto für Veränderung und Wachstum: Zukunft braucht Herkunft. Wenn ich Vergangenes nicht würdige, kappe ich meine eigenen Wurzeln – auch als Unternehmen.

Theater kann die Geschichte der Organisation erzählen, sie auf der Bühne lebendig machen. Es kann die Vergangenheit, die Übergangszeit mit all ihren auch notwendigen Verunsicherungen zeigen und mit den Beteiligten neue Entwürfe auf die Probe stellen, also auf die Bühne bringen. Auf der Bühne, den Brettern, die die Welt bedeuten, ist alles möglich, es gibt keine Fehler, es gibt unterschiedliche Wahrheiten. Organisationen können die ihrige erproben, und zwar in der dafür notwendigen Zeit, in ihrer Zeit.

Die Sehnsucht der Organisation ist die Sehnsucht nach Rhythmus, die Überwindung der Vertaktung.

Die Zeit läßt sich nicht vereinfachen und reduzieren. Man kann nicht sagen, sie finde sich nur im Bewußtsein oder nur im Universum, sie habe nur eine Richtung oder alle erdenklichen. Sie sei nur das biologische Fundament oder nur eine historische gesellschaftliche Konvention. Sie sei nur individuell oder nur kollektiv, nur zyklisch, nur linear, relativ, absolut, determiniert, universal, nur lokal, nur unbestimmt, illusorisch, total wahr, unmeßbar, meßbar, erklärlich oder unmöglich zu beschreiben. Sie ist all das.

(Hoeg 1995)

Literatur

Ende, M. (1973): Momo oder Die märchenhafte Geschichte von den Zeit-Dieben und von dem Kind, das den Menschen die gestohlene Zeit zurückbrachte. Ein Märchen-Roman. Stuttgart/Wien.

Hoeg, P. (1995): Der Plan von der Abschaffung des Dunkels. München/Wien.

Nadolny, S. (1983): Die Entdeckung der Langsamkeit. München/Zürich.

Schiller, F. (1784): Was kann eine gute stehende Schaubühne eigentlich wirken? Sämtliche Werke. Bd. 5. Darmstadt 1993, S. 824.

Elisabeth Fuchs-Brüninghoff

Der rote Faden der Bewusstheit

The essence of awareness

This contribution shows how consultation work and advanced training are summarized under the notion of »awareness« in the occupational field, focusing especially on the awareness of clients and the counselors. The author illustrates her self-conception and displays the different motives of her clients in striving for awareness. To enable clients and trainees to reach awareness, counselors need theories and mind-models as differentiating schemas distinguishing from the reality of the client-system. It will be demonstrated by means of a precise case study concerning conflicts how awareness can develop in an »enabling setting«.

Zusammenfassung

Der Beitrag zeigt auf, wie die Beratungs- und Fortbildungsarbeit im beruflichen Feld unter die Leitidee »Bewusstheit« gestellt wird. Dabei geht es um die Bewusstheit der Klienten/Kunden und der Beraterin. Die Autorin erläutert ihr Selbstverständnis und zeigt auf, aus welchen unterschiedlichen Motiven ihre Klienten nach Bewusstheit streben. Um den Klienten und Fortbildungsteilnehmern Bewusstheit zu ermöglichen, benötigen Beraterinnen Theorien und Denkmodelle als Differenzschemata zur Wirklichkeit des Klientensystems. Wie Bewusstheit in einem »Ermöglichungsraum« entstehen kann, wird anhand eines konkreten Fallbeispiels zum Thema Konflikte nachvollziehbar.

Leitidee Bewusstheit

Bewusstheit ist die Fähigkeit des Menschen, sich selbst, sein So-geworden-Sein, seine Rolle und seine Stellung in der Welt zu verstehen. Bewusstheit zu ermöglichen ist eine Idee, die mich bei meinem beraterischen Handeln leitet. Dabei geht es um die Bewusstheit des Klienten/Klientensystems und um die Bewusstheit der Beraterin.

Bewusstheit zu ermöglichen, ist nicht zu verwechseln mit Bewusstmachen. Es geht nicht darum, dass die Beraterin etwas weiß oder versteht, was sie dann ihrem Gegenüber bewusst macht, sondern es geht darum, förderliche Bedingungen zu schaffen und Interventionen zu wählen, die Bewusstheit entstehen lassen.

Für den einzelnen Menschen kommt es darauf an, »dass ein eigenes Bewusstsein allmählich in ihm selbst und aus ihm selbst heraus erwachsen und reifen kann« (Hüther 2002, S. 117). Hüther bezieht seine Aussage auf die Gesamtentwicklung des Menschen. Meines Erachtens gilt sie aber auch ebenso für Beratungssituationen. In Unterscheidung zur Gesamtentwicklung, für die Hüther den Begriff Bewusstsein verwendet, spreche ich bezogen auf Beratungssituationen von Bewusstheit. Menschen, die im Sinne von Hüther ein entsprechendes Bewusstsein entwickelt haben, gelangen in der Beratungsarbeit meist schon durch leichte Interventionen zu einer Bewusstheit und eigenen Handlungsvorstellungen. Menschen, denen ein solches Bewusstsein fehlt, die laut Hüther eine Fehlentwicklung durchlaufen haben, neigen dazu, die Vorstellungen der Beraterin zu übernehmen. Sie kommen mit folgender Haltung in die Beratung: »Sagen Sie mir möglichst präzise, was ich tun muss, damit folgendes Problem gelöst wird!« Ein »Rat-Suchender« mit einer solchen Einstellung wird die Ausführungen der Beraterin wie ein fertiges Programm übernehmen und bei Nichtgelingen die Verantwortung bei der »Rat-Geberin« suchen. Er übernimmt nicht die Verantwortung für sein Tun. Gleichzeitig neigt er dazu, anderen genau zu sagen, was sie zu tun haben. Hier werden Eltern-Kind-Strukturen wiederholt, die Interaktionen sind nicht erwachsenengemäß.

Beraterinnen dürfen sich hier nicht verführen lassen, auch wenn es noch so auf der Hand liegt, »Rat« zu geben. Sie können mit dem Klienten die Situation beleuchten, ihn beraten, sodass er zu eigenen Lösungen findet.

Bewusstheit – wozu?

Wieso ist es sinnvoll, dass Menschen Bewusstheit entwickeln? Bewusstheit kann sehr umfassend sein und dem Bewusstsein nahe kommen, wenn sie das Verstehen der eigenen Person in ihrer biografischen Gewordenheit umfasst. Sie kann sich aber auch auf eine bestimmte Problemlage beziehen, zu deren Verständnis die Beziehungen in einem bestimmten sozialen Umfeld reflektiert werden. Bewusstheit über die eigene Rolle und das Verstehen der sozialen Bezüge bringt den Reflektierenden Entscheidungsmöglichkeiten (s. Abb. 1).

Verstehen
→ sich selbst, das eigene Handeln
→ das eigene Gewordensein
→ das soziale Umfeld
→ bestimmte Problemlagen
↓↓↓
Entscheidungsmöglichkeit
und
Handlungsfähigkeit
↓↓
Eigenverantwortung
↓
Sinn

Abbildung 1: Bewusstheit konstituiert Sinn

Wer entscheiden kann, fühlt sich handlungsfähig und übernimmt Verantwortung für sein Tun. Das Erleben von Entscheidungs- und Handlungsspielräumen ist ein entscheidendes Element für die Konstitution von Sinn im Leben des Menschen. »Sinn kann nicht gegeben, sondern Sinn muß gefunden werden« (Frankl 1979/2003, S. 155).

Die Leitidee Bewusstheit ist Anfang der achtziger Jahre in meiner Beratungsarbeit mit jugendlichen und erwachsenen deutschen Analphabeten entstanden. In der Arbeit mit ihnen konnte ich erfahren, dass es sie zum einen sehr entlastet, wenn sie verstehen, was zum Scheitern in ihrer Lerngeschichte beigetragen hat und welche Rolle sie selbst dabei gespielt haben. Zum anderen hat dieses Verstehen enorme Energien freigesetzt und sie veranlasst, relativ schnell Eigenverantwortung

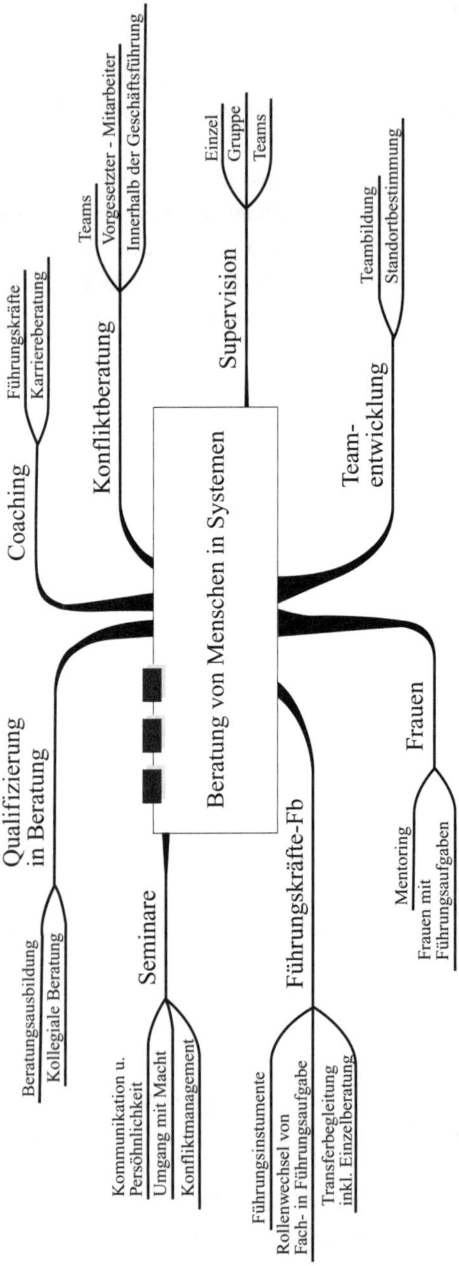

Abbildung 2: Beratung von Menschen in Systemen

für den neuen Lernprozess zu übernehmen (vgl. Fuchs-Brüninghoff 1987a, 1987b).

Mein Tätigkeitsfeld

Die allgemeine Beschreibung meiner Tätigkeit ist Entwickeln, Fortbilden, Beraten. Die Menschen, mit denen ich arbeite, befinden sich in beruflichen Kontexten. Sie kommen entweder als Einzelpersonen oder in selbst organisierten Gruppen (speziell Frauen) direkt zu mir und fragen nach bestimmten Angebotsformen oder sie kommen vermittelt über ihren Arbeitgeber. Die Personalabteilungen von Unternehmen verabreden mit mir als externer Beraterin und Trainerin bestimmte Angebote, zu denen sie dann Firmenangehörige einladen und manchmal auch auffordern. Die Angebote reichen von Coaching über Konfliktberatung und Teamentwicklung bis hin zu unterschiedlichen Seminaren (s. Abb. 2).

Ich habe alle Angebote unter die Überschrift »Beratung von Menschen in Systemen« gestellt, weil auch viele Seminarangebote Beratungscharakter haben. Alle Menschen, mit denen ich arbeite, sind in soziale Systeme eingebunden. Für die Beratungsarbeit spielt das jeweilige System eine ganz unterschiedliche Rolle, manchmal bildet es nur den Rahmen, manchmal ist es explizit Thema.

Die Klienten in meiner Beratung und die Teilnehmer in meinen Seminaren arbeiten ihrerseits mit Menschen, wenn auch in unterschiedlichen Formen: Ausbilden (Ausbilder, Erwachsenenbildner, Lehrer), Beraten (Lern-, Bildungs- und Organisationsberater, Consultants, Sozialberufe), Führen (Projektleiter, Führungskräfte). Sie haben Verantwortung übernommen und wollen diese professionell wahrnehmen.

Mein Selbstverständnis

In meinem Selbstverständnis bin ich Beraterin und Fortbildnerin. Schon früh in meiner Berufstätigkeit habe ich meine Lehrqualifikation um eine Beratungsqualifikation ergänzt. Fortan habe ich diese beiden Fähigkeiten miteinander integriert. In meiner Tätigkeit als

Lehrende habe ich schnell realisiert, dass ich niemanden dazu bringen kann, etwas Bestimmtes zu lernen, wenn er das nicht will.

Ich kann Lernen ermöglichen.

Diese Grunderkenntnis hat sich dann in Verbindung mit Beratung erweitert:

Ich kann Bewusstheit ermöglichen.

So viel, aber auch nicht mehr. Ich kann einiges dafür tun, bin aber, was den »Erfolg« angeht, absolut an das Wollen und die Aktivität meines Gegenübers gebunden.

Beratungsverständnis

- Beratung wird verstanden als eine besondere Interaktionsform zwischen einer Beratungsperson und einem Klienten/Kunden (Einzelperson, Team et cetera).
- Beratungsanlass ist in der Regel ein Problem, eine Entscheidungssituation oder eine Veränderungsanforderung aufseiten des Klienten/Kunden.
- Die Beratungsperson stellt im Beratungsgespräch ihre Fach- und Beratungskompetenz zur Situations-/Problemanalyse und zur Entwicklung von Lösungswegen und Handlungsmöglichkeiten zur Verfügung.
- Die Beratungsperson bietet dem Klienten einen *Ermöglichungsraum*, in dem Erkenntnisse gewonnen werden können, Bewusstheit entstehen kann und neue Verhaltensweisen ausprobiert werden können.
- Ziel der Beratung ist es, die Handlungskompetenz der Klienten/Kunden zu erweitern. Die Entscheidung über das »Wie« und »Ob« der Umsetzung des Beratungsergebnisses liegt letztlich immer beim Klienten/Kunden.

Arbeitsprinzipien in der Fortbildungsarbeit

- Personenbezogen und systemorientiert: Jede Person bestimmt ihren Platz im System und schaut von diesem Platz aus auf die Zusammenhänge um sich herum.
- Praxisorientiert: Die Seminararbeit orientiert sich an den Praxisbeispielen der Fortbildungsteilnehmer.
- Prozessorientiert: Der Lern- und Gruppenprozess im Seminar wird auf der Metaebene mit den Teilnehmern reflektiert, und prozessbezogene Entscheidungen der Seminarleitung werden nachvollziehbar gemacht.
- Erkennen durch Erleben: In den Seminaren wird Wert darauf gelegt, dass (zukünftige) Führungskräfte und Berater nicht nur über Methoden und Techniken sprechen, sondern ihre Wirksamkeit an sich selbst und anderen erleben.
- Verbindung von Theorie und Praxis: Zu allen wesentlichen Themen gibt es praktische Übungen und theoretische Inputs.

Ermöglichungsraum

Damit meine Vorstellungen sich in praktisches Beratungs- und Fortbildungshandeln umsetzen lassen, bedarf es der Haltung des »kritischen Wohlwollens« (Sperber 1987, S. 112). Das heißt für mich: Ich unterstelle jedem Gegenüber – sei es in der Beratung oder in der Fortbildung – eine grundsätzliche Kooperationsbereitschaft und begegne ihm mit Vertrauen. Somit schaffe ich einen Raum, in dem mein Gegenüber über sich und sein Beziehungsgefüge reflektieren und/oder neue Verhaltensweisen kennen lernen und erproben kann. Ich schaffe einen *Ermöglichungsraum.* Ich tue dies in dem klaren Bewusstsein, dass es immer in der Freiheit meines Gegenübers liegt, auf meine Angebote einzugehen oder sie abzulehnen. Entscheidend ist, dass ich meinem Gegenüber in meiner inneren Haltung diese Freiheit gebe, nehmen kann er sich die Freiheit immer. Das letzte Wahrnehmen der Freiheit ist die Verweigerung.

Hinter meiner Arbeitsweise steht die Überzeugung: Ein reflektierter Umgang mit sich selbst ist Voraussetzung für einen professionellen Umgang mit anderen. Nur wer sich selbst erkennt, kann andere erkennen – eine wesentliche Voraussetzung für Führen und Beraten.

Bewusstheit ist Voraussetzung für Professionalität.

Dabei gilt: Bewusstheit kann nicht von außen gemacht werden, sondern sie kann nur von innen heraus entstehen.

Bewusstheit im Arbeitskontext

Das Streben nach Bewusstheit zieht sich wie ein roter Faden durch fast alle meine Beratungen, besonders mit Einzelpersonen, sei es im Rahmen von Coaching, Supervision oder Transferbegleitung nach einem Seminar.

Bei der Auswertung all meiner *Einzel*beratungen hat sich herauskristallisiert, dass es zu unterschiedlichen Zeitpunkten in der Berufsbiografie unterschiedliche Motive für das Streben nach Bewusstheit gibt. Ich habe sechs Phasen identifiziert.

1. Phase: Einstieg *Lebensalter: Mitte 20*
   ➔ Orientierung, Fuß fassen, Spielregeln kennen lernen
2. Phase: Konsolidierung *Lebensalter: um die 30*
   ➔ Karriereplanung, Vereinbarkeit von Familie und Beruf
3. Phase: Erste Überprüfung *Lebensalter: Mitte/Ende 30*
   ➔ Veränderung, Aufgaben- oder Stellenwechsel, Übernahme einer Führungsposition
4. Phase: Weiterkommen *Lebensalter: 40–50*
   ➔ Position/Erfolg ausbauen und absichern
5. Phase: Zweite Überprüfung *Lebensalter: um die 50*
   ➔ Bilanz, Weitermachen oder etwas ganz anderes tun
6. Phase: Endspurt/Ausstieg *Lebensalter: um die 60*
   ➔ Nachfolgeregelung, kürzer treten, Vorbereitung auf den (Un-)Ruhestand

Beispiele aus den einzelnen Phasen

1. Phase: Consultant (26 Jahre, weiblich) in einer Marketingagentur, konfrontiert mit extremen Arbeitsbedingungen: enge Terminsetzungen für Projekte, beim Verlassen des Büros gegen 18.00 Uhr Kommentar des Vorgesetzten: »Haben Sie heute einen halben Tag Urlaub?«, Arbeit macht enorm Spaß, will sich behaupten und Fuß fassen.

2. Phase: Betriebswirt (32 Jahre), hat an einem Assessment-Center für Führungskräftenachwuchs teilgenommen mit der Rückmeldung: »high Potential und high Performance, aber mit partiellen Lücken, möglicherweise biographisch bedingt«, will sich mit diesen »Lücken« auseinander setzen, darüber hinaus frisch verheiratet, möchte bei Führungskarriere aber auch Zeit für gewünschte Kinder, daher als zweites Thema die Vereinbarkeit von Familie und Beruf.

3. Phase: Versicherungswirtin (36 Jahre), weiß seit einiger Zeit, dass sie keine Kinder bekommen kann, hat sich daraufhin für die Übernahme einer Führungsposition entschieden, Teilnahme an Führungskräfte-Training, empfindet noch Unsicherheiten in Zielvereinbarungsgesprächen vor allem mit älteren männlichen Mitarbeitern, vermutet hinter dieser Unsicherheit ein »Vater-Thema«, möchte dieses klären.

4. Phase: Geschäftsführer in einem technischen Produktionsbetrieb (43 Jahre), möchte sich nochmal verändern und Geschäftsführung in einem größeren Unternehmen übernehmen, will für sich ein Stärken-/Schwächenprofil erstellen, um sich dann mit einem Profil seiner Kernkompetenzen zu bewerben.

5. Phase: Geschäftsführerin einer Weiterbildungseinrichtung (54 Jahre), Kinder erwachsen und kurz vor dem Ende des Studiums, möchte aus der Tretmühle der Organisation aussteigen, möchte für die letzte Phase ihrer Berufstätigkeit unter anderen Bedingungen arbeiten, möchte sich ihren Traum kreativen, selbstständigen Arbeitens

erfüllen, ist bereit, dafür auch größere Gehaltseinbußen in Kauf zu nehmen.

6. Phase: Grundschullehrerin (62 Jahre), kurz vor der Pensionierung, abgeschlossene Beratungsausbildung auf der Suche nach einer beraterischen Betätigung.

Allen gemeinsam ist ein *Wollen*:
- Verstehen wollen,
- Entwicklungsmöglichkeiten, Handlungsspielräume ausloten wollen,
- bewusst Führungsverantwortung übernehmen wollen,
- Sinn klären wollen (bezogen auf die gegenwärtige berufliche Tätigkeit oder bezogen auf den Stellenwert der beruflichen Tätigkeit im Gesamtlebenszusammenhang),
- bewusst entscheiden wollen.

Die Dauer dieser Einzelberatungsprozesse kann sehr unterschiedlich sein. Sie reicht von minimal drei Sitzungen à zwei Zeitstunden bis hin zu zehn Terminen jährlich über ein bis zwei Jahre, wobei die kürzeren Beratungsprozesse im Coaching zahlenmäßig überwiegen.

Sprache und Bilder der Zielgruppe anpassen

Die Menschen, mit denen ich arbeite, kommen aus ganz unterschiedlichen Gesellschafts- und Arbeitsbereichen wie Erwachsenenbildung, Administration, Versicherungs- und Automobilbereich. Um mit meinen Überlegungen und Modellen für das jeweilige Klientensystem anschlussfähig zu sein, bedarf es manchmal der Übersetzung meiner Überlegungen in ihre Sprache und Bilder. Nachfolgend ein Beispiel für Reflexionsanlässe in der Automobilsprache:
Unfallverhütung:
frühzeitige Reflexion zur Crash-Prophylaxe
→ Teambegleitung, Supervision, Mentoring
Fünf vor zwölf:
den Crash in letzter Minute abwenden
→ Konfliktberatung, Coaching

Zusammenstoß/Aufprall:
Beschädigungen erfassen und beheben und Verletzungen behandeln
➔ Konfliktberatung

Unfallfolgen aufdecken:
Spätfolgen behandeln, Neustart nach Generalüberholung
➔ Coaching

Crash-Test:
Sicherheitsrisiken austesten
➔ Fortbildung (Rollenspiel, Planspiel)

Fahrschule und Probefahrt:
die Regeln lernen und Kompetenzen entwickeln
➔ Fortbildung, Teambildung

Beraterinnen brauchen eine Theorie und Denkmodelle

Theorien sind Konstruktionen der Menschen, um die Komplexität der Wirklichkeit zu reduzieren, um sie fassbar, beschreibbar und kommunizierbar zu machen. Dies gilt auch für Beratung. Beraterinnen brauchen Theorien, um die Wirklichkeit des Klientensystems zu erfassen und um das Erfasste mit den Klienten besprechen zu können. Jede Theorie, jedes Modell ist eine Reduktion, dessen müssen wir uns bewusst sein, dennoch kommen wir ohne sie nicht aus. Das Einmalige eines Individuums, einer sozialen Organisation »lässt sich nicht in eine kurze Formel fassen, allgemeine Regeln, wie sie die Individualpsychologie aufstellt, sollen nicht mehr sein als Hilfsmittel« (Adler 1933/1973, S. 22).

Es gibt unterschiedliche Theorien, um die Wirklichkeit und vor allem menschliche Verhaltensweisen zu beschreiben. In der Beratung fungieren theoretische Konzepte und Modelle als Suchraster, die der Beraterin bestimmte Kriterien für das Verstehen des Klientensystems an die Hand geben (Verstehensfolie). Denkmodelle liefern ihr Orientierungspunkte zur Hypothesenbildung. Wenn sie diese formuliert, kann sie dem Klienten eine neue Perspektive auf seine Wirklichkeit eröffnen. Theorien sind für Beraterinnen Bezugspunkte außerhalb des Klientensystems, die sie brauchen, um nicht die Wahrnehmungsschemata des Klientensystems zu übernehmen. Theorien und Modelle bilden ein Differenzschema zwischen Klienten- und Beratersystem.

Unterschiedliche theoretische Konzepte führen zu unterschiedlichen Selektionskriterien. Tiefenpsychologische Beraterinnen verwenden andere Differenzschemata zur Beschreibung des Klientensystems als systemische Beraterinnen oder Beraterinnen mit soziologischem oder betriebswirtschaftlichem Hintergrund. Das fängt beim Menschenbild an und hört beim Organisationsverständnis auf. In diesem Zusammenhang gibt es keine eindeutig bessere oder schlechtere Theorie. Jede leistet das ihre, einige ergänzen einander, andere schließen einander aus. Die Anforderung, die an das Beratersystem zu stellen ist, ist die, dass es in der Lage sein muss, seine Theorie und verwendeten Modelle für das Klientensystem nachvollziehbar zu machen.

Bewusstheit in Konfliktsituationen

Das Handhaben von Interessengegensätzen – Konflikten – gehört im Berufsleben zum Alltag. Ein Konfliktfall liegt vor, wenn sich unterschiedliche Interessen gegenüberstehen, die nicht gleichzeitig durchsetzbar oder zu verwirklichen sind. Nicht die unterschiedlichen Interessen und Meinungen allein, sondern der Wunsch oder die Notwendigkeit, sie im selben Moment realisieren zu wollen, machen den Konflikt aus. In Unternehmen entstehen Konflikte aus unterschiedlichen Auffassungen über:

- Ziele ➔ Zielkonflikt
- Wege/Methoden ➔ Beurteilungskonflikt
- Ressourcen ➔ Verteilungskonflikt

Die Beteiligten haben in der Regel gemeinsam eine übergeordnete Zielvorgabe zu erfüllen. Solange die Konflikte zwischen den Personen auf der Sachebene verhandelt werden, sind sie kein wirkliches Problem für die Beteiligten. Man vertritt seine Position, verhandelt miteinander, findet eine für beide Seiten akzeptable Lösung und geht zum nächsten Punkt über. Man orientiert sich am »Win-win-Prinzip« (vgl. Fuchs u. Fuchs-Brüninghoff 2002, S. 287, S. 291).

Schwierig wird die Konflikthandhabung dann, wenn das Vertreten einer Sachposition bei einzelnen, möglicherweise aber auch bei allen Beteiligten mit starken Emotionen einhergeht. Diese resultieren aus Interessen (im Hintergrund), die von den Konfliktparteien mit dem Durchsetzen der Sachposition verbunden werden. Hinter jeder Position verbergen sich Interessen, Bedürfnisse, Beweggründe:

- Anerkennung/Beachtung,
- Sicherheit,
- Selbstbestimmung/Autonomie,
- Zugehörigkeit/Harmonie/Loyalität,
- wirtschaftlicher Gewinn/wirtschaftliches Auskommen,
- Einfluss/Macht.

Als tiefenpsychologisch ausgebildete Beraterin ist mir bewusst, dass es sich bei den hinter Sachpositionen verborgenen Interessen im Wesentlichen um die Grundbedürfnisse des Menschen handelt. Diese Grundbedürfnisse sind elementar, folglich spielt ihre Befriedigung oder Nichtbefriedigung für den Verlauf von Konfliktsituationen eine nicht unerhebliche Rolle. Darüber hinaus weiß ich um die Beziehungen zwischen intrapsychischen Grundkonflikten und sozialen Konflikten und um die Bedeutung biografischer Konflikterfahrungen für das Verhalten einer Person in einem aktuellen Konflikt.

Um Teilnehmern in meinen Seminaren eine Bewusstheit über diese Dinge zu ermöglichen, arbeite ich mit dem Denkmodell der Konfliktebenen.

Konfliktebenen

Die Auseinandersetzung auf der Sachebene führt zu Resonanzen in der Person. Diese sind gebunden an die Wertigkeit der Sache und an die an sie gekoppelten Befriedigung der Grundbedürfnisse. So kann die Sache, um die es in einem Konfliktfall geht, für eine Person eine besonders hohe Wertigkeit haben, weil

- sie sich mit ihr in hohem Maß identifiziert – sie möglicherweise viel »Herzblut« in die Erarbeitung eines Konzepts gesteckt hat,
- ein Abrücken von der vertretenen Position Macht-, Image- oder Gesichtsverlust bedeutet oder als solcher erlebt wird,

- sie der Beziehung zu einer der beteiligten Personen eine hohe Bedeutung zumisst; sei es, dass es sich um einen Förderer handelt oder einen Freund und das Akzeptieren einer bestimmten Lösung als Infragestellung der Beziehung erlebt wird.

Wird bei der Auseinandersetzung um Positionen eine Herabsetzung, Unterlegenheit oder mangelnde Wertschätzung erlebt, so fühlt sich die Person in ihrem Selbstwert infrage gestellt. Das kann dazu führen, dass die Person den auslösenden Sachkonflikt völlig aus den Augen verliert und es für sie nur noch das innere Ziel gibt, den Gefühlshaushalt wiederherzustellen, indem der andere auch getroffen, herabgesetzt, verletzt wird, um so die eigene Verletzung zu vergelten. Es geht nicht mehr um die Lösung des Konflikts, sondern nur noch um Ausgleich für die empfundene Selbstwertverletzung. Es gibt Verletzungen und Beschädigungen, zurück bleiben vermeintliche Sieger und überwiegend Verlierer (s. Abb. 3).

Konfliktebenen	
Sachebene	• Ziele > Zielkonflikt • Wege, Methoden > Beurteilungskonflikt • Ressourcen > Verteilungskonflikt
Resonanz in der Person	Wertigkeit der Sache gebunden an: • Grad der Identifikation (»Herzblut«) • Macht • Image • Beziehung zwischen den beteiligten Personen Wird Herabsetzung, Unterlegenheit, mangelnde Wertschätzung erlebt: → negativen Emotionen (Ärger, Empörung, Wut) → **Selbstwert** wird infrage gestellt ➡ inneres Ziel: Gefühlshaushalt wiederherstellen
Beziehungsebene	Ziel: den anderen treffen, blockieren, herabsetzen, die eigene Verletzung vergelten
	➡ »Sieger« – »Verlierer« ➡ Verletzungen, Beschädigungen

Abbildung 3: Konfliktebenen

Fallbeispiel

Ein Gruppenleiter aus dem Bereich der Informationstechnik eines Unternehmens hat das Problem, dass er mit der ihm zur Verfügung stehenden Anzahl Mitarbeitern den Arbeitsanfall nicht schafft. Er sieht einen wesentlichen Grund in der mangelnden Mitarbeitermotivation. Als besonderen Problemfall nennt er einen Mitarbeiter, der eine volle Stelle besetzt, aber fast keine Leistung bringt. Jener verbringt einen Großteil seiner Arbeitszeit mit dem Organisieren von Reisen für Kollegen und Vorgesetzte und erfreut sich dafür einer großen Beliebtheit.

Die Situation geht zurück auf einen Vorfall, der bereits einige Jahre zurückliegt. Damals war dieser Mitarbeiter beauftragt worden, ein EDV-Programm zu entwickeln. Er hatte diese Aufgabe mit viel Engagement angegangen und das Ergebnis schließlich vor einem Entscheidungsgremium präsentiert. Letztlich wurde sein Vorschlag nicht angenommen. Man entschied sich für eine andere Lösung, dafür gab es auch sachliche Gründe. Einige Zeit nach der Präsentation wurde ihm von jemandem »gesteckt«, dass die Entscheidung für die andere Lösung schon *vor* seiner Präsentation gefallen war. Für ihn brach eine Welt zusammen, er war einige Zeit krank, verweigerte anschließend eine sachliche und konstruktive Mitarbeit und war meist extrem schlecht gelaunt. Nach und nach entwickelte er sich zum Reisenorganisator und verbreitete eine wohlgelaunte Stimmung.

Seine Vorgesetzten ließen dieses Verhalten durchgehen, weil sie ihrerseits offensichtlich ein schlechtes Gewissen hatten. Der Zustand währte einige Jahre, bis schließlich der neue Gruppenleiter kam und Stellenrahmen und Arbeitsanfall in seinem Arbeitsbereich aufgrund von durchgeführten Controllingmaßnahmen neu definiert wurden. Der Arbeitsdruck stieg, andere mussten Mehrarbeit leisten, weil der eine Mitarbeiter seine Arbeitszeit weiterhin überwiegend mit anderen Tätigkeiten verbrachte. Wenn er denn einmal Aufgaben übernahm, war das Ergebnis meist fehlerhaft. Die Stimmung in der Gruppe war angespannt und die allgemeine Arbeitsmotivation ließ sehr zu wünschen übrig.

Der neue Gruppenleiter hatte bei der Übernahme seiner Position von diesen Dingen nichts gewusst und die Informationen über viele

Gespräche mit Mitarbeitern und Kollegen wie ein Puzzle über längere Zeit zusammengetragen.

Mein Modell der Konfliktebenen (s. Abb. 3) hatte er in einem Seminar für Führungskräfte mit den Themenschwerpunkten wie eigener Führungsstil, Umgang mit Konflikten und Motivation kennen gelernt und sich sofort gemeldet mit den Worten: »Ich habe da einen Fall bei mir in der Gruppe – ich glaube, auf den passt das, was Sie sagen, haargenau.« Im Anschluss an das Seminar vereinbarten wir im Rahmen der Transferbegleitung einige Einzelcoaching-Termine. Bei der Suche nach einer Lösung stellte ich die Frage: »Was würde passieren, wenn Sie als Gruppenleiter sich in Ihrer Funktion als Führungskraft ganz förmlich bei Ihrem Mitarbeiter dafür entschuldigen, wie man damals mit ihm umgegangen ist?« Zunächst fand der Gruppenleiter meine Idee etwas befremdlich, zumal er als Person mit dem Vorfall von damals rein gar nichts zu tun hatte. Er war zu der Zeit noch nicht einmal im Unternehmen beschäftigt gewesen. Doch dann kam die Überlegung: Der Mitarbeiter richtet sein Verhalten ja auch nicht gegen die damals beteiligten Personen, sondern revanchiert sich für die erfahrene Abwertung mit allgemeiner Verweigerung produktiver Arbeit, womit er zwar dem Unternehmen indirekt schadet, die direkten Auswirkungen aber Gruppenmitglieder und Gruppenleiter zu spüren bekamen.

Es kam schließlich zu der angedachten Entschuldigung. Der Mitarbeiter reagierte mit Erstaunen, aber auch mit Erleichterung darüber, dass endlich jemand den Mut gefunden hatte, das Thema anzusprechen. Es folgten einige Einzelgespräche, in denen der Gruppenleiter mit seinem Mitarbeiter ein angemessenes Tätigkeitsprofil erarbeitete. Die Gespräche fanden in einer *wert*schätzenden Atmosphäre statt, mit der Konsequenz, dass der Mitarbeiter wieder konstruktiv eingebunden werden konnte. Die offizielle Entschuldigung wurde für den Mitarbeiter zu einem Ausgleich für seine erlebte Abwertung. Durch die ihm entgegengebrachte Wertschätzung seines Gruppenleiters konnte er seine Blockadehaltung aufgeben.

Dieses Beispiel mag extrem anmuten. Meine Seminar- und Beratungserfahrung lehrt mich allerdings etwas anderes: Jedes Mal, wenn ich die »Konfliktebenen« im Rahmen eines Seminars vorstelle, melden sich Teilnehmende, die genau diese Situation aus ihrem Unternehmen kennen.

So einfach das Denkmodell der Konfliktebenen ist, so einleuchtend ist es für Personen, die sich mit dem Konfliktthema beschäftigen. Im Seminar öffnet es einen »Ermöglichungsraum« für Bewusstheit. Dies geschieht über Gespräche und das Durchspielen von Konfliktsituationen. Meist biete ich den Teilnehmenden – gemäß meinem Fortbildungsprinzip »Erkennen und Erleben« – an, dass sie konkrete Konfliktsituationen aus ihrem Arbeitsalltag durchspielen, um zu überprüfen, wie sinnvoll das Modell zum Verstehen und Lösen ihrer Situationen ist.

Beim Spielen erleben sie immer wieder sehr deutlich, wie sensibel sie auf Abwertungen reagieren und dass diese, wenn teilweise auch nur sehr kurz, von der Sache ablenken, entweder um sofort zurückzuschlagen oder um zu überlegen, ob und wie der Ausgleich wiederhergestellt werden kann oder ob die erfolgte Abwertung gar ein taktisches Manöver ihres Gegenübers ist, um von der Sache abzulenken.

Beim anschließenden Auswertungsgespräch geht es dann um Themen wie: Eine erfolgte Abwertung wird von unterschiedlichen Personen unterschiedlich erlebt, empfunden und bewertet. Schnell sind wir dann bei der Frage, woher diese Unterschiede kommen. Die Gründe benennen sie meist selbst:

- frühere Konflikterfahrungen (mit den beteiligten Personen oder »überhaupt im Leben«);
- das Ausmaß an Selbstsicherheit (»Was den einen nicht kratzt, wirft den anderen schon um«).

Die Erkenntnis, dass die Reflexion früherer Konflikterfahrungen die Fähigkeit zum sachlichen Umgang mit Konflikten deutlich erhöhen dürfte, lässt meist nicht mehr lange auf sich warten.

Diese Bewusstheit über Konflikte eröffnet dann Arbeitsmöglichkeiten im Seminar, die sich nie einstellen würden, wenn *ich* diesen Zusammenhang *von mir aus* einbringen würde. Genau hier zeigt sich der Unterschied zwischen »Bewusstmachen«, was nicht funktioniert, und »Bewusstheit ermöglichen«.

Bewusst intervenieren

Man kann bei der menschlichen Persönlichkeit verschiedene Schichten oder Ebenen unterscheiden. Ich beziehe mich hier auf ein Denkmodell, das von Czichos beschrieben und von Gellert und Nowak besonders für die Teamarbeit weiterentwickelt wurde (s. Abb. 4).

In der Beratung und in Seminaren geht es darum, zu erfassen, auf welche der drei Ebenen Veränderungsbedarf besteht und gewünscht wird (auch eine Frage des Kontrakts).

»So macht es einen Unterschied, ob das Team interne Abläufe verändern will – also Veränderungen auf der Verhaltensebene anstrebt – oder aber menschliche Akzeptanz und gegenseitiges Vertrauen aufbauen möchte, ganz zu schweigen von der Entwicklung zur Teamfähigkeit« (Gellert u. Nowak 2002, S. 168–167).

Menschliche Persönlichkeit symbolisiert im Seerosenmodell
(nach Czichos und Gellert/Nowak)

Einflussmöglichkeiten

Seerosenblatt: Verhalten

Feedback, Zielvereinbarungen, Regeln, Anweisungen

Stängel: Haltungen, Einstellungen

Konkrete Erfahrungen, Überzeugen, glaubwürdige Modelle, emotionale Akzeptanz

Wurzeln: Werte, Normen, Selbstbild, Weltbild, frühe Prägungen

Persönlichkeitsarbeit, psychologische Beratung, Lebenskrisen

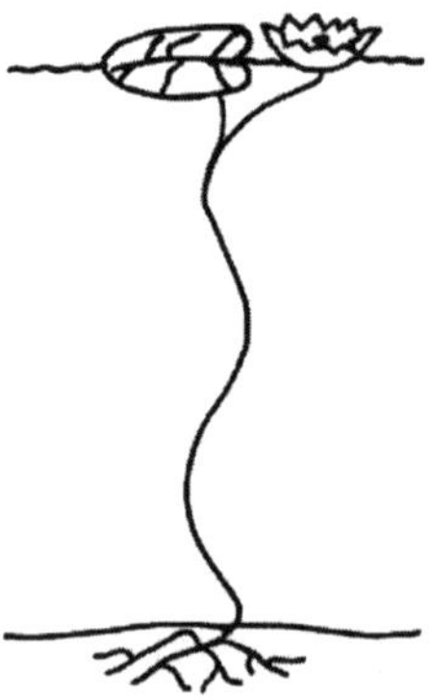

Abbildung 4: Das Seerosenmodell

Im Grunde müssen sich alle Beratenden immer wieder fragen: Auf welcher Ebene interveniere ich? Bin ich dafür qualifiziert? Kann ich verantworten, was ich tue?

Fazit: Das Unbewusste spielt weiterhin seine Rolle

Bewusstheit ist eine Idee, ein Ziel, eine Fiktion. Man kann sie anstreben, wird sie aber immer nur teilweise erreichen.

»Wo die Bewußtseinsqualität als Mittel des Lebens, als Sicherung des Persönlichkeitsideals nötig wird, erscheint sie auch in der geeigneten Form und Ausdehnung.« – »Auch die bewußte Vorstellung … ist also in der Qualität ihrer Bewußtheit ein Kunstgriff der Psyche« (Adler 1930, S. 236).

»Was wir verstehen müssen und was auch das Wesen psychologischen Verständnisses ausmacht, ist der Fiktionscharakter der Subjektivität. Wenn wir dann vom ›Unbewussten‹ sprechen, so bezieht sich der Begriff vor allem auf die Tatsache, dass wir uns über die subjektiven Fiktionen, die unser Leben formen, nicht im Klaren sind. Sich bewusst zu werden heißt dann, die Phantasien zu erkennen, die in allem Verhalten spielen« (Hillman 1986, S. 154).

Das Streben nach Bewusstheit und die Kommunikation des Erkannten können zur Verbesserung der Kooperationsfähigkeit beitragen. Wenn wir dabei das Gefühl des Selbstwerts achten oder fördern, tragen wir zur Souveränität des Einzelnen, also seiner Selbstständigkeit und Autonomie bei. Als soziale Wesen bleiben wir auf intersubjektive Verständigung angewiesen.

Literatur

Adler, A. (1930): Praxis und Theorie der Individualpsychologie. Frankfurt a. M., 1977.

Adler, A. (1933): Der Sinn des Lebens. Frankfurt a. M., 1973.

Frankl, V. (1979): Der Mensch vor der Frage nach dem Sinn. 16. Aufl. München, 2003.

Fuchs, H.; Fuchs-Brüninghoff, E. (2002): Einwandbehandlung und Konfliktüberwindung. In: Pepels, W. (Hg.): Handbuch Vertrieb. München, S. 275–291.

Fuchs-Brüninghoff, E. (1987a): Individualpsychologie in der Alphabetisierung – jugendliche und erwachsene Analphabeten am Wendepunkt zwischen Entmutigung und Ermutigung. Z. f. Individualpsychol. 12 (2): 128–137.

Fuchs-Brüninghoff, E. (1987b): Lernberatung. Informationen – Alphabetisierung und elementare Qualifikationen, Heft 4: 13–20.

Gellert, M.; Nowak, C. (2002): Teamarbeit – Teamentwicklung – Teamberatung. Meezen.

Hillman, J. (1986): Die Heilung erfinden. Zürich.

Hüther, G. (2002): Bedienungsanleitung für ein menschliches Gehirn. 3. Aufl. Göttingen.

Sperber, M. (1978): Individuum und Gesellschaft. München, 1987.

Nicht schlecht, aber auch nichts Besonderes.

Kurt Kreppner

Erleben von Veränderung: Pubertät in der Familie

Experiencing change: Puberty in the family

In the perspective of family development, parents and child are faced with new developmental tasks during the transfer of the child into puberty. The tasks not only regard different ways, that have to be newly established, to deal with the physically changing child, but also the negotiation of how much autonomy is granted. Further, increased cognitive and social competencies have to be accounted for. The mutual adjustment process between parents and child in this developmental phase changes the formerly valid manners and the course of these changes can display general as well as individually typical characteristics. Especially in this phase it becomes vital whether or not necessary changes can be discussed and negotiated by means of established communication habits within the family. The adjustments to the developmental changes of the children forces the family to give up the existing balance, and to search for new forms of cohabitation that are more suitable to the development of the child. The following study investigates how existing relationships between parents and child are newly arranged. Especially a differentiated view on communication habits during the period of change is in the focus of the study. A long-term investigation observed families with two children for three and a half years, whereby the older child just experienced the transition from childhood to adolescence. Within this period of time, systematic courses in the development of communication behaviors between parents and both children could be seen.

Zusammenfassung

In einer Perspektive der Familienentwicklung stehen Eltern und Kind beim Übergang des Kindes in die Pubertät vor neuen Entwicklungsaufgaben. Sie betreffen nicht nur einen anderen, neu zu erfindenden Umgang mit dem körperlich herangewachsenen Kind, sondern auch das Aushandeln der ihm zu gewährenden Autonomie sowie das Berücksichtigen seiner vermehrten kognitiven und sozialen Kompetenzen. Der gegenseitige Anpassungsprozess zwischen Eltern und Kind während dieser Entwicklungsphase verändert die bisherigen Umgangsformen, und der Verlauf dieser Veränderung zeigt sowohl allgemeine wie auch individuell-typische Verläufe. Gerade in dieser Phase wird relevant, ob im Rahmen der in der Familie etablierten Kommunikationskultur notwendige Veränderungen diskutiert und ausgehandelt werden können oder nicht. Die Anpassung an die neuen Entwicklungsveränderungen der Kinder lässt die Familie wieder einmal eine bestehende Balance aufgeben und nach neuen, der Entwicklung des Kindes angepassteren Formen des Zusammenlebens suchen. In der vorliegenden Untersuchung wird der Frage nachgegangen, wieweit bestehende Beziehungen zwischen Eltern und Kind neu ausgehandelt werden. Dabei wird vor allem eine differentielle Sicht auf die Kommunikationsformen in der Zeit des Übergangs eröffnet. In einer Langzeitstudie wurden Familien mit zwei Kindern, das ältere während des Übergangs von Kindheit zur Jugend, über einen Zeitraum von dreieinhalb Jahren beobachtet. Es zeigten sich systematische Verläufe bei den Veränderungen des Kommunikationsverhaltens zwischen Eltern und beiden Kindern über die Zeit.

Jugend als Entwicklungszeit in der ganzen Familie

Während des Übergangs von der Kindheit zur Jugend verändern sich beim Kind viele Merkmale: die körperliche Erscheinung, das kognitive Vermögen, die soziale Kompetenz, das moralische Bewusstsein, die Bereitschaft zum Risiko und nicht zuletzt die Vorstellung vom eigenen Ich. Für die Eltern gibt es also in dieser Zeit vieles, worauf sie bei ihrem Kind achten müssen.

Die Pubertät am Ende der Kindheit ist ein später Entwicklungszustand, der zur Geschlechtsreife führt und einen neuen Abschnitt im Leben einleitet. Dass dieser Abschnitt als eine weitere Entwicklungsperiode und nicht als Entwicklungsendpunkt angesehen wird, ist in der Geschichte der fortgeschrittenen Gesellschaften erst im Lauf der letzten 500 Jahre akzeptiert worden. Das Zugestehen einer Extrazeit zwischen Kindsein und Erwachsenensein ist also historisch ein vergleichsweise junges Phänomen. Sie dient nach Erik Erikson (1966) vor allem zur Entwicklung der eigenen Person, an deren Ende als Vollendung dieses Entwicklungsprozesses die einzigartige Individualität des jungen Erwachsenen steht, der in die Gesellschaft aufgenommen wird. Jugend ist ein Entwicklungszustand, der vor allem in denjenigen Gesellschaften anzutreffen ist, die großen Wert auf Eigenständigkeit, Unverwechselbarkeit und Individualismus beim Heranwachsen legen.

In dieser Entwicklungsphase durchläuft nicht nur das Kind markante Entwicklungsveränderungen, sondern es verändert sich auch die unmittelbare Umwelt, in der das Kind heranwächst, die Familie. Das Durchlaufen der Pubertät der Kinder wird daher auch von vielen Familienforschern als eine der wichtigsten und kritischsten Entwicklungsperioden einer Familie betrachtet. Die Phase des Übergangs zur Jugend stellt die gesamte Familie vor neue Aufgaben, die beispielsweise von Duvall (1977) oder Aldous (1978) charakterisiert wurden als die Flexibilisierung der Familiengrenzen, die den leichteren Wechsel zwischen familialer Innenwelt und Außenwelt zulässt und so – in der Position des »sicheren Horts« – die Kinder nach und nach in die weitere Umwelt zum eigenständigen Explorieren entlässt. Immer aber bietet die Familie in dieser Entwicklungszeit auch die Rückkehr an. Der Familie stellen sich insgesamt eine ganze Reihe von neuen Aufgaben, die mit der Anpassung an die Entwicklungsveränderungen des Kindes zu tun haben. Nach Hill (1982) bringt die Zeit des Übergangs ins Jugendalter die schnellsten und dramatischsten Veränderungen im menschlichen Organismus seit der frühen Kindheit mit sich (S. 1410), in der in relativ kurzer Zeit neu entstandene Interessen, Fähigkeiten und Bedürfnisse des jugendlichen Kindes einen intensiven Anpassungsprozess in der Familie notwendig machen. Entsprechend den Erfahrungen, die alle Familienmitglieder in früheren Zeiten massiver Entwicklungsveränderungen miteinander gemacht haben, kann nun der Verlauf der Neuverhandlungen von Regeln und Normen mehr oder weniger krisenhaft verlaufen. Denn es gibt beispielsweise gemeinsame Erfahrungen aus der Zeit der ersten Phase zur Ich-Entwicklung, am Ende des zweiten Lebensjahrs des Kindes, weiter aus der Zeit, in der das Kind die neue Fähigkeit entwickelte, strategisch Fehlinformationen zu geben (mit etwa vier Jahren), oder aus der Zeit, in der das große Interesse an Freunden und eine Orientierung außerhalb der Familie einsetzte, mit etwa acht Jahren. In der neuen Entwicklungsphase der Jugend werden nun aber auch von den Eltern – mehr als in früheren Phasen der Familienentwicklung – erhöhte Anpassungsleistungen verlangt. Denn nun kann das Kind zum ersten Mal auf höherem intellektuellen Niveau die bisher akzeptierten Regeln anzweifeln und vor den Eltern verwerfen. Die Neuverhandlungen werden vom Kind nicht mehr in der Asymmetrie einer Eltern-Kind-Beziehung akzeptiert, und die Eltern müssen ein neues Verständnis für das erwachsen werdende Kind entwickeln. Sie sollen einerseits mehr Autonomie gewähren und mit dem Kind zusammen einen neuen Regelkanon erarbeiten, der die Ansprüche des jugendlichen Kindes gleichberechtigter als früher zu berücksichtigen sucht. Andererseits aber müssen sie auch darauf achten, dass das Zusammenleben in der Familie erhalten bleibt und die familialen Normen und Traditionen weiter bestehen. In dieser Zeit des Übergangs spielt daher die Geschichte der bisherigen Beziehungsgestaltung eine wesentliche Rolle: Es gibt eine gemeinsame Erfahrung darüber, wie frühere Entwicklungsveränderungen behandelt wurden und wie in diesem Zusammenhang Eltern und Kind miteinander oder gegeneinander agiert haben.

Im Alltag entzünden sich Kontroversen zwischen dem jugendlichen Kind und den Eltern im Normalfall nicht an »großen Themen«, wie etwa bei Fragen nach dem Sinn des Lebens, der Religion oder des herrschenden Wertesystems, sondern sie tauchen bei trivialen Regelungen des alltäglichen Zusammenlebens auf, wie etwa der Vereinbarung des Zeitpunkts des Nachhausekommens, daran, wann und wie das Zimmer aufgeräumt wird, oder wie die Frisur gestaltet wird (Kidwell et al. 1983; Hill u. Holmbeck 1986). Die Art und Weise, wie mit Regeln in der Familie umgegangen wird, wie sie von den Eltern festgesetzt und von den Kindern befolgt werden, wie Verstöße gegen die Regeln sanktioniert und Missverständnisse aufgeklärt werden, dies alles charakterisiert die Kompetenz einer Familie, mit Entwicklungsübergängen umzugehen. Dazu gehört auch, wie diese Regeln verändert werden, um den wachsenden Autonomiebedürfnissen des Kindes gerecht zu werden. Wenn das erste Kind in der Familie in die Pubertät kommt, gibt es immer schon eine lange Geschichte in der Familie, wie man sich über unterschiedliche Interessen verständigen und den Wunsch nach Veränderungen bestehender Regelungen vorbringen kann. Diese Möglichkeiten variieren mit der jeweiligen emotionalen Sicherheit in den Beziehungen. Der Umgang mit Missverständnissen und die Leichtigkeit oder aber die Schwierigkeit, gemeinsame Lösungen zu finden, beeinflusst das Ausmaß an Energie und Mühe, das das erfolgreiche Durchlaufen dieser Entwicklungszeit von allen Familienmitgliedern erfordert.

Allerdings werden in dieser Entwicklungsphase die Gegensätze zwischen Kind und Eltern oft mit größerer Heftigkeit ausgetragen als in früheren kritischen Entwicklungsphasen, weil das Kind nun seine Kritik in der Sprache und Logik der Eltern ausdrücken und gezielt die Regeln des bisherigen Zusammenlebens infrage stellen kann (Kreppner 1996). Die Auseinandersetzungen sind jetzt für die Eltern vielleicht schmerzlicher als früher und durchaus mit nonnormativen Krisen vergleichbar. Derartige Krisen, in denen der Zusammenhalt der Familie durch äußere Ereignisse herausgefordert wird, zeichnen sich in der Regel durch vermehrte Kontrollen und eine größere Betonung der Familiennormen aus. Dies bedeutet erhöhte Restriktionen für die Kinder, die dagegen rebellieren (Reiss 1981; Reiss u. Klein 1987; Steinglass 1987).

Unterschiedliche Erfahrungen der Kinder mit ihren Eltern während der Übergangszeit

Die Möglichkeiten, in dieser Entwicklungszeit das eigene Ich zu erkunden und sich entsprechend mit den aktuellen Entwicklungsaufgaben auseinander zu setzen (Havighurst 1948), werden durch die Interaktionsformen der Eltern, die den Jugendlichen bei der Suche nach seiner neuen Identität unterstützenden oder behindern, in starkem Maß beeinflusst (Hauser et al. 1991). Das Recht auf Selbstständigkeit bei Themen wie Auswahl der Freunde, Schulleistung, Taschengeld, Zeit des Nachhausekommens oder der Beteiligung an Haushaltorganisation wird von Eltern und Kind oft unterschiedlich beurteilt. Die Jugendlichen fordern Entscheidungsfreiheit bei den angeführten Themen ein, die Eltern jedoch betrachten die meisten dieser Themen als in ihren Entscheidungsbereich fallend, bei dem sie dem Kind noch keine oder nur sehr zögerliche Mitsprache zugestehen wollen (Smetana u. Asquith 1994). Wenn beispielsweise bei Fragen des Taschengelds oder des Nachhausekommens eine vertrauensvolle Kommunikation zwischen Eltern und Kind möglich ist, so wird auch bei einem so sensiblen Thema wie etwa die Auswahl von Freunden oder die Gestaltung des Schulbesuchs ein Zugestehen zunehmender Autonomie Schritt für Schritt in gegenseitigem Einvernehmen zwischen Kind und Eltern akzeptiert. Wenn jedoch eine Regelung von kontroversen Fragen in der innerfamilialen Kommunikation auch in der Vergangenheit nicht oder nur sehr schwer möglich erschien, so wird auch jetzt die Gestaltung des Übergangs für Eltern und Kind problembeladen und letztlich ohne gemeinsame Lösung geschehen. Entwicklungszeit wird zur Problemzeit.

Über die Ausweitung von Entwicklungszeiten

Die Gestaltung von Entwicklungszeiten in der Familie ist im Zuge der Individualisierung von Lebensläufen schwieriger, weil unübersichtlicher geworden. Insgesamt hat die Einteilung des Lebenslaufs nach Entwicklungszeiten in den letzten 50 Jahren an Klarheit verloren. Es scheint, dass sich Übergänge mehr und mehr verwischen, weil sie immer zahlreicher auftreten und damit eine gewisse Beliebigkeit in der Festlegung von Übergängen vorherrscht. Oder Entwicklungszeiten haben sich in ihrer Dauer so erweitert, dass die Zuweisung eines einzelnen Entwicklungsschubs nicht mehr sinnvoll erscheint. Entwicklungsstadien fließen ineinander, gleichzeitig nimmt eine paradoxe Betrachtungsweise zu, in der verschiedene Entwicklungsstadien wie etwa die vom Kind zum Jugendlichen und die vom Jugendlichen zum Erwachsenen als gleichsam parallel existierend angenommen werden.

Während die Einteilung in drei große Bereiche Kindheit, Erwachsenenalter, Greisenalter über Jahrhunderte gültig schien, hat sich mit dem Ansteigen der Lebenserwartung und dem Zugestehen einer Zwischenphase zwischen Kindheit und Erwachsenenalter eine sechsstufige Vorstellung herausgebildet: frühe Kindheit, Kindheit, Jugend, frühes Erwachsenenalter, mittleres Erwachsenenalter, Greisenalter. Schließlich haben sich in den letzten 30 Jahren die Unterscheidungsstufen im menschlichen Lebenslauf weiter verfeinert und enthalten bis zu zwölf verschiedene Unterteilungen wie Säugling, Kleinkind, Vorschulkind, Schulkind, Präadoleszenz, Adoleszenz, Postadoleszenz, frühes Erwachsenenalter, mittleres Erwachsenenalter, spätes Erwachsenenalter, junges altes Alter, altes altes Alter. Es ist zu fragen, wie weit die Differenzierung noch gehen wird. Die Folge dieser wachsenden Vielfalt von Entwicklungsstadien ist aber, dass es immer weniger klare Vorstellungen zu den verschiedenen Entwicklungszeiten zu geben scheint. So wurde beispielsweise das Alter, mit dem Kinder in Tagesstätten gegeben werden, in den letzten 30 Jahren von drei Jahren auf sechs Monate reduziert (Belsky 2001, 2002), die Kindheit von vier bis zwölf sieht oft so aus, als würde sie nur mit der Konsequenz eines Erwachsenen bewältigt werden können. In der Jugend, zwischen zwölf und sechzehn, werden die Autonomieforderungen oft nicht zwischen den Generationen bearbeitet und es werden keine Lösungen verhandelt, sondern die Eltern versuchen, diese »schwierige Zeit« zu überstehen. Die Eltern erscheinen beim Umgang mit ihren Kindern in dieser Entwicklungsphase oft ratlos, wenn sie in einigen Bereichen wie Kinder, in anderen aber wie voll verantwortliche Erwachsene behandeln. Für die Eltern schafft die Aufgabe der Generativität auch nach der Kindheit ihrer Kinder Ambivalenzen, die ihre eigene Entwicklung im Erwachsenenalter betreffen. Sie nehmen die ersten Anzeichen des heraufziehenden Alters wahr und beginnen in der Regel darüber nachzudenken, wie sie die Zeit nach dem Erwachsenwerden und dem Auszug der Kinder gestalten sollen (Steinberg 1980, 1981).

Im Konzept der Familienentwicklung, wie es etwa bei Carter und McGoldrick (1980, 1989) vorgestellt wurde, umfasst die Periode der »Familie mit Jugendlichen« neben den üblichen Aufgaben zur Unterstützung des Autonomiebestrebens und zur Flexibilisierung der Familiengrenzen noch eine Reihe anderer Aufgaben, die die Anpassung der Eltern an einen neuen Lebensabschnitt ohne die Kinder umfassen. Beim Bewältigen dieser Aufgaben mit dem ältesten Kind werden Regeln des Familienlebens verhandelt, die die Familie als Ganzes betreffen, also die Beziehungen zwischen allen Familienmitgliedern. In einem familientheoretischen Ansatz wird daher in diesem Veränderungszusammenhang zumeist auch die Neugestaltung der Beziehung der Eltern untereinander thematisiert. Wenn in der Familie aber nicht nur ein Kind, sondern mehrere Kinder heranwachsen, stellt sich die Frage, wie diese weiteren Kinder in der Zeit der Neugestaltung der Beziehung mit dem pubertierenden ersten Kind von den Eltern behandelt werden.

Ähnlichkeiten und Unähnlichkeiten bei den Eltern-Kind-Beziehungen mit dem älteren und dem jüngeren Kind

In der Perspektive von Familienentwicklung, die die Dynamik zwischen allen Mitgliedern umfasst, kann erwartet werden, dass beim Übergang des ersten Kindes zur Jugend auch der Umgang zwischen den Eltern und den nachfolgenden Kindern von Neuregelungen nicht unberührt bleibt. Es ist aber in der bisherigen entwicklungsbezogenen Familienforschung unklar, welche spezifischen Aufgaben sich den Eltern stellen, wenn mit dem ersten Kind Regelanpassungen im Rahmen dessen Entwicklung ausgehandelt werden und gleichzeitig noch jüngere Geschwister in der Familie vorhanden sind. Beispielsweise wurde das Schicksal des zweiten Kindes bislang hauptsächlich nur im Kleinkindalter betrachtet (Feldman 1971; Dunn u. Kendrick 1980, 1982; Kreppner 1988). Auch für die Zeit des Übergangs zur Jugend gibt es nur wenige Studien, die erste und zweite Kinder in der Familie nach ihrem möglicherweise unterschiedlichen Erleben dieses Übergangs untersucht haben (Kowal u. Kramer 1997; McHale et al. 1995; Brody et al. 1992). Wenn Eltern und erstes Kind ihre Beziehung und Kommunikationsformate neu regeln, so stellt sich die Frage, ob sich in der Familie eine Art von Überschusseffekt (»spill over«) einstellt und auch jüngere Kinder von diesen Veränderungen in Beziehungsgestaltung und Kommunikation betroffen werden. Mit dem ersten Kind sammelten die Eltern gleichsam ihr basales »Entwicklungswissen«, also wie man mit Entwicklungsveränderungen umgeht, wie man neue Formen aushandelt und trotzdem das Zusammenleben in der Familie gewährleistet. Die Beziehungsgestaltung zwischen Eltern und erstem Kind und das gemeinsame Meistern der Entwicklungsveränderungen hat also etwas Einzigartiges und Exklusives an sich, wenn man es mit späteren Veränderungsverhandlungen mit den folgenden Kindern vergleicht. Ein zweites Kind wächst immer schon in ein komplexes Netzwerk mit Eltern-Kind-Beziehungen hinein, in Beziehungen, die bereits erarbeitet, ausgehandelt und verändert wurden. Insofern sind nach Duvall (1977) die Beziehungsbedingungen zwischen Eltern und erstem Kind immer etwas Besonderes. Das zweite Kind erfährt vermutlich im Vergleich zum ersten Kind andere Eltern, wenn es selbst in die Pubertät kommt.

In unserer empirischen Längsschnittstudie haben wir versucht, zu diesen unterschiedlichen Fragen einige Informationen zu sammeln.

Ziele der Studie

Ein hauptsächliches Ziel der vorliegenden Studie war es, Veränderungen im Kommunikationsverhalten während des Übergangs des ersten Kindes zur Jugend in der Familie zu untersuchen. Dabei waren die allgemeinen systematischen Trends bei den Veränderungen in den innerfamilialen dyadischen und auch triadischen Kommunikationen zwischen Eltern und Kind von Interesse. Ein weiterer Schwerpunkt bildet die Analyse von differenziellen Faktoren, die in der Familie den Übergang als positive Anpassung oder als problembeladene Veränderung erleben lassen. Schließlich wurde noch Ähnlichkeiten oder Unähnlichkeiten beim Umgang der Eltern mit dem ersten und dem zweiten Kind untersucht.

Im Folgenden werden einige Datenanalysen aus unserer Längsschnittstudie zu folgenden Fragen dargestellt:

- Allgemeine Analyse der Veränderungen in der Kommunikation zwischen den Eltern und dem ersten Kind über die Zeit hinweg in Dyaden und Triaden.
- Differenzielle Analyse der Veränderungen: Zusammenhang zwischen der eingeschätzten Qualität der Beziehung und dem konkreten Kommunikationsverhalten zwischen Eltern und ersten Kindern.
- Ähnlichkeiten und Unähnlichkeiten der Kommunikation zwischen den Eltern und dem ersten und den Eltern und dem zweiten Kind.

Methode

Stichprobe und Datenerhebung

An der Untersuchung nahmen 67 Familien mit zwei Kindern teil. Davon waren 47 Zweielternfamilien und 20 Einelternfamilien. Bei Beginn der Längsschnittstudie war das erste Kind im Durchschnitt zwischen elfeinhalb und zwölf Jahre alt, das zweite im Durchschnitt etwa zwei Jahre jünger. Die Familien wurden über eine Periode von dreieinhalb Jahren alle sechs Monate zu Hause aufgesucht. Die Jugendlichen beantworteten zu jedem Zeitpunkt Fragebogen, die verschiedene Aspekte der Selbstentwicklung und der Qualität der Beziehung mit den Eltern erhoben. Videoerhebungen wurden während der ersten, der vierten, sechsten und achten Welle durchgeführt. Diese Beobachtungen erfolgten in dyadischen Eltern-Kind-, Eltern-Eltern- und Geschwister-Konstellationen. In den Zweielternfamilien wurden zusätzlich auch in triadischen Konstellationen (Vater-Mutter-Kind) Beobachtungen durchgeführt.

Fragebogen für die Jugendlichen

Die Fragebogen zur Erfassung der eingeschätzten Qualität der Beziehung der Jugendlichen zu ihren Eltern umfassten drei Skalen: Verlässlichkeit, emotionale Ambivalenz und Intensität der Diskussion mit den Eltern. Verlässlichkeit und emotionale Ambivalenz wurden für Vater und Mutter getrennt erhoben (Spiel et al. 1995), die Intensität der Diskussion wurde nur für die Mütter gemessen. Hierzu wurde die deutsche Version des Fragebogens von Robin und Weiss (1980) benutzt. Die Selbsteinschätzungen der Jugendlichen wurden mithilfe einer Adaption des Family Assessment Measure (FAM) von Skinner et al. (1983) erhoben. Darüber hinaus wurden drei Skalen bei der Erhebung angewandt, die verschiedene Aspekte des Selbst messen, so die physische Attraktivität, die Leistungsbereitschaft und die Außenorientierung (Spiel u. Kreppner 1991).

Beobachtung der Kommunikation in Dyaden und Triaden

In einjährigen Abständen wurden Kommunikationen zwischen allen Familienmitgliedern in dyadischen und triadischen Konstellationen erhoben, als die ersten Kinder im Durchschnitt 12, 13, 14 und 15 Jahre alt waren, die zweiten Kinder der Familie im Durchschnitt etwa jeweils zwei Jahre jünger. Pro Erhebungszeitpunkt bekamen die Familien für die Diskussionen in Dyaden und Triaden zwischen vier und fünf Alltagsthemen vorgegeben, die dann für etwa zwei Minuten von den jeweiligen Diskussionspartnern diskutiert werden sollten. Vorgegebene Themen waren etwa: »In der Familie war in letzter Zeit wenig Gelegenheit, miteinander zu reden. Es wird beschlossen, das zu ändern und man überlegt wie« oder »Das Badezimmer ist jeden Morgen in einem katastrophalen Zustand, wenn das Kind die Morgentoilette beendet hat. Wie reagieren die Eltern?« Die auf Video aufgezeichneten Diskussionen in den Eltern-Kind-Dyaden und -Triaden wurden von zwei trai-

Tabelle 1: Ausgewählte Kategorien und Ausprägungen (O) für die Kodierung der Kommunikation in Dyaden
P1/P2: Diese Kategorie wird für beide Partner getrennt beurteilt. (In Eltern-Kind Dyaden, P1 ist das Elternteil, P2 das Kind, in der Eltern-Eltern Dyade ist P1 die Mutter, P2 der Vater, in der Geschwisterdyade ist P1 das erste Kind, P2 das zweite Kind.)

Kategorie	**Ausprägungen**
Beziehungsqualität	egalitär lange Leine hierarchisch
Kommunikationsstil (P1/P2)	Bekräftigung/Ablehnung eingehen lehren verhandeln
Interaktionsstil (P1/P2)	integrativ kompetitiv distanziert anleitend submissiv
Einbringen (P1/P2)	sehr gering gering hoch sehr hoch
Näheverhalten (P1/P2)	sehr gering gering hoch sehr hoch
Anspannung (P1/P2)	sehr gering gering hoch sehr hoch

Tabelle 2: Ausgewählte Kategorien und Ausprägungen (O) für die Kodierung der Kommunikation in Triaden

Kategorie	Ausprägungen
Formale Aspekte	
Nehmer der Karte	Mutter Vater Kind
Mittlere Sitzposition	Mutter Vater Kind
Globale Einschätzung	
Verbundenheit	sehr groß groß gering sehr gering
Offenheit	offen überspielend verschlossen
Ergebnis	gemeinsame Lösung einer entscheidet zwei entscheiden getrennte Lösungen keine Lösung
Lebendigkeit	hohe Expressivität partielle Expressivität gehemmte Expressivität
Kind gegenüber den Eltern	
Positionierung des Kindes	im Vordergrund angesprochen teilnehmend ausgeschlossen
Orientierung des Kindes	zur Mutter zum Vater zu beiden Eltern zu keinem Elternteil
Diskussionsstil	
Bezug zum Alltag	konkret hypothetisch abstrakt abwehrend
Sinnproduktion	sinnhafte Inhalte teilweise sinnhaft sinnverhindernd zynisch, destruktiv
Gesprächsfluss	fließend mit Unterbrechungen getrennt gekünstelt diffus

nierten Ratern nach speziell für diese Diskussionskonstellationen entwickelten Familien-Codier-Systemen beurteilt (Kreppner u. Ullrich 1996; Ullrich u. Kreppner 1999). Sie enthalten formale, verbale, sowie nonverbale Aspekte der Kommunikation (s. Beispiele für die Beurteilungskategorien in Tabelle 1 und 2).

Die Häufigkeiten der Ausprägungen des jeweiligen Kommunikationsverhaltens wurden für jede Kategorie gesondert nach Zeit (den vier Erhebungszeitpunkten) und vielfältigen anderen interessierenden Merkmalen wie etwa Geschlecht der Kinder (Kreppner 1995) oder von den Jugendlichen eingeschätzte Qualität der Beziehung mit den Eltern (Kreppner 1996) nach der Methode der log-linearen Modellierung (Fienberg 1980; Von Eye et al. 1994) analysiert. Für die folgenden Auswertungen wurden die Häufigkeiten pro Beurteilungskategorie nach der jeweils beobachteten Ausprägung (O), dem Erhebungszeitpunkt (Z) und der von den Jugendlichen eingeschätzten Beziehungsqualität mit den Eltern (C)[1] oder nach dem Umgang mit erstem oder zweitem Kind (D) mithilfe der log-linearen Modellierung untersucht.

Zum Wandel der Kommunikation zwischen Eltern und pubertierendem Kind: Aufeinander-Zugehen und konstantes Entfernen

Als Erstes werden die allgemeinen Trends der zeitlichen Veränderungen in einzelnen Kommunikationsformen in der triadischen Kommunikation analysiert, wie sie sich in den verschiedenen Ausprägungen einer Kategorie äußern. Die im Rahmen der log-linearen Analysen der kreuztabellierten Häufigkeiten zeigen Unterschiede im Auftreten der Häufigkeiten pro Ausprägung über die verschiedenen Erhebungszeiträume hinweg (in der Darstellung der Modelle in der log-linearen Analyse: Z).

Der interessierende Term ist hier die Interaktion zwischen Zeit und Ausprägung pro Kategorie [ZO]. Tabelle 3 zeigt, dass neben zwei sa-

1 Eine ausführliche Beschreibung zur Ermittlung der differenziellen Beziehungsqualität via Clusteranalyse findet sich in Kreppner (1996).

Tabelle 3: Log-lineare Modelle für Eltern-Kind Triaden: Eingeschätzte Beziehungsqualität des Kindes (Clusterzugehörigkeit) x Zeitpunkt x Kommunikationsmodus
C = Eingeschätzte Beziehungsqualität (Clusterzugehörigkeit) ; Z = Zeitpunkt; O = Ausprägung der Kommunikationskategorie

Formale Aspekte	**Modell**	**P**
Nehmer	saturiert	
Sitzen (Mitte)	saturiert	
Globale Einschätzung		
Verbundenheit	[CO], [ZO]	.06
Offenheit	[CO], [ZO]	.28
Lebendigkeit	[CO], [ZO]	.73
Dynamik	[CO], [ZO]	.09
Kind gegenüber Eltern		
Orientierung des Kindes	[CO], [ZO]	.52
Diskussionsstil		
Bezug zur Alltagserfahrung	[CO], [ZO]	.72
Sinnproduktion	[CO], [ZO]	.24
Gesprächsfluss	[CO], [ZO]	.22
Anzahl von [ZO]-Termen oder saturierten Modellen	10	

turierten Modellen für die formalen Aspekte des kommunikativen Verhaltens dieser Term in allen anderen Beurteilungskategorien auftritt.

Um diese Veränderungen über die Zeit in den einzelnen Kategorien für Kommunikationsverhalten detaillierter darstellen zu können, wurden in Tabelle 4 die z-transformierten Parameterschätzungen für diejenigen Ausprägungen pro Kategorie im [ZO]-Term dargestellt, in denen deutliche Abweichungen bei der Kontrastierung der verschiedenen Erhebungszeitpunkte auftraten. Als Bezugspunkt für die Abweichungen wurde das Durchschnittsalter von 13 Jahren bei den ersten Kindern gewählt, ein Zeitpunkt, an dem beispielsweise nach Hill (1983) der Höhepunkt der pubertären Entwicklungskrise angenommen wird. Die Kontraste z_{t12-13} bezeichnen das Ausmaß der Veränderung der Ausprägung eines Kommunikationsmerkmals in der Eltern-Kind-Diskussion für den Zeitraum zwischen 12 und 13 Jahren (Alter des ersten Kindes), entsprechend bedeuten z_{t14-13} und z_{t15-13} Veränderungen der Kommunikation für den Zeitraum zwischen 14 und 13 sowie 15 und 13 Jahren.

Tabelle 4: Z-transformierte Parameterschätzungen für ausgewählte Ausprägungen von triadischer Kommunikation im Term [ZO]
Ankerkategorie für die Kontraste: Alter 13 Jahre; * p < .05

Kategorie: Ausprägung	$z_{t\,12\text{–}13}$	$z_{t\,14\text{–}13}$	$z_{t\,15\text{–}13}$
Formale Aspekte			
Nehmer: Kind	– 1.17	– 1.56	– 3.29*
Sitzen: Kind	.20	– 2.62*	– 4.03*
Globale Einschätzung			
Verbundenheit: groß	– 1.94	– 1.69	– 2.93*
Offenheit: entspannt	– 4.04*	– .66	– 1.26
Lebendigkeit expressiv	– 3.46*	– 2.37*	– 3.60*
Dynamik: triadisch	– 3.94*	– .51	– 2.73*
Kind gegenüber Eltern			
Orientierung: Eltern	– 2.08*	– 1.57	– 1.39
Diskussionsstil			
Bezug: konkret	– 2.31*	– 2.90*	– 3.04*
Sinnproduktion: sinnhaft	.16	– 5.33*	– 4.05*
Gesprächsfluss: leicht	– .50	– 1.88	– 2.52*

In Tabelle 4 zeigt sich für die zusammengestellten positiven Kommunikationsmerkmale, dass in der Regel mit fortschreitendem Alter des Kindes die Häufigkeiten des Auftretens dieser Merkmale abnimmt. Es wird deutlich, dass vor dem Alter von 13 Jahren Merkmale wie »fließendes Gespräch«, triadische Dynamik, »sinnhafter Austausch, »entspannte Offenheit« oder »expressive Lebendigkeit« in geringerem Maß auftraten als zu dem Zeitpunkt, an dem das Kind 13 Jahre alt war. Nach diesem Zeitpunkt, an dem für alle diese Merkmale eine Art Höhepunkt erreicht wird, nimmt aber deren Häufigkeit des Auftretens kontinuierlich ab. Zur Verdeutlichung dieses allgemeinen Trends seien im Folgenden auch die Darstellungen aller Veränderungsverläufe der positiven Merkmale triadischer Diskussion eingefügt.

Als durchgängiger Trend zeichnet sich ab, dass zu dem Zeitpunkt, an dem das erste Kind dreizehn Jahre alt ist, eine Art Höhepunkt positiver triadischer Kommunikation zwischen Eltern und Kind stattzufinden scheint. Die hier gefundenen Ergebnisse weisen darauf hin, dass gerade zu diesem Zeitpunkt die Kommunikation zwischen Eltern und

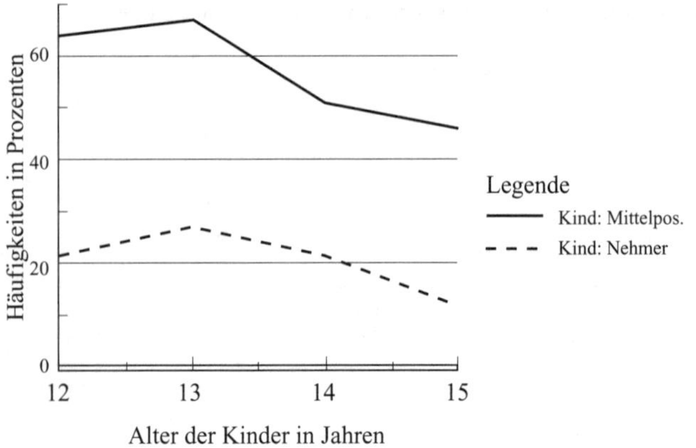

Abbildung 1: Veränderungen der triadischen Eltern-Kind-Kommunikation: Formale Aspekte über die Zeit

Alter	12	13	14	15
Kind: Mittelpos.	64	67	51	46

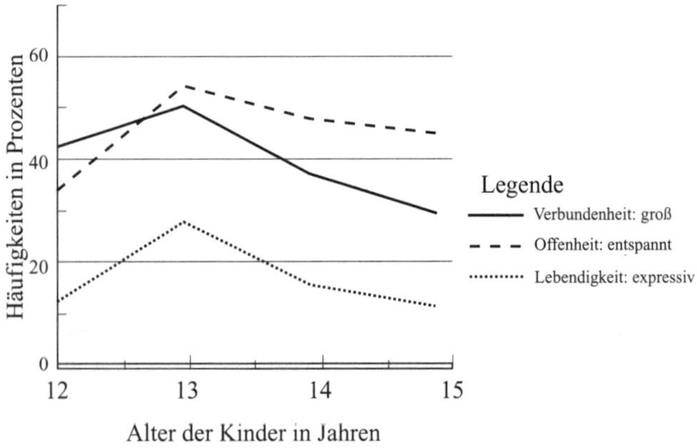

Abbildung 2: Veränderungen der triadischen Eltern-Kind-Kommunikation: Globale Einschätzung über die Zeit

Alter	12	13	14	15
Verbundenheit: groß	42,2	50	36,9	29,2
Offenheit: entspannt	33,7	53,9	47,5	44,8
Lebendigkeit: expressiv	12,2	27,5	15,6	11

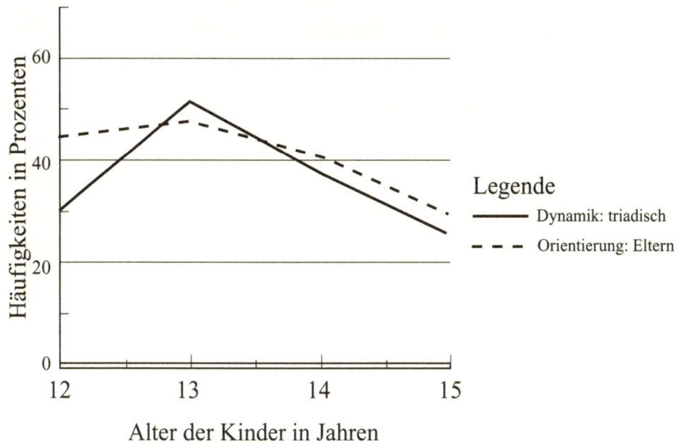

Abbildung 3: Veränderungen der triadischen Eltern-Kind-Kommunikation: Orientierung und Dynamik über die Zeit

Alter	12	13	14	15
Dynamik: triadisch	30	51,1	37,5	25,3
Orientierung: Eltern	44,4	47,2	40,6	29,2

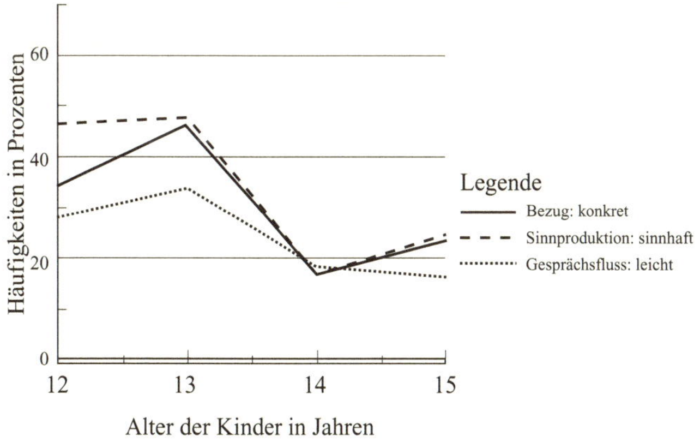

Abbildung 4: Veränderungen der triadischen Eltern-Kind-Kommunikation: Diskussion über die Zeit

Alter	12	13	14	15
Bezug: konkret	34,8	46,6	17,5	24
Sinnprod.: sinnhaft	46,7	47,8	16,9	24,7
Gesprächsfluss: leicht	28,6	34	18,5	16,9

Kind ein weder zuvor noch danach wieder erreichtes Maß an positiver Gegenseitigkeit aufweist. Dieser Trend widerspricht der Annahme, dass das Kind gerade am Höhepunkt des pubertären Entwicklungsschubs ein von alltäglichen Reibereien geprägtes Zusammenleben erfährt. Vielmehr deutet der gefundene Trend darauf hin, dass nach dem zwölften Lebensjahr die Kommunikation zwischen Eltern und Kind in einer triadischen Konstellation einen positiven Höhepunkt zustrebt und danach die positiven Merkmale in der Kommunikation mehr und mehr wieder abnehmen. Wie lässt sich dieses Ergebnis erklären?

Es könnte sein, dass gerade zu diesem Zeitpunkt, an dem das Kind 13 Jahre alt ist, sich die Eltern ihm vermehrt zuwenden, es aber trotzdem weiter »als Kind« behandeln, das sich allerdings jetzt aktiver als bisher am gemeinsamen Gespräch beteiligen möchte. Vielleicht macht es in den Diskussionen auch klügere und kritischere Beiträge als früher. Das höhere kognitive Niveau und die klareren Stellungnahmen erfreuen vermutlich die Eltern. Es ist ihnen aber offensichtlich noch nicht klar, dass ihr Kind nun auch neue Erwartungen an diese Gesprächsrunden mit ihnen hat und nach einem neuen Status in der Familie strebt. Es will kein »Kind« mehr sein und fordert mehr gleichberechtigte Mitsprache, vor allem in Fragen des familialen Zusammenlebens. Während also die Eltern sich ihrem intensiver teilnehmenden »Kind« interessiert zuwenden, diskutiert der Jugendliche mit der Hoffnung, nun endlich als »Erwachsener« mit neuen Privilegien von den Eltern behandelt zu werden. Für einen kurzen Zeitraum, so scheint es, gibt es so etwas wie eine neue Gegenseitigkeit zwischen Eltern und pubertierendem Kind. Wie der weitere Verlauf aber zeigt, stellt sich diese Gegenseitigkeit mit der Zeit immer mehr als ein Missverständnis heraus. Die unterschiedlichen Erwartungen von Eltern und Kind werden jeweils nicht erfüllt, das Kind will kein Kind mehr sein und die Eltern wollen das Kind nicht als vollwertigen Erwachsenen akzeptieren. Die positiven Kommunikationsmerkmale sinken mit der Zeit kontinuierlich ab.

Differenzen in der erlebten Beziehungsqualität mit den Eltern und Verbindungen mit der Kommunikationsqualität in Diskussionen

Als Nächstes soll auf Differenzen im Umgang zwischen Eltern und Kindern in dieser Übergangszeit eingegangen werden. Dabei stand die Frage im Mittelpunkt, wieweit die Kommunikationsformen in den Familienkonstellationen entsprechend den von den Jugendlichen vorgenommenen Einschätzungen der Beziehungsqualität zu den Eltern variieren.

Die von den Jugendlichen vorgenommene Einschätzung der Beziehungsqualität mit ihren Eltern besaß nach den Ergebnissen einer Clusteranalyse (Ward 1963) drei deutlich zu unterscheidende Ausprägungen (in der Darstellung der Modelle in der log-linearen Analyse: C). Diese Clusteranalyse war mit den verschiedenen Aspekten der Beziehungsqualität – gemessen mit drei Skalen nach dem ersten Erhebungszeitpunkt – durchgeführt worden. Im Einzelnen wurde die Verlässlichkeit im Alltag, die emotionale Ambivalenz sowie die Intensität der Diskussion erhoben (Details hierzu in Kreppner 1996; Spiel et al. 1995). Die drei Cluster, die sich nach den differentiellen Beurteilungen auf den Skalen ergeben hatten, gliederten die Jugendlichen nach ihrer erlebten Beziehungsqualität mit den Eltern. Sie wurden entsprechend als »sicher«, »ambivalent« oder »habituell« gekennzeichnet.

Zusammenhang zwischen den Unterschieden in der eingeschätzten Beziehungsqualität und dem tatsächlichen Kommunikationsverhalten in triadischen Konstellationen

Der Term [CO] in den Modellen der log-linearen Analysen in den Triaden beinhaltet eine zeitunabhängige Interaktion zwischen der von den Kindern vorgenommenen Einschätzung der Beziehungsqualität in den drei Clustergruppen »sicher«, »ambivalent« und »habituell« einerseits und den in den Ausprägungsformen der verschiedenen Beurteilungskategorien sich manifestierenden Kommunikationsformen (in der Darstellung der Modelle in der log-linearen Analyse: O) andererseits. Wie in den Analysen der dyadischen Kommunikationen (Kreppner u.

Tabelle 5: Parameterschätzungen (z-transformiert) für [CO]-Terme in ausgewählten Kategorien für die Differenzen zwischen sicheren und ambivalenten sowie zwischen sicheren und habituellen Jugendlichen in den triadischen Konstellationen
* z-transformierte Parameterschätzung signifikant bei p > 1.96

Kommunikation in der triadischen Konstellation MVK1		
Kontrast	ambivalent – sicher	habituell – sicher
Kategorien und Ausprägungen		
Nehmer der Karte		
Vater	– 2.06 *	– .91
Keiner	3.20*	4.44*
Verbundenheit		
sehr groß	– 4.56*	– 3.21*
Offenheit		
verschlossen	2.65*	2.46*
Ergebnis		
gemeinsame Lösung	– 1.77	– 2.16*
Lebendigkeit		
gehemmt	1.01	2.42*
Sinnproduktion		
Sinnhafte Inhalte	– 1.11	– 2.33*

Ullrich 1998, 2003) zeigten sich auch in den Analysen der Triaden klare Unterschiede zwischen den Clustergruppen, vor allem zwischen Jugendlichen mit sicheren und mit ambivalenten Beziehungen zu den Eltern. Die Ergebnisse der triadischen Kommunikation bestätigen damit in eindrucksvoller Weise diejenigen differenziellen Trends, die schon für die dyadischen Familienkonstellationen gefunden worden waren. Die Kinder, die ihre Beziehung als sicher eingeschätzt hatten, erleben auch in der Kommunikation mit beiden Eltern eine positivere Atmosphäre, einen sinnhafteren und am Alltag orientierten Austausch sowie einen besseren Gesprächsfluss als diejenigen Kinder, die ihre Beziehung zu ihren Eltern als eher ambivalent eingestuft hatten.

In Tabelle 5 sind sechs Kategorien der triadischen Kommunikation zwischen Eltern und Kind mit jeweils derjenigen Ausprägung dargestellt, die signifikante Unterschiede zwischen den Clustergruppen zeigen. Es fanden sich für die Unterschiede zwischen sicheren und ambivalenten Jugendlichen signifikante Unterschiede bei den Parameterschätzungen zu den formalen Aspekten sowie zu den globalen Einschätzungen triadischer Kommunikation, jedoch nicht zu den Ausprägungen für den Diskussionsstil zwischen Kind und Eltern. Wenn man jedoch die habituellen Jugendlichen, bei denen in der Regel zu Hause nicht oder sehr wenig diskutiert wird, mit den Jugendlichen vergleicht, die ihre Beziehung zu den Eltern als sicher eingeschätzt hatten, so gab es Unterschiede gerade bei der Betrachtung einzelner Ausprägungen beim Diskussionsstil. Dies weist darauf hin, dass die als habituell klassifizierten Jugendlichen tatsächlich beim Gespräch mit ihren Eltern wenig sinnhaften Austausch erleben.

Das Erleben des zweiten Kindes in der Familie: Vergleiche des elterlichen Kommunikationsverhaltens mit beiden Kindern

Wenn man die Clusterzugehörigkeit in der Einschätzung der Beziehungsqualität der ersten Kinder auch auf die Analyse des Kommunikationsverhaltens der Eltern mit dem zweiten Kind in Triaden ausweitet, so finden sich in den log-linearen Analysen zwar weniger Zusammenhänge als mit den ersten Kindern, aber immerhin noch vier Ausprägungen, in denen die zweiten Kinder unterschiedlich behandelt werden, je nachdem, wie die älteren Geschwister die Beziehungsqualität zu den Eltern beurteilt hatten (s. Tab. 6).

Diese Unterschiede der Kommunikationsformen in den verschiedenen Clustergruppen für das erste und zweite Kind weisen auf zwei Aspekte familialer Diskussionskultur hin: Zum einen sind die Unterschiede in den Diskussionen mit den Eltern für die älteren Kinder, die ja selbst die Beziehungsqualität zu ihnen verschieden eingeschätzt hatten, gerade in den Triaden sehr deutlich, zum anderen scheint sich aber für die zweiten Kinder nicht das gleiche Ausmaß an Verschiedenheit in der Kommunikationserfahrung zu finden wie für die ersten Kinder. Nur bei vier Kategorien scheint die Einschätzung der älteren für die Erfahrung der jüngeren Geschwister wirksam zu sein (drei [CO]-Terme und ein saturiertes Modell).

Tabelle 6: Log-lineare Modelle für clusterspezifische Kommunikation in Triaden mit dem ersten und dem zweiten Kind
Z = Zeit (Welle 2, 4, 6, 8); C = Eingeschätzte Beziehungsqualität (sicher, ambivalent, habituell); O = Ausprägung pro Kategorie; Modellfit p > .05

Kategorie	MVK1 Modell	p	MVK2 Modell	p
Formale Aspekte				
Nehmer der Karte	saturiert		[CO]	.46
Mittlere Sitzposition	saturiert		saturiert	
Globale Einschätzung				
Verbundenheit	[ZO], [CO]	.06	[CO]	.58
Offenheit	[ZO], [CO]	.28	[C], [ZO]	.47
Ergebnis der Diskussion	[ZO], [CO]	.58	[C], [ZO]	.75
Lebendigkeit	[ZO], [CO]	.73	[C], [ZO]	.85
Kind gegenüber Eltern				
Orientierung des Kindes	[ZO], [CO]	.52	[CO], [ZO]	.34
Diskussionsstil				
Bezug zum Alltag	[ZO], [CO]	.72	[C], [O]	.21
Sinnproduktion	[ZO], [CO]	.24	[C], [ZO]	.61
Gesprächsfluss	[ZO], [CO]	.22	[C], [O]	.41
Anzahl der [CO]-Terme oder saturierten Modelle	10		4	

Vergleich in dyadischen Konstellationen

Um mögliche Unterschiede im Kommunikationsverhalten zwischen erstem und zweitem Kind in den Familien nicht nur in triadischen, sondern auch in dyadischen Konstellationen zu prüfen, wurden detaillierte vergleichende Analysen für beide Kinder in den dyadischen Konstellationen vorgenommen. Bei diesem Vergleich ging es um die Frage, wieweit die zweiten Kinder bei den Diskussionen mit den Eltern ähnliche Veränderungen erleben wie die ersten Kinder. Für die Analysen wurde das Merkmal »Konstellation in der Dyade« mit den Ausprägungen »Kind 1« oder »Kind 2« als D bezeichnet.

In allen elf Kategorien bei den Mutter-Kind-Dyaden und in zehn Kategorien bei den Vater-Kind-Dyaden für die Beurteilung der Kommunikation in den Dyaden fanden sich [DO]-Terme oder saturierte Modelle. Dies bedeutet, dass mit einer einzigen Ausnahme bei den

Tabelle 7: Kommunikationsverhalten in Dyaden, Eltern mit erstem und zweitem Kind über die Zeit (Welle 1, 4, 6, 8)
Log-lineare Modelle für formales und verbales Kommunikationsverhalten in den verschiedenen Eltern-Kind-1- / Kind-2-Dyaden für Welle 1, 4, 6 und 8;
Z = Zeit (Welle 1, 4, 6, und 8); O = Ausprägung pro Kategorie; D = Konstellation in der Dyade (1. oder 2. Kind)

	Mutter–Kind 1/2		**Vater–Kind 1/2**	
	Modell	p	Modell	p
Kommunikationsaspekte				
Beziehungsqualität	saturiert		saturiert	
Kommunikationsstil Elternteil	saturiert		[DO], [ZO], [DZ]	.44
Kommunikationsstil Kind	saturiert		saturiert	
Interaktionsstil Elternteil	saturiert		[D], [ZO]	.36
Interaktionsstil Kind	saturiert		saturiert	
Einbringen Elternteil	saturiert		saturiert	
Einbringen Kind	saturiert		saturiert	
Nonverbale Aspekte				
Näheverhalten Elternteil	[Z], [DO]	.11	[DO], [ZO]	.11
Näheverhalten Kind	saturiert		[DO], [Z]	.14
Anspannung Elternteil	saturiert		saturiert	
Anspannung Kind	saturiert		[DO], [ZO], [DZ]	.09
Anzahl der [DO]-Terme oder saturierten Modelle	11		10	

dyadischen Diskussionen alle Kategorien Unterschiede zwischen erstem und zweitem Kind aufweisen. Jedoch, und dies ist besonders zu berücksichtigen, waren zehn der elf Modelle in den Mutter-Kind-Dyaden und acht der elf Modelle in den Vater-Kind-Dyaden saturierte Modelle. Diese zeigen an, dass es komplexe Zusammenhänge gibt zwischen den verschiedenen Ausprägungen pro Kategorie, dem Zeitpunkt, zu dem diskutiert wurde, und schließlich dem ersten und dem zweiten Kind.

Um einen genaueren Einblick in die kindspezifischen Kommunikationsformen innerhalb der Familie zu erhalten, wurden die Parameterschätzungen pro Ausprägung im Detail analysiert und signifikante Kontraste genauer untersucht.

Es wurden erstaunliche *zeitunabhängige* Unterschiede im Kommu-

Tabelle 8: Dyadische Kommunikation in der Familie mit erstem und zweitem Kind: Beispiele für unterschiedliche Kommunikationsformen (Modelle mit dem Term [DO]

Kontrast: Kind 2 – Kind 1; Ausgewählte signifikante z-Werte der Parameterschätzungen im Term [DO] oder in den saturierten Modellen für den Kontrast MK2 – MK1 und VK2 – VK1

Z = Zeit (Welle 1, 4, 6 und 8); O = Ausprägung pro Kategorie; D = Konstellation in der Dyade (1. oder 2. Kind)

		MK2 – MK1		**VK2 – VK1**	
Kategorie	**Ausprägung**	**Term**	**z-Wert**	**Term**	**z-Wert**
Näheverhalten Eltern	groß	[DO]	–2.17	[DO]	–3.49
Anspannung Eltern	groß	[DO]	2.13	[DOZ]	2–4: 4.29 6–4: 3.29 8–4: 3.37
Einbringen Eltern	groß	[DOZ]	2–4: –7.07 8–4: –4.01		
Diskussionsstil Eltern	Moralisieren	[DO]	–3.30		
Kommunikationsstil	Verhandeln	[DO]	–4.78	[DO]	–5.58
Eltern	Bekräftigen			[DO]	–3.87

nikationsverhalten bei den Dyaden von Müttern und Vätern mit ihren ersten und zweiten Kindern gefunden. Die Nähe war insgesamt geringer für die zweiten Kinder sowohl in der Mutter-Kind- (z_{K2-K1} = –2.17) als auch in der Vater-Kind-Dyade (z_{K2-K1} = –3.49). In der Mutter-Kind-Dyade war die Spannung mit dem zweiten Kind höher als mit dem ersten Kind (z_{K2-K1} = 2.13), beim Vater gab es zeitspezifische Unterschiede in derselben Richtung ($z_{K2-K1//t2-t4}$ = 4.29, $z_{K2-K1/t6-t4}$ = 3.39, $z_{K2-K1/t8-t4}$ = 3.37). Auch gaben die Mütter gegenüber ihren zweiten Kindern weniger von sich preis als gegenüber den ersten Kindern ($z_{K2-K1/t2-t4}$ = –7.07, $z_{K2-K1/t8-t4}$ = –4.01), mit denen sie auch mehr moralisierten und über Regeln verhandelten (z_{K2-K1} = –3.30). Schließlich diskutierten die Eltern auch weniger mit dem zweiten Kind in einer mehr erwachsenen Form des Verhandelns und des Bekräftigens des eigenen Standpunkts, als dies mit dem älteren Kind der Fall war (Verhandeln Mutter z_{K2-K1} = –4.78, Verhandeln Vater z_{K2-K1} = –5.58; Bekräftigen Vater z_{K2-K1} = –3.87).

Vergleich in triadischen Konstellationen

Ähnlich wie in den dyadischen Konstellationen findet sich auch in den triadischen Konstellationen, in denen beide Eltern entweder mit dem ersten oder dem zweiten Kind diskutieren, bei zehn der elf Modelle bei den log-linearen Analysen ein [DO]-Term oder es treten saturierte Modelle auf.

Tabelle 9: Log-lineare Modelle für die Kommunikation der Eltern mit dem ersten und dem zweiten Kind in Triaden über die Zeit
Z = Zeit (Welle 1, 4, 6 und 8); O = Ausprägung pro Kategorie; C = Eingeschätzte Beziehungsqualität (sicher, ambivalent, habituell); D = Konstellation in der Dyade (1. oder 2. Kind)

	Modell	**p**
Formale Aspekte		
Nehmer der Karte	[ZC], [ZO], [DO]	.20
Mittlere Sitzposition	[ZC], [ZO], [DO]	.07
Globale Einschätzung		
Verbundenheit	[ZC], [ZO]	.29
Offenheit	saturiert	
Ergebnis der Diskussion	[ZC], [ZO], [DO]	.22
Lebendigkeit	saturiert	
Kind gegenüber den Eltern		
Positionierung des Kindes	saturiert	
Orientierung des Kindes	[ZC], [ZO], [DO]	.05
Diskussionsstil		
Bezug zum Alltag	saturiert	
Sinnproduktion	saturiert	
Gesprächsfluss	[ZC], [ZO], [DO]	.17
Anzahl der [DO]-Terme oder saturierten Modelle	10	

Alle Modelle, die bei der Analyse der Kommunikationsformen gefunden wurden, wiesen neben dem Term [DO] für die zeitunabhängigen Unterschiede zwischen erstem und zweitem Kind auch einen Term [ZO] auf, der die Unterschiede über die Zeit anzeigt, unabhängig von einem Unterschied zwischen Kind 1 und Kind 2. Außerdem gab es saturierte Modelle, die durch den Term [DOZ] charakterisiert sind. Die einzelnen Parameterschätzungen lassen sich zum einen für die zeitre-

Tabelle 10: Kommunikation in der Triade: Beispiele für zeitspezifische Gemeinsamkeiten u. Unterschiede für das erste u. das zweite Kind
Z = Zeit (Welle 1, 4, 6 und 8); O = Ausprägung pro Kategorie; D = Konstellation in der Dyade (1. oder 2. Kind)
Kontrast: Kind 2 – Kind 1. Ausgewählte signifikante z-Werte der Paramenterschätzungen in den Termen [DO], [ZO], oder im saturierten Modell für den Kontrast K2 – K1 oder/und Zeitpunkt 8–4 und Zeitpunkt 6–4

Kategorie	**Term [DO]**	K2 – K1	**Term [ZO]**	z8/6–4	**Term [DOZ]**	K2 – K1 und z8/6–4
	Ausprägung	**z-Wert**	**Ausprägung**	**z-Wert**	**Ausprägung**	**z-Wert**
Formale Aspekte						
Nehmer der Karte	keiner	2.45	Kind	8–4: –3.09		
Mittlere Sitzposition	Mutter	–2.07	Kind	6–4: –3.52		
				8–4: –2.12		
Globale Einschätzung						
Verbundenheit			groß	6–4: –2.26		
				8–4: –4.07		
Offenheit	verschloss.	–2.16	verschloss.	8–4: 2.24	verschloss.	8–4: 2.24
Ergebnis	gemeinsam	2.17	gemeinsam.	8–4: –2.28		
Lebendigkeit	gehemmt	–3.49			gehemmt	8–4: 4.39
Kind gegenüber den Eltern						
Positionierung Kind	egalitär	–8.77				
Orientierung Kind	Mutter	2.45				
	Beide Elt.	4.28				
Diskussionsstil						
Bezug zum Alltag	konkret	–2.27	abstrakt	6–4: 3.83		
				8–4: 3.41		
Sinnproduktion	sinnhaft	–2.18	sinnhaft	6–4: –4.78		
				8–4: –3.22	destruktiv	8–4: 2.58
Gesprächsfluss	leicht	–4.68	leicht	6–4: –4.14		
				8–4: –3.48		

levanten [ZO]-Terme als *gemeinsame Trends* für beide Kinder interpretieren. Die Parameterschätzungen in den [DO]-Termen dagegen beschreiben signifikante *Unterschiede im triadischen Kommunikationsverhalten*, unabhängig von der Zeit. Die saturierten Modelle mit den [DOZ]-Termen schließlich weisen auf komplexe Zusammenhänge in Bezug auf zeitspezifische Unterschiede bei der Kommunikation in den Triaden mit beiden Kindern hin. Die Parameterschätzungen in den verschiedenen Termen zeigen demnach ganz unterschiedliche Trends an: Im [ZO]-Term manifestieren sich gleichzeitige Veränderungen für beide Kinder über die Zeit hinweg. Im [DO]-Term sind Ausprägungen mit deutlichen zeitunabhängigen Unterschieden beim Umgang mit beiden Kindern in den Triaden enthalten. Drittens zeigen sich in den saturierten Modellen bei einer Anzahl von Kategorien sehr zeitspezifische Trends nur für das zweite Kind. Konkret waren dies steile Anstiege der negativen Kommunikation gegen Ende des Beobachtungszeitraums, an dem diese Kinder das Alter von etwa 13 Jahren erreichten.

Im Folgenden werden die z-transformierten Parameterschätzungen in der Tabelle 10 für die verschiedenen Trends erläutert.

Unterschiedliche Trends für beide Kinder

Betrachtet man zunächst die signifikanten Parameter in den [DO]-Termen, so zeigen sich deutliche zeitunabhängige Unterschiede beim Diskussionsverhalten in der Familie. Bei nonverbalem Verhalten wie beim Aufnehmen der Karte zeigen sich in den Triaden Unterschiede, je nachdem, ob die Eltern mit dem ersten oder mit dem zweiten Kind diskutieren. Beim zweiten Kind wird die Karte weniger häufig aufgenommen und davon vorgelesen als beim ersten Kind. Dies bedeutet, dass die Strukturierung der Situation, die mit dem Aufnehmen und Vorlesen der Karte einhergeht, beim älteren Kind häufiger auftritt als beim jüngeren ($z_{K2-K1} = 2.45$). Andererseits gibt es aber auch Hinweise darauf, dass die Offenheit, Lebendigkeit und das Ergebnis der Diskussion in den Triaden mit dem zweiten Kind positiver war als in den Triaden mit dem ersten Kind. Die Diskussionen erschienen weniger verschlossen ($z_{K2-K1} = -2.16$) oder gehemmt ($z_{K2-K1} = -3.49$) als mit dem ersten Kind. Es wurde öfter eine gemeinsame Lösung gefunden ($z_{K2-K1} = 2.17$). Andererseits zeigen die Analysen aber auch, dass die zweiten Kinder weniger in eine egalitäre Position mit den Eltern gesetzt wurden ($z_{K2-K1} = -8.77$) und die zweiten Kinder sich auch öfter an der Mutter ($z_{K2-K1} = 2.45$) oder an beiden Eltern ($z_{K2-K1} = 4.28$) bei der Diskussion orientierten, als dies bei den Diskussionen mit den älteren Kindern der Fall war.

Wenn man die Qualität der verbalen Kommunikation in den Triaden betrachtet, so ergeben sich klare, zeitunabhängige Unterschiede für die Kommunikationen der Eltern mit dem ersten oder mit dem zweiten Kind. So war der Inhalt in den Diskussionen mit dem zweiten Kind weniger alltäglich und konkret ($z_{K2-K1} = -2.27$) als mit dem ersten Kind, es gab weniger Austausch über sinnhafte Inhalte ($z_{K2-K1} = -2.18$) und insgesamt floss die Diskussion mit dem zweiten Kind weniger mühelos als mit dem ersten Kind ($z_{K2-K1} = -4.68$).

Gemeinsame Trends für beide Kinder

Es zeigen sich auch einige allgemeine Trends der Kommunikation über die Zeit, unabhängig davon, ob erste oder zweite Kinder an der Diskussion in den Triaden beteiligt waren. Dies sind die signifikanten Unterschiede, die sich im [ZO]-Term zeigen. Erstaunlich gleichartige Trends der kontinuierlichen Abnahme über die Zeit hinweg ergaben sich für beide Kinder beim Aufnehmen der Karten ($z_{t8-t4} = -3.09$), bei der mittleren Sitzposition ($z_{t6-t4} = -3.52$; $z_{t8-t4} = -2.12$) und bei der Verbundenheit während der Diskussion ($z_{t6-t4} = -2.26$; $z_{t8-t4} = -4.07$). Auch nahm in der Kategorie der Offenheit die Ausprägung »verschlossen« über die Zeit zu ($z_{t8-t4} = 2.24$), die Ausprägung gemeinsame Lösungen in der Diskussion nach der vierten Erhebungswelle aber für beide Kinder ab ($z_{t8-t4} = -2.82$). Nach der vierten Welle nahmen auch für beide Kinder die mehr abstrakten Formate der Kommunikation zu ($z_{t6-t4} = 3.83$; $z_{t8-t4} = 3.41$), entsprechend wurde die Qualität der Sinnproduktion und des Austausches bei beiden Kindern geringer ($z_{t6-t4} = -4.78$; $z_{t8-t4} = -3.22$), und das Gespräch floss über die Zeit hinweg weniger leicht ($z_{t6-t4} = -4.14$; $z_{t8-t4} = -3.48$).

Zeitspezifische Trends nur beim zweiten Kind

Es gibt schließlich einen dritten zeitspezifischen Trend, der sich im [DOT]-Term der saturierten Modelle findet und Kommunikationsveränderungen nur für das zweite Kind anzeigt. Vor allem in der letzten

Erhebungswelle, wenn das zweite Kind im Durchschnitt 13 Jahre alt wurde, fanden sich für einige negative Kommunikationsmerkmale markante Abweichungen vom bisherigen Verlauf. Es gab einen markanten Anstieg der negativen Kommunikationsformen und eine Abnahme der positiven Komponenten. Die deutliche Reduktion der Offenheit in der letzten Welle gerade im Vergleich mit der Kommunikation, die zu diesem Zeitpunkt das erste Kind mit den Eltern erlebt (zK2 – K1/t8 – t4 = 2.24) – ebenso wie die gehemmte Lebendigkeit (zK2 – K1/t8 – t4 = 4.39) und die Zunahme der destruktiven Sinnproduktion (zK2 – K1/t8 – t4 = 2.58) – zeigen an, dass sich nur für das zweite Kind die Kommunikationsform in der Triade in einer Weise verändert, wie dies im vergleichbaren Alter für das erste Kind nicht der Fall gewesen war.

Auf den ersten Blick erscheinen manche der hier gefundenen Ergebnisse kontraintuitiv, wenn man sich vor Augen hält, dass ja die jüngeren Kinder von den Eltern vermutlich noch eher als »Kinder« angesehen werden dürften als die älteren, die ihren Weg durch die Pubertät

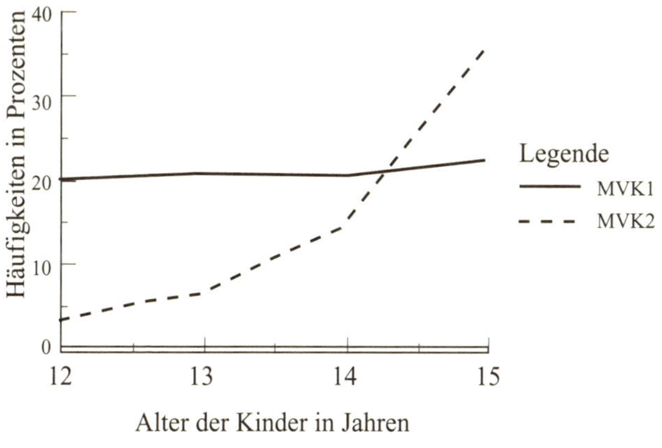

Abbildung 5: Veränderungen der triadischen Kommunikation: Erstes und zweites Kind: Verschlossen (Offenheit)

Alter	12	13	14	15
MVK1	20	20,8	20,6	22,1
MVK2	3,3	6,6	14,5	35,9

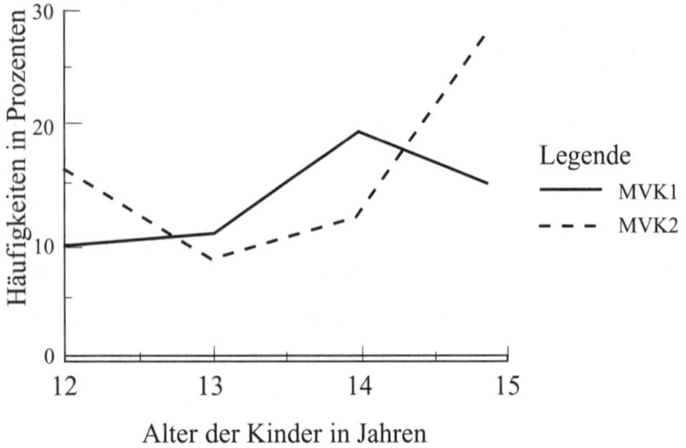

Abbildung 6: Veränderungen der triadischen Kommunikation: Erstes und zweites Kind: Gehemmte Lebendigkeit

Alter	12	13	14	15
MVK1	9,6	10,7	19,4	14,9
MVK2	16,3	8,6	12,2	28,2

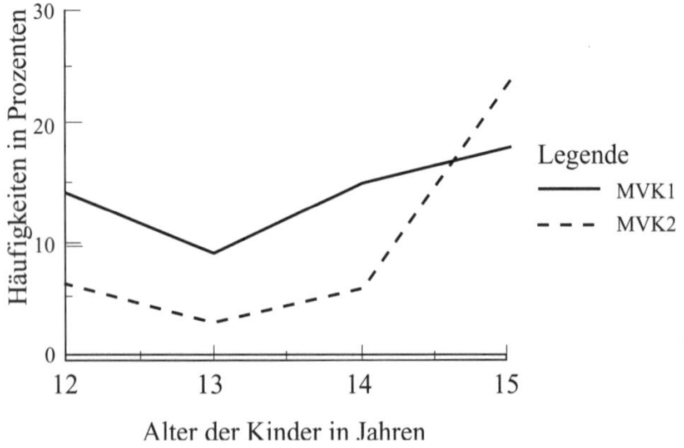

Abbildung 7: Veränderungen der triadischen Kommunikation: Erstes und zweites Kind: Destruktive Sinnproduktion

Alter	12	13	14	15
MVK1	14,4	9	15	18,2
MVK2	6,5	3,2	6,1	23,9

gehen. Es tritt in unseren Ergebnissen ein Paradox auf: Auf der einen Seite gehen die Eltern in ihren Diskussionen wohl mehr »kindhaft« mit dem zweiten Kind um als mit dem ersten, aber sie zeigen offensichtlich auch mehr Distanz zu diesem. Denn die Kommunikation zwischen Eltern und erstem Kind erscheint insgesamt intensiver, ernsthafter und dichter, auch emotional positiver zu sein als mit dem zweiten Kind.

Diskussion

Die Ergebnisse unserer Studie zeigen, dass es deutliche allgemeine Veränderungen in den Kommunikationsformen zwischen Eltern und einem pubertierenden Kind gibt. Nähe, problemloses Miteinander und die Diskussion mit ganz konkreten Bezügen nehmen mit der Zeit ab, stattdessen steigen Merkmale der Diskussion an, wie Schwierigkeiten beim Finden einer gemeinsamen Lösung, Distanz und Austausch von eher abstrakten Inhalten. Daneben unterscheiden sich Familien aber auch darin, wie sie Übergänge meistern und in welchem Ausmaß sie es schaffen, ihre innerfamiliale Kommunikation den veränderten Bedingungen anzupassen.

Die Analyse der detaillierten Austauschprozesse innerhalb der Familie erscheint also aufschlussreich, sowohl in der Perspektive von allgemeinen Trends in der Familienentwicklung als in der Perspektive der differenziellen Fähigkeiten von Familien, einen neuen »Erwachsenen« zu akzeptieren und das gemeinsame Leben entsprechend anzupassen. Es gibt klare Differenzen, wie Familien mit dem Übergang von der Kindheit zur Jugend umgehen, und es gibt ebenso deutliche Hinweise darauf, dass dieser Übergang nicht individuell für jedes Kind getrennt, sondern in der Familie als ein genereller Entwicklungsschritt zu verstehen ist, der in zahlreichen Kommunikationsaspekten auch die nachfolgenden Kinder betrifft.

Die allgemeinen Trends der Kommunikationsgestaltung mit dem ersten Kind beim Durchlaufen dessen Pubertät haben ein Ergebnis erbracht, das auf ein Aufeinander-Zugehen von Eltern und Kind in einer kritischen Phase der Entwicklung hinweist, wenn das Kind 13 Jahre alt ist. Es scheint, dass die Eltern zunächst die neue Entwicklung ihres Kindes nicht auch als Bedingung notwendiger Veränderungen im Umgang mit ihm erkennen. Hieraus resultieren Missverständnisse. Gerade im Vergleich zum zweiten Kind zeigt sich, dass die Kommunikation der Eltern mit diesem ersten Kind von besonderer Intensität und großer Nähe geprägt zu sein scheint. Es gibt in dieser Entwicklungsperiode zunächst ein Aufeinander-Zugehen, das sich aber auf beiden Seiten, bei den Eltern und ebenso beim Kind, als nicht lohnend herauszustellen scheint. Jeder geht mit Annahmen in diese Begegnung, die sich nicht als richtig erweisen. Die Eltern erfreuen sich zunächst an einem »Kind«, das sich auf einmal mit höherer kognitiver Kompetenz interessiert an Diskussionen beteiligt. Das Kind erwartet nun von den Eltern eine vergrößerte Autonomie und Akzeptanz eigener Meinungen, eine Bewegung hin zum Erwachsenenstatus. Mit der Zeit scheint sich dann in den weiteren Diskussionen herauszustellen, dass die Eltern eine Gleichstellung nicht akzeptieren und das Kind seine bisherige Position als Kind nicht mehr akzeptiert. Die Folge dieses gegenseitigen Missverständnisses äußert sich in der gefundenen kontinuierlichen Distanzierung und Reduktion der Gegenseitigkeit in den Jahren nach dem Alter von 13 Jahren.

Für die Eltern gibt es aber auch mit dem zweiten Kind noch einmal andere Erfahrungen als mit dem ersten Kind. Das zweite Kind macht in seiner Entwicklung seinerseits andere Erfahrungen als das erste, es wird zum Teil von den Eltern schon früher distanzierter behandelt als das erste, zum Teil kommt es aber auch unter den Einfluss der Kommunikationsveränderungen, die zwischen Eltern und erstem Kind stattfinden. Das zweite Kind erlebt, wenn es selbst 13 Jahre alt ist, in einem Ausmaß einen Zuwachs an negativer Kommunikation im Zusammensein mit beiden Eltern, wie dies das erste Kind wohl nie erlebt hat. Wenn man sich insgesamt die Veränderungen der Kommunikationsformen zwischen Eltern und sowohl erstem als auch zweitem Kind ansieht, so wird der Eindruck vermittelt, dass die Eltern nicht nur das erste Kind an dessen kritischen Entwicklungszeitpunkt nicht erreichen, sondern dass sie auch später Schwierigkeiten haben, beim zweiten Kind an dessen Höhepunkt der pubertären Entwicklung adäquat zu reagieren.

Deuten die hier gefundenen Ergebnisse darauf hin, dass Eltern bei ihren Reaktionen auf die Veränderungen ihrer Kinder in dieser Übergangszeit »zu spät« kommen, das heißt, erst verspätet auf Forderungen eingehen und ihr Kind nicht am richtigen Zeitpunkt »abholen« können?

Vielleicht kann man diese vergebliche Aufholjagd zwischen Eltern und pubertierenden Kindern mit einem Dilemma vergleichen, das schon vor 2500 Jahren – in ein eindrucksvolles Bild gekleidet – intensiv diskutiert wurde.

Das Dilemma entstand durch die Unmöglichkeit, Bewegung und damit Veränderungen in immer kleinere Schritte zu zerlegen. So kommt es nach Zenon aus Eleia nach diesem Versuch, Bewegung immer weiter in kleinere Einheiten zu zerteilen, bei der Analyse eines möglichen Wettkampfs zwischen Achilles (dem schnellsten Wesen) und der Schildkröte (dem langsamsten Wesen) zu einem paradoxen Ergebnis: Der viel schnellere Achill kann die langsame Schildkröte nie einholen, »denn notwendig muß das verfolgende Wesen immer, bevor es einholt, zu dem Punkt kommen, von dem das verfolgte schon aufgebrochen ist, so daß das langsamere Wesen immer einen Vorsprung behalten muß« (Diels 1957, S. 50).

Vielleicht kann dieses Paradoxon uns ein wenig helfen, die oft widersprüchlichen Verhaltensweisen zu verstehen, mit der Eltern ihren Kindern in einer Zeit begegnen, in der sie langfristig den Übergang ihres Kindes ins Erwachsenenalter zu bewältigen haben. Sie haben Vorstellungen von ihrem Kind, wie es langsam erwachsen wird, aber wenn sie dort ankommen, ist oft das Kind schon wieder einen Entwicklungsschritt weiter. Gerade bei der Vermehrung und gleichzeitigen Verwischung von einzelnen Entwicklungsstadien wird es schwer, in diesem unendlichen Rennen das Kind wirklich am richtigen Entwicklungspunkt »abholen« zu können. Und dann, wenn Erfahrungen mit dem ersten Kind gesammelt wurden, wird es beim zweiten Kind doch wieder anders.

Bei der dramatischen Vervielfältigung von Entwicklungsphasen herrschen vielleicht in den Köpfen der Eltern Vorstellungen von Entwicklungszeiten vor, bei denen eine deutliche Unterscheidung zwischen Kind, Frühadoleszentem, Adoleszentem und schließlich Spätadoleszentem immer unklarer wird.

Allgemein wird das Jugendalter als diejenige Zeit angesehen, in der nach den verschiedenen partiellen Identifizierungen mit Eltern,

Freunden oder Idolen die Erarbeitung einer Identität, das heißt einer eigenständigen Vorstellung der eigenen Person erfolgt. Die Zeit der Erkundung der Fähigkeiten und ebenso der mit diesem Erkundungsprozess verbundenen Risiken wird in der westlichen Welt als spezifische Entwicklungszeit von der die Familie umgebenden Gesellschaft zwar zugebilligt, klare Vorgaben, wie lange diese Entwicklungszeit sein soll, gibt es aber nicht. Nach dieser Zeit des Ausprobierens erwartet die Gemeinschaft dann in der Regel einen »reifen«, die bestehenden Normen akzeptierenden Erwachsenen.

Die Eltern erleben diesen oft lang dauernden Übergangsprozess als stressbeladen und leiden an ihm (Steinberg 2001). Wie unsere Studie gezeigt hat, gehen tatsächlich auch die Anteile positiver Kommunikationsmerkmale in den gemeinsamen triadischen Diskussionen der Eltern mit dem Kind zurück. Das Meistern dieses Übergangs in der Familie wird sicherlich noch dadurch erschwert, dass ein klarer Zeitpunkt, an dem diese Durchgangsphase der Entwicklung endlich durchlaufen sein sollte, von der Gemeinschaft nicht mehr vorgegeben wird. Wenn es keine eindeutigen, auch gesellschaftlich breit getragenen Vorstellungen über die Zeit des so genannten Moratoriums in der Jugend gibt, wenn der Zeitraum für den Übergang zum Erwachsenwerden als »Extrazeit« keinen allgemein gültigen Anfang und auch kein Ende besitzt, wird es ohne traditionell abgesicherte Vorgaben für beide Generationen in der Familie tatsächlich schwierig, individuell immer wieder neue Regeln für ein erträgliches Zusammenleben in diesem unbestimmten Lebensabschnitt zu erfinden.

Literatur

Aldous, J. (1978): Family Careers. New York.

Belsky, J. (2001): Developmental risks (still) associated with early child care. Journal of Child Psychology and Psychiatry 42: 845–860.

Belsky, J. (2002): Early childcare experience and early child development. Paper presented at the Inaugural Meeting of the European Society on Family Relations, Nijmegen, The Netherlands, October 30–November 2, 2002.

Brody, G. H.; Stoneman, Z.; McCoy, J. K.; Forehand, R. (1992): Contemporaneous and longitudinal associations of sibling conflict with family relationship assessments and family discussions about sibling problems. Child Development 63: 391–400.

Carter, B.; McGoldrick, M. S. W. (1989): Overview: The changing family cycle – A framework for family therapy. In: Carter, B.; McGoldrick, M. S. W. (Hg.), The Changing Family Cycle. A Framework for Family Therapy. 2. Aufl. Boston, S. 3–28.

Carter, E. A.; McGoldrick, M. (Hg.) (1980): The Family Life Cycle: A Framework for Family Therapy. New York.

Diels, H. (1957): Die Fragmente der Vorsokratiker. Hamburg.

Dunn, J.; Kendrick, C. (1980): The arrival of a sibling. Changes in patterns of interaction between mother and firstborn child. Journal of Child Psychology and Psychiatry 21: 119132.

Dunn, J.; Kendrick, C. (1982): Temperamental differences, family relationships, and young children's response to change within the family. In: CIBA foundation symposium 89, Temperamental differences in infants and young children. London, S. 87–103.

Duvall, E. (1977): Marriage and Family Development. New York.

Erikson, E. H. (1966): Identität und Lebenszyklus. Frankfurt.

Feldman, H. (1971): The effect of children on the family. In: Michel, A. (Hg.), Family Issues of Employed Women in Europe and America. Leiden.

Fienberg, S. E. (1980): The Analysis of Cross Classified Categorical Data. Cambridge, MA.

Hauser, S. T.; Powers, S. I.; Noam, G. G. (1991): Adolescents and their Families. New York.

Havighurst, R. J. (1948): Developmental Tasks and Education. New York.

Hill, J. P. (1982): Guest Editorial (Special issue on early adolescence). Child Development 53: 1409–1412.

Hill, J. P. (1983): Early adolescence: A research agenda. Journal of Early Adolescence 3: 1–21.

Hill, J. P.; Holmbeck, G. N. (1986): Attachment and autonomy during adolescence. In: Winterhurst, G. W. (Hg.), Annals of Child Development. Bd. 3. Greenwich, CT, S. 145–189.

Kidwell, J.; Fischer, J. L.; Dunham, R. M.; Baranowski, M. (1983): Parents and adolescents: Push and pull of change. In: McCubbin, H. I.; Figley, C. R. (Hg.), Stress in the Family: Coping with Normative Transitions. New York, S. 74–89.

Kowal, A.; Kramer, A. (1997): Children's understanding of differential parental treatment. Child Development 68: 113–126.

Kreppner, K. (1988): Changes in parentchild relationships with the birth of the second child. Marriage and Family Review 12: 157–181.

Kreppner, K. (1995): Differential experiences within the family during adolescence: Consistencies of relationship assessments and concrete communication behaviors over time. In: Hox, J. J.; van der Meulen, B. F.; Janssens, J. M. A. M.; ter Laak. J. J. F.; Tavecchio, L. W. C. (Hg.), Advances in Family Research. Amsterdam, S. 103–122.

Kreppner, K. (1996): Kommunikationsverhalten zwischen Eltern und ihren jugendlichen Kindern und der Zusammenhang mit Indikatoren des Selbstwertgefühls. Prax. Kinderpsychol. Kinderpsychiat. 45: 130–147.

Kreppner, K.; Ullrich, M. (1996): Familien-Codier-System. Beschreibung eines Codiersystems zur Beurteilung von Kommunikationsverhalten in

Familiendyaden. Materialien aus der Bildungsforschung 57. Berlin: Max-Planck-Institut für Bildungsforschung.

Kreppner, K.; Ullrich, M. (1998): Talk to mom and dad, and listen to what is in between. In: Hofer, M.; Noack, P.; Youniss, J. (Hg.), Verbal Interaction and Development in Families with Adolescents. Greenwich, CT, S. 83–108.

Kreppner, K.; Ullrich, M. (2003): Untersuchung zur Qualität der Beziehungen und Kommunikationsformen in der Familie beim Übergang von der Kindheit zur Jugend. Zeitschrift für Familienforschung 15, Sonderheft 3: 35–55.

McHale, S. M.; Crouter, A. C.; McGuire, S. A.; Updegraff, K. A. (1995): Congruence between mothers‘ and fathers‘ differential treatment of siblings: Links with family relations and children‘s well-being. Child Development 66: 116–128.

Reiss, D. (1981): The Family's Construction of Reality. Cambridge, MA.

Reiss, D.; Klein, D. (1987): Paradigm and pathogenesis. A family-centered approach to problems of etiology and treatment of psychiatric disorders. In: Jacob, T. (Hg.), Family Interaction and Psychopathology. New York, S. 203–255.

Robin, A.; Weiss, J. (1980): Criterion related validity of behavioral and self-report measures of problem-solving communication skills in distressed and non-distressed parent-adolescent dyads. Behavioral Assessment 2: 339–352.

Skinner, H. A.; Steinhauer, P. D.; Santa Barbara, J. (1983): The family assessment measure. Canadian Journal of Community Mental Health 2: 91–105.

Smetana, J. G.; Asquith, P. (1994): Adolescents' and parents' conceptions of parental authority and personal autonomy. Child Development 65: 1147–1162.

Spiel, C.; Kreppner, K. (1991): Consistency versus inconsistency in adolescents' and parents' self-perception across different domains. Paper presented at the Biennial Meeting of the Society for Research in Child Development, Seattle, WA.

Spiel, C.; Kreppner, K.; Von Eye, A. (1995): Die Familien-Beziehungs-Skalen, FBS: Bericht über die Entwicklung eines Screening Instruments zur Erfassung von Beziehung Jugendlicher zu ihren Eltern. Diagnostica 41: 322–333.

Steinberg, L. D. (1980): Understanding families with young adolescents. Carrboro, NC: Center for Early Adolescence, University of North Carolina at Chapel Hill.

Steinberg, L. D. (1981): Transformations in family relations at puberty. Developmental Psychology 17: 833–840.

Steinberg, L. D. (2001): We know some things: Parent-adolescent relationships in retrospect and prospect. Journal of Research on Adolescence 11: 1–19.

Steinglass, P. (1987): A systems view of family interaction and psychopathology. In: Jacob, T. (Hg.), Family Interaction and Psychopathology. New York, S. 25–65.

Ullrich, M.; Kreppner, K. (1999): Kommunikation in Eltern-Kind Triaden mit Jugendlichen: Entwicklung eines Kategoriensystems. Beitrag für die 14. Tagung Entwicklungspsychologie, Fribourg, Schweiz.

Von Eye, A.; Kreppner, K.; Weßels, H. (1994): Log-linear modeling of categorical data in developmental research. In: Featherman, D. L.; Lerner, R. M.; Perlmutter, M. (Hg.), Life-Span Development and Behavior. Bd. 12. Hillsdale, NJ, S. 225–248.

Ward, J. H. (1963): Hierarchical grouping to optimize an objective function. Journal of the American Statistical Association 58: 236–244.

Das hat nichts mit dem Thema Zeit zu tun – außer Pubertät

Jürgen Rauber

Sein und keine Zeit

Being and lack of time

Considering clinical examples from psychoanalytical practice, the consequences of lack of time on personality development and personality structure are presented. From a theoretical point of view the article discusses the relationship between Adler's approach »unity of personality as unity of time« and the corresponding modern neuropsychological research. The contrasts of subjective and objective time as well as schizophrenic and neurotic experience of time are pointed out. To conclude, the interactional therapeutic act is emphasised regarding phenomena of boredom and self-subjective sensations.

Zusammenfassung

Anhand von klinischen Beispielen aus der psychoanalytischen Praxis werden die Auswirkungen des Zeitmangels auf die Persönlichkeitsentwicklung und Persönlichkeitsstruktur aufgezeigt. Aus theoretischer Sicht erörtert der Beitrag zudem Zusammenhänge zwischen dem Adler'schen Ansatz der »Einheit der Persönlichkeit als Einheit der Zeit« und entsprechenden modernen neuropsychologischen Untersuchungen. Die Gegensätze von subjektiver und objektiver Zeit sowie der Unterschied zwischen schizophrener und neurotischer Zeiterfahrung werden verdeutlicht. Abschließend wird das interaktionale Therapiegeschehen unter Berücksichtigung der Phänomene der Langweile und des selbstsubjektiven Empfindens hervorgehoben.

Die subjektive Zeit

Der Literatur-Nobelpreisträger J. M. Coetzee beschreibt in seinem dritten Werk – »Leben und Zeit des Michael K.« (1983) – einen unmöglichen Sonderling, der mit einer Hasenscharte geboren wurde, was seine Mutter sehr beschämte. Was Wunder, dass Michael K. seine Zeit nicht versteht und nichts mit ihr zu tun haben will, sich davonmacht und von der Stadt aufs Land flieht. Dort lebt er von Tieren, die er mit der Hand fangen kann, von Pflanzen, die er unter großen Mühen ziehen kann. Dieser Robinson am Rande der modernen Welt lebt mit der Behauptung einer eigenen Zeit und fordert somit die Zeit heraus.

Für meinen Beitrag fiel mir zuerst der Titel »Sein und keine Zeit« ein, das ging ziemlich schnell. Dann aber kam ich so langsam ins Schwitzen und unter Zeitdruck, denn ich liege manchmal auch mit einem solch selbst gewählten Thema im Clinch, ringe mit dem Text wie etwa Jakob mit dem Engel. Jakob rief im gemeinsamen Ringen den viel zitierten Ausspruch: »Ich lasse dich nicht, du segnest mich denn.« Der Ringkampf der beiden brauchte übrigens seine Zeit und dauerte bis zur Morgenröte, er endete hernach unentschieden.

Das Thema Sein und keine Zeit mag an Heideggers bekannte Schrift: »Sein und Zeit« (1927) erinnern. Ich wollte zur Einleitung treffliche Stellen daraus zitieren, aber irgendwann habe ich das Werk wieder aus der Hand gelegt, auch, weil die Gedankenwelt Heideggers mir wiederholt zu schwierig erschien.

So fand ich in »Gedichten der Kindheit aus acht Jahrhunderten« das folgende Kindergedicht von Wilhelm Hey von 1833:

Knabe und Eichhorn

Knabe: »Eichhörnchen auf dem Baum!
Bist so hoch, seh' dich kaum,
Komm' doch und spiel mit mir!«

Eichhorn: »Gar zu schön ist es hier;
Will doch lieber noch steigen
Auf und ab in den Zweigen.«

Knabe der lief wohl fort,
Eichhörnchen hüpfte dort;

Knabe der kam wieder:
»Höre, nun steig' hernieder!«

Eichhörnchen sprach: »Es tut mir leid,
Habe noch immer keine Zeit.«

Ein 37-jähriger Patient erinnerte sich an einen ähnlichen Satz seiner Mutter. Er, ein Musiker und Komponist, trug im Leben und in der Therapie sein Größenselbst wie in einer Glaskugel mit sich. In der 122. Stunde brach diese Glaskugel auf und er konnte den abgewehrten, minderwertigen Selbstanteil, diesen kleinen Jungen in sich, emotional zulassen. Er weinte die ganze Stunde und erlebte wieder die Einsamkeit und Verzweiflung seiner frühen Kindheit:

»In mir hat sich wie eine Stimme gemeldet, der kleine Junge in mir. Der hat noch nie gesprochen, ich verdränge ihn seit Jahren. Was der mir sagen will, kann ich nicht aussprechen. Er hat für die Mutter alles getan, aber sie hat ihn nicht in den Arm genommen, war nicht für ihn da. Er konnte sie nicht schuldig sprechen, weil sie es als kleines Mädchen selbst nicht erfahren hat, die Zärtlichkeit. Der Versuch, ihr nahe zu kommen, wurde bestraft: ›Geh weg, ich habe jetzt keine Zeit.‹«

Viele von uns verhalten sich wie diese Mutter oder das hüpfende Eichhörnchen in dem Kindergedicht. Der wohl häufigste Satz in unseren Tagen ist: »Ich habe keine Zeit!« Aber wir haben nicht keine Zeit, sondern wir machen, dass wir keine Zeit haben; und das ist ein Unterschied.

Unser Leben steht so unter der Frage: »Gehst du zu Menschen?« – oder für Analytiker: »Therapierst du Menschen? Vergiss die Zeitpeitsche nicht!« Die Zeitpeitsche setzt unter Druck und treibt uns an.

So steigt nicht nur das Eichhörnchen in dem Gedicht immer höher, auch der Mensch entwickelt eine solche philobatische Tendenz, wie sie in einem Dialog in Nietzsches Zarathustra (1892) beschrieben steht. Hier spricht der Jüngling zu Zarathustra:

»Ich traue mir selbst nicht mehr, seitdem ich in die Höhe will, und niemand traut mir mehr, – wie geschieht dies doch?

Ich verwandele mich zu schnell: mein Heute widerlegt mein Gestern. Ich überspringe oft die Stufen, wenn ich steige, – das verzeiht mir keine Stufe.«

In dieser Begegnung wird nicht nur der Zeitmangel beklagt, sondern der Jüngling erkennt die Folgen aus seinem Tun. Zeitmangel zieht Mangel am Selbst nach sich, Mangel an Vertrauen zum eigenen Selbst.

Diese entwicklungspsychologische Sichtweise Nietzsches gibt der Fantasie Raum, wie der Mensch auf dem Seil seiner Zeit balanciert.

Die Entwicklungsstufen sind Knotenpunkte, die den Seilgänger Mensch zum Innehalten bringen, weil hier Reifezeit benötigt wird. Mangel an Reifezeit hat Stillstand oder Frühreife oder Regression zur Folge bis hin zum existenziellen Fall. Einige können sich im Fall mit den Händen am Seil noch abfangen und hangeln sich weiter, andere werden in einem sozialen Sicherungsnetz aufgefangen, wieder andere stürzen zu tief.

»Wo das soziale Netz emotional nicht ausreicht, um die Last mit dem Ich zu tragen, da erst wird dann der Gedanke einer lebensjenseitigen Wiederkehr neuen Anfangs zur tragenden Hoffnung« (Wiegand 1995).

Aus unseren Therapien kennen wir solche Menschen, die ohne Hoffnung sind, zu wenig Zeit für ihre persönliche Entwicklung hatten und an Minderwertigkeitsgefühlen, Verlust an Selbstvertrauen und infolgedessen auch an Neid leiden.

So ruft der Jüngling: »Der Neid auf dich ist's, der mich zerstört hat!« Er sprach und weinte bitterlich. Zarathustra aber legte seinen Arm um ihn und führte ihn mit sich fort.

Im übertragenen Sinne legen wir den Arm um unsere Patienten und begleiten sie auf eine schwierige Zeitreise, den therapeutischen Prozess. In diesem Prozess der Neurose gibt es keine Vergangenheit. In der Neurose *fallen Vergangenheit und Gegenwart und Zukunft zusammen* und verdichten sich in das Moment, welches wir Übertragung nennen.

Witte (1985) zitiert Alfred Adler; Adler, der in jedem psychischen Phänomen einen Kristallisationspunkt sieht von Vergangenheit, Gegenwart, Zukunft, Endziel des Einzelnen und die belastende Situation der Kindheit, das heißt »die Einheit der Zeit stiftet die Einheit der Persönlichkeit. Man könnte auch sagen, die Zeit zeigt sich im Werden der Persönlichkeit.«

Adler (1912, S. 226) meint: »Und so darf jedes psychische Phänomen, auch jeder Charakterzug gleich dem minderwertigen körperlichen Organ als Symbol des individuellen Lebens aufgefaßt werden, als individueller Versuch des Aufstiegs.« In »Die Technik der Individualpsychologie« sagt Adler (1930): »Ich möchte hervorheben, daß das menschliche Seelenleben kein Sein ist, sondern ein Werden.«

Ist also, so frage ich mich, seelisches Leiden ein Leiden am Sein oder ein Leiden am Werden? Haben wir Menschen etwa keine Zeit, weil wir nicht sein können?

Das ausgebildete Ich (oder die Persönlichkeit oder der Charakter) ist laut Witte (1985) für Adler eine Fiktion, »ein sich ständig erneuernder Akt, eine labile, auf eine Fiktion gerichtete Konstante«.

Damasio (2000a, b) geht nicht vom Ich, sondern vom Selbst aus. Er will das Selbst organisch als neuronales Selbst vorzufinden wissen und beschreibt die Dynamik des Selbst als eine ständige Reaktivierung von mindestens zwei Kategorien von Repräsentanzen. Die erste bilden die Repräsentanzen von Schlüsselereignissen in der Autobiografie des Individuums. Die zweite Kategorie besteht in der Urrepräsentation des Körpers.

Nick Cave (2001), ein Rockmusiker, lässt in seinem Roman die Hauptfigur Echrid Eucrow, einen Mörder und Selbstmörder, solche Schlüsselereignisse beschreiben:

»Auch war ich das einsamste Kind in der Geschichte der ganzen Welt. Als Baby habe ich nie geschrien. Soll heißen, in meiner ganzen Zeit als Baby habe ich nicht einen einzigen Schrei ausgestoßen – keinen einzigen Piepser. Auch als Kind habe ich nicht rumgebrüllt, und als Jugendlicher behielt ich alle meine Gefühle für mich und ließ kein einziges Schluchzen laut werden – denn alles andere hätte einen doch bloß allen möglichen Beschimpfungen ausgesetzt. Und jetzt, da ich die letzten Sekunden meines Erwachsenseins herunterzähle – da ich zum Toten werde – will ich nicht damit anfangen. Nein. In meinem ganzen Leben habe ich nicht geschrien. Kein Ton. Nein, keinen Ton.«

Damasio (2000a, b) meint, dass der erhebliche Teil unseres Selbstzustands durch die endlose Reaktivierung der aktualisierten Vorstellung über unsere Identität entsteht. Diese Identität ist eine Kombination aus Erinnerung an die Vergangenheit und die geplante Zukunft. Was uns aktuell zustößt, trifft auf ein Selbst der augenblicklichen Vergangenheit. Dieser Selbstzustand wird im Hier und Jetzt von Grund auf neu konstruiert. Der Selbstzustand »ist ein infinitesimaler Bezugspunkt, der so kontinuierlich und gleichbleibend rekonstruiert wird, dass sein Besitzer von diesem Wiederherstellungsprozess nie etwas erfährt, es sei denn, die Erneuerung klappt irgendwann nicht mehr.«

Dies geschieht laut Damasio bei organischen Traumata und meines Erachtens auch bei psychischen Traumata. So könnte man sagen, dass psychische Traumata zu einer Unterbrechung in diesem Wiederherstellungsprozess führen und das Selbst im Zustand des Traumas nicht wiederhergestellt werden kann. Ständig wird Gegenwart zur Vergangenheit, getreu dem Heraklit zugeordneten Satz: panta rhei, alles fließt.

»Die Gegenwart ist demzufolge niemals anwesend«, meint Damasio (2000a). »Unser Bewußtsein ist hoffnungslos verspätet.«

So versteht Damasio unter Subjektivität eine hintergründige Wahrnehmung der Gefühle und der Tiefensensibilität des Körpers bei im Vordergrund verlaufender Objektverarbeitung.

Mit dieser Subjektivität, einer Subjektivität der Zeit, befasst sich Theunissen (2001) in »Negative Theologie der Zeit«. Unter anderem stellt er die Frage, ob das Gelingen und Misslingen menschlichen Lebens von unserem Umgang mit der Zeit abhängt. Um diese Frage zu beantworten, sei es zuerst notwendig zu wissen, »was die Zeit ist«. Diese Frage lasse sich aber nicht direkt beantworten, »denn die Zeit ist undefinierbar«.

Die Zeit ist aber etwas Reales, und als solches ist die Realität der Zeit zwiespältig. Einmal sind die Dinge, weil sie in der Zeit sind, nichtig; denn Dinge in der Zeit entstehen und vergehen. Andererseits ist Zeit aber selbst das bleibende Gesetz von Entstehen und Vergehen und so ein Bild von der Ewigkeit. Gegen die Zeitauffassung des Metaphysischen Denkens entwickelte sich im 20. Jahrhundert die Phänomenologie. Schopenhauer (2001) sagt dazu: »Vor Kant waren wir in der Zeit, seit Kant ist die Zeit in uns.«
Die Phänomenologie zeichnet sich durch vier Tendenzen aus:

- Die Subjektivierung der Zeit.
- Die Pluralisierung der Zeit.
- Die Universalisierung der Zeit.
- Die Affirmierung der Zeit.

Theunissen (2001) stellt somit die Hypothese der Herrschaft der Zeit: »Die Zeit herrscht über uns, über uns Menschen ebenso wie über die Dinge.« Indem wir das Gefühl haben, von der Zeit beherrscht zu werden, wird uns deren Realität erfahrbar.

Wenn aber die Zeit über uns herrscht, dann ist implizit, dass wir unter der Zeit leiden. Wenn wir unter der Zeit leiden, wird diese zur Erlebniswelt. Die so genannte »erfüllte Zeit«, die man von der leeren

Zeit abgrenzt, ist in Wahrheit die Sinnerfüllung des Lebens, der *Sinn des Lebens*. Zu dieser Sinnerfüllung gehört, dass wir nicht an die Zeit denken.

Entleert sich aber der Sinn des Lebens, dann wird die Zeit auffällig; das bedeutet im Umkehrschluss, je auffälliger die Zeit wird, desto sinnleerer wird unser Leben. Das Leiden an der Zeit hat einen Namen: die Langeweile. In dem Schatten der Zeit, also der Langeweile, können wir die Zeit nicht vergessen. Die Langeweile als dem Leiden an der Zeit kann pathologische Züge annehmen. Ein Blick in die Psychiatrie mit den beiden klassischen Krankheitsbildern der endogenen Depression und der Schizophrenie mag dies verdeutlichen.

Der Unterschied zeigt sich – um es mit Adler auszudrücken – in der je anderen *Stellungnahme zur Welt* hin. Die subjektive Einstellung des Depressiven neigt zur Verweltlichung, die Schizophrenie zur Entweltlichung. Auf die Zeit angewandt bedeutet dies, dass der Depressive sich der Zeit ausgeliefert fühlt, der Schizophrene sich von der Zeit und der Welt abgeschnitten fühlt; hier kann die Zeit zusammenbrechen.

Ursache scheint eine Schwächung oder ein Schwund der Lebenskraft zu sein. Das Subjekt unterliegt der Herrschaft der Zeit, und durch den Verlust der Lebenskraft kann keine Gegenmacht zur Zeitherrschaft aufgebaut werden.

Der Psychotiker leidet an seiner Ohnmacht, am Nicht-handeln-Können. Die Quelle des Leidens ist jene Ohnmacht, die sich im Gefühl des Stillstehens bemerkbar macht. Leiden an der Ohnmacht des Nicht-handeln-Könnens geht parallel mit einem Leiden an einer Zeit, die den Kranken infolge der Ohnmacht überwältigt.

In der Depression leidet der Patient am Vergehen der Zeit, weil darin sich der eigene Stillstand spiegelt. Der Patient gewahrt es vor dem inneren »Stillstand im Werden der Persönlichkeit« (v. Gebsattel 1939).

Die schizophrene Zeiterfahrung ist primär eine Vermischung von Gegenwart, Zukunft und Vergangenheit; wobei Gegenwart und Zukunft unter die Vergangenheit subsumiert werden.

Freud schreibt in »Jenseits des Lustprinzips« (1920), dass diese Zeitmodi im Unbewussten jedoch keine Rolle spielen:

»Der Kantsche Satz, daß Zeit und Raum notwendige Formen unseres Denkens sind, kann heute infolge gewisser psychoanalytischer Erkenntnisse einer Diskussion unterzogen werden. Wir haben erfahren, daß die unbewußten Seelenvorgänge an sich ›zeitlos‹ sind. Da heißt zunächst, daß sie nicht zeitlich geordnet werden, daß die Zeit nichts an ihnen verändert, daß man die Zeitvorstellung nicht an sie heranbringen kann. Es sind dies negative Charaktere, die man sich nur durch Vergleichung mit den bewußten seelischen Prozessen deutlich machen kann.

Unsere abstrakte Zeitvorstellung scheint vielmehr durchaus von der Arbeitsweise des Systems W-Bw hergeholt zu sein und einer Selbstwahrnehmung derselben zu entsprechen.«

Welter (2003) setzt sich in »Herders Bildungsphilosophie« mit den gegensätzlichen Auffassungen von Kant und Herder bezüglich der Raum- und Zeitstrukturen auseinander. Kant, der in der »Kritik der reinen Vernunft« sich auf die menschliche Gebundenheit in Raum- und Zeitstrukturen bezieht, wobei das Vernunftwesen Mensch immer denkt, steht hier in Opposition zu Herder, der die menschliche Verfasstheit in Zeitstrukturen aufführt, wodurch es dem Menschen unmöglich ist, das Sein zu denken. Durch die Symbolhaftigkeit der menschlichen Sprache kann zwar der Mensch seine unmittelbare Raum-Zeit-Gebundenheit überwinden, dennoch bleibt hier Anschauung mit Erfahrung verknüpft.

»Das reine a priori läßt sich nicht konstatieren. Demnach knüpfen sich die Fähigkeit, in Raum und Zeit zu denken, mit der Notwendigkeit diese konkret an Erfahrungsinhalten zu entwickeln.

Das Denken in Raum- und Zeitstrukturen lasse sich ohne Bezug zu Raum und Zeit nicht denken. Die Struktur des Seins jedoch ist unendlich, damit zeitlos, so daß dem Menschen der gedankliche Zugang zum Wesen des Seins aufgrund seiner Endlichkeit verschlossen bleibt« (Herder, zit. n. Welter 2003, S. 19).

Anschauung bleibt mit Erfahrung verknüpft. Diese Auffassung Herders ist höchstmodern, geht sie doch ein in die psychoanalytische Theorie der Interaktion.

Buchholz (2003) weist auf ein Buch von Diamond und Marrone (»Attachment and Insubjektivity«) hin. Die bindungstheoretisch orientierten Autoren plädieren für das Primat der Intersubjektivität. Sie führen an, dass selbst das Denken den anderen braucht:

»Die Fähigkeit zur Symbolisierung und zum Symbolgebrauch entsteht nicht aus dem Nichts, nicht aus der Frustration. Sie wird intersubjektiv erworben.«

Diesem Symbolhaften begegnet der Mensch oft auch auf der Traumebene. In den Träumen, so wissen die Sufis zu berichten, wird dem Menschen etwas von der Heiligkeit der Seele und der unendlichen inneren Welt vermittelt, deren Horizonte nicht von Zeit und Raum begrenzt sind; denn Raum und Zeit sind Kategorien unseres Bewusstseins. Träume aber steigen aus unbewussten Tiefen empor, also aus Bereichen, von denen unser Denken nichts weiß (Sufismus entwickelte sich seit dem elften Jahrhundert und ist die mystische Tradition des Islam = Hingabe).

In »Traumdeutung« zitiert Freud (1920) in einer Fußnote Haffner, der als das erste Kennzeichen des Traums die Orts- und Zeitlosigkeit festlegt.

So werden Analytiker einerseits mit der Zeitlosigkeit in Träumen ihrer Patienten konfrontiert, erleben jedoch andererseits, dass dieser Prozess quasi auch von Zeit durchdrungen ist. John S. Kafka (2001) hat zwischen der Zeitstruktur der Psyche und der Zeitdimension psychoanalytischer Prozesse unterschieden. Es geht darum, wie die Zeit, die objektiv mit der Uhr gemessen wird, subjektiv erlebt wird. Kafka fasst die Zeit in ihrer wechselseitigen Beziehung von Vergangenheit, Gegenwart und Zukunft als aktive Modi des psychischen Lebens auf:

»In unserer psychoanalytischen Arbeit entdecken wir die Interaktionen und Beziehungen zwischen diesen drei Zeitmodi der psychischen Aktivität im Spiel der Übertragung sowie in der Entwicklung auf das bewusste und unbewusste Erinnern und Antizipation in der Gegenwart.«

Eine Lehrerin lebt mit ihrem Partner, ebenfalls Lehrer, in einem Konflikt der Wartezeit. Sie reagiert auf die Worte »sofort, gleich, bald, kurz« in – wie sie selbst sagt – hysterischer Art und Weise. Wenn ihr Partner abends zum Handballspielen weggeht und sagt: »Nach dem Spiel komme ich gleich«, so könne sich dieses »gleich« ziehen von einer bis fünf Stunden. Ihr subjektives Zeiterleben toleriert ein »gleich« zwischen 30 und maximal 60 Minuten: »Ich nehme sein ›Ich-komme-gleich‹ als bare Münze. Er hält sich nicht an seine Worte. Seine Handlung und Worte gehen auseinander, ich bin enttäuscht und habe dann eine Stinkwut. Er weiß, dass er den Krach riskiert. Nach dem Handball bleibt er noch bei seinen Kollegen und trinkt drei Bier. Wenn er dann nach Hause kommt, übersteht er mit dem konsumierten Bier meinen Krach viel besser und legt sich schlafen. Im Bett dreht er mir den Rücken zu und ich quassele mich müde.«

Die Patientin ist die Älteste von vier Kindern. Die Mutter habe wenig Zeit für sie gehabt und sich von ihr ab- und den Geschwistern zugewendet. Sie habe die Enttäuschung gespürt und die Wut heruntergeschluckt. Es ist offensichtlich, dass in der Interaktion mit dem Partner sich ein Konflikt der familiären Konstellation wiederholt. Der Partner, der zu seiner Handballtruppe geht, wird in der Projektion als das mütterliche Objekt angesehen, das sich den Geschwistern zuwendet.

Das Verlassensein, die fehlende Zuwendung, kann von der Patientin subjektiv nur etwa eine halbe Stunde ertragen werden, so lange reicht ihre Frustrationstoleranz; ihre subjektive Zeit.

Eine 21-jährige Mathematikstudentin sagte zu mir: »Die Zeitspanne zwischen Dienstag und Donnerstag war verdammt lang; so zwei Monate oder so!«

Die objektive Zeit

Jeder, der psychotherapeutisch arbeitet, muss sich der Begrenzung durch die Zeit unterwerfen. Das genehmigte Stundenkontingent hat eine Gesamtbegrenzung, die Dauer der Sitzung hat eine Zeitbegrenzung.

Freud schreibt 1909 den Aufsatz »Zur Einleitung der psychoanalytischen Behandlung«. In dieser Arbeit widmet er drei Seiten dem Thema Geld und fünf Seiten dem Thema Zeit: »Wichtige Punkte zu Beginn der analytischen Kur sind die Bestimmungen über Zeit und Geld.« Freud tritt hier als derjenige auf, der seine Zeit »vermietet«: »In betreff der Zeit befolge ich ausschließlich das Prinzip des Vermietens einer bestimmten Stunde.«

Der Begriff Vermietung hat mich stutzig gemacht, kennen wir das Vermieten eines Fahrzeugs oder einer Wohnung. Vermieten heißt im Grimm'schen Wörterbuch: »Verdingen, oder etwas zur Benutzung gegen Zins geben.« Heute würde man diese Mietbeziehung als Leasing bezeichnen. Beim Gewerbeleasing bleibt das zu vermietende Objekt im Eigentum des Vermieters. Der Psychoanalytiker wäre also, krankenkassentechnisch gesehen, ein für bestimmte Stundenfrequenzen zu leasendes Objekt, das sich gegen Zins zur Benutzung gibt. Freud hatte in seinen Analysen eine hohe wöchentliche Stundenfrequenz:

»Ich arbeite mit meinen Patienten täglich mit Ausnahme der Sonntage und der großen Festtage, also gewöhnlich sechsmal in der Woche.«

Wenn er hier das Gewöhnliche pointiert, so begründet er im nächsten Satz das Ungewöhnliche, also die Einschränkung:

»Für leichte Fälle oder Fortsetzungen von weit gediehenen Behandlungen reichen auch drei Stunden wöchentlich aus. Sonst bringen Einschränkungen an Zeit weder dem Arzte noch dem Patienten Vorteil; für den Anfang sind sie ganz zu verwerfen.«

Was die lange Zeitdauer der Therapie anbelangt, sagt Freud:

»... es handelt sich bei der Psychoanalyse immer um lange Zeiträume, halbe oder ganze Jahre, um längere als der Erwartung des Kranken entspricht.«

Was den zeitlichen Therapieabbruch betrifft, meint Freud:

»Ich lehne es ab, die Patienten auf eine gewisse Dauer des Ausharrens in der Behandlung zu verpflichten, gestatte es jedem, die Kur abzubrechen, wenn es ihm beliebt.«

Mit Bezug auf die zeitliche Verkürzung der Behandlung meint er:

»Die Abkürzung der analytischen Kur bleibt ein berechtigter Wunsch ... Es steht ihr leider ein sehr bedeutsamer Moment entgegen, die Langsamkeit, mit der sich tiefgreifende seelische Veränderungen vollziehen, in letzter Linie wohl die ›Zeitlosigkeit‹ unserer unbewußten Vorgänge.«

In der gegenwärtigen berufspolitischen Situation mag das Vermieten einer Stunde wieder eine Rolle spielen, wenn die Therapeuten gezwungen sind, über Einzelverträge mit den Kassen ihre Leistungen anzubieten versus zu vermieten.

Sein und keine Zeit – dies, so fiel mir erst viel später auf, kann man unterschiedlich auffassen. Einmal als ein Sein, in dem man keine Zeit hat, sich keine Zeit nimmt. Zum anderen als ein Sein, indem man die Zeit ignoriert, indem die Zeit keine Rolle spielt, zeitvergessen, wie dies in konzentrativen Übungen versucht wird. Aber, was ist das für ein Sein ohne Zeit? Wo ist dann das Ich oder das Selbst?

In den Gesprächen mit einer schizophrenen Patientin mit massiven Zwangsstörungen wird Folgendes deutlich: Die Zeit vergehe bei ihr schnell, deswegen werde ihr auch nicht langweilig, obwohl sie tagsüber nichts Produktives mache und mit ihren Zwängen beschäftigt sei.

»Früher habe ich gesagt, die Uhr geht irgendwie nicht richtig. Heute denke ich, die Stunde ist kürzer als vor 20 Jahren. In meinen Zwangshandlungen vergesse ich die Zeit. Mein Mann sagt mir, wenn ich wieder mal zu lange meine Hände wasche: ›Weißt du eigentlich, wie lange du dastehst?‹ Er meint, ich sei dann irgendwie weg, wie apathisch, mache einen weggetretenen Eindruck, wie erstarrt, wie verkrampft. Ich bin dabei aber sehr konzentriert, sage: ›Innen, außen, rundum‹, wiederhole das und zähle dabei. Danach bin ich fix und fertig, mache dann den ganzen Tag nichts mehr. Ablenken gelingt dann nicht. Wenn aber die Stimmen nicht wären, dann wäre es mir langweilig.«

Eine 32-jährige Sozialpädagogin mit einer Zwangskrankheit ist beeinträchtigt durch Kontrollzwänge, Zwangsgedanken und Zwangsbefürchtungen. Zwänge seien Beschwörungsversuche gegenüber ihrem Schicksal. Es seien Versuche, das Gefühlschaos in ihr zu kontrollieren.

»Je älter ich werde, desto schneller vergeht die Zeit. Es fällt mir nicht auf, wie in meinem Kontrollzwang die Zeit vergeht. Ich bekomme das vom Ehemann gesagt. Ich habe kein Gefühl für die Zeit; es ist unangenehm, fühle mich isoliert.«

Beide Zwangserkrankungen unterschiedlicher Psychopathologie haben eines gemeinsam; dass das Zeitgefühl verloren geht, dass die Zeit vergessen wird. Dieses Phänomen kann meines Erachtens als ein dissoziatives Merkmal angesehen werden, bei der ein teilweiser oder völliger Verlust einer normalen Integration vorliegt, die sich auf Erinnerungen an die Vergangenheit, auf das Identitätsbewusstsein und unmittelbare Empfinden sowie auf die Kontrolle von Körperempfindungen bezieht (Fiedler 2001, S. 392).

Die dissoziative Amnesie, die sich hier in Zeitvergessenheit äußert, wirkt wie ein tranceähnlicher Zustand. Solche Selbstsuggestion dient möglicherweise dazu, unangenehme Ereignisse nicht zu erinnern. »Selbstsuggeriertes Vergessen dient dem intrapsychischen Ausschließen traumatischer Erfahrungen« (Fiedler 2001, S. 397).

Der Unterschied zu konzentrativen Übungen wie Meditation oder Kontemplation ist der, dass hier dieser Zustand selbstinstruiert wird und nicht als Abwehr- oder Sicherungsmaßnahme dient.

Nun, weg von der Psychiatrie und ein kurzer Ausflug in die Hirnanatomie und Neurophysiologie. Auf diesem Feld zeigt sich der wahre und wesentliche Unterschied zwischen Mann und Frau. Leistung ist physikalisch definiert als Arbeit in einer Zeiteinheit. In diesem Vergleich ist es um die Männer schlecht bestellt; denn, Frauen leisten auf verbaler Ebene das Doppelte bis Dreifache des Mannes. Frauen geben mühelos 6000 bis 8000 Wörter am Tag von sich; der Mann klägliche 2000 bis 4000 Wörter.

Dieses Phänomen zeigt sich entsprechend in den Therapien und ist bei Patienten und Psychoanalytikern vorzufinden. Auf diesem Hintergrund wird dann verständlich, warum die Psychoanalyse eine männliche Erfindung ist; weil ja so wenig gesprochen wird.

Sitzt nun ein wortkarger Patient bei einem wortkargen Analytiker, dauert die Psychoanalyse naturgemäß, wie Freud bereits feststellte, etwas länger, und es kehrt die Langsamkeit ein in den psychoanalytischen Prozess.

Wie ist das nun zu verstehen? Allan und Barbara Pease (2002) machen in ihrem Buch: »Warum Männer nicht zuhören und Frauen schlecht einparken« den Versuch einer anthropologischen Erklärung: In den Zeiten, in denen die Ur-Männer noch jagten oder fischten, wurde weder ein Wort gesprochen noch sonst ein Laut von sich gegeben.

Es herrschte Stillschweigen aus der begründeten Vorsicht, die erhoffte Beute nicht zu verscheuchen. Dieses archaische Muster üben heute viele moderne Männer weiterhin aus. Geht der moderne Mann seinem Beruf nach, im übertragenen Sinne also Jagen oder Angeln, redet er auch nicht viel.

Auf die Psychoanalyse bezogen bedeutet dies, dass der Mann, der im Bereich seines Unbewussten jagt oder angelt, wenig spricht, um die Beute, das sind seine Assoziationen, nicht zu verscheuchen.

Dies weiß auch sein mitjagender Analytiker, der ebenfalls so wenig wie möglich unnötigen verbalen Lärm macht. Nach getaner Arbeit gehen beide zufrieden nach Hause und ihren archaischen Feierabendmustern nach.

Nach der Jagd kehrten die Ur-Männer in ihre Höhlen zurück, verschlangen ihre Mahlzeit und hockten um das Feuer, starrten in die Flammen, spielten, erzählten sich Geschichten oder blödelten herum. Moderne Männer leben dagegen in Appartements, schauen statt in das Feuer in den Fernseher, wo gespielt wird, Geschichten erzählt werden oder eine Blödelsendung läuft. Resümee dieser Zeit: Es hat sich nichts geändert.

Ein klinisches Beispiel über das Totschlagen der Zeit stellt Alfred Adler in »Neurosen« (1929) dar. Hier führt er eine Fallgeschichte an, in der die Geschwisterrivalität einer älteren Schwester gegenüber der drei Jahre jüngeren Schwester beschrieben wird. Die verwöhnte Ältere reagierte wohl in Konkurrenz zur Jüngeren mit Angst und Rückzug, aber sie griff zu einem unter »entmutigten Menschen üblichen Kunstgriff«. Eine begonnene Tätigkeit wurde von ihr nie beendet und damit viel Zeit vergeudet. Adler stellt fest, »daß Zeit der große Feind solcher Menschen ist, denn unter sozialen Umständen haben sie das Gefühl, als verfolge sie die Zeit ständig mit der Frage: Was wirst du mit mir anfangen? Von daher ihre merkwürdigen Anstrengungen, die Zeit mit albernen Tätigkeiten ›totzuschlagen‹.« Das Totschlagen der Zeit könnte als Abwehr gegen die Langeweile gesehen werden.

Verena Kast (2001) geht das Thema Zeit »Vom Interesse und dem Sinn der Langweile« aus an: Es gebe Menschen, die meinten, keine Zukunft zu haben. Andere lebten wiederum nur in dieser Zukunft.

Ihr Leben wird erfahren als eine ewige Wiederkehr des Gleichen. Ihre Existenz wird geprägt von dem Lebensgefühl der *Langeweile.* Diese ist keine Form partiellen Zeiterlebens von Stunden, Tagen oder Wochen. Diese Langeweile als existenzielle Form ist ein durchgängiges Lebensgefühl. Langeweile ist die Folge wiederholter eintöniger Reize. Im Zeiterleben entsteht dadurch Monotonie.

Das psychologische Wörterbuch definiert Langeweile als einen »Zustand der Unausgefülltheit und Erlebnisarmut, gekennzeichnet durch Mangelgefühle der Leere und zugleich Gefühle des Überdrusses im verlangsamt erscheinenden Zeitfluss« (zit. n. Kast 2001, S. 141).

Immanuel Kant (1977) spricht von der »langen Weile« als einem »höchst widrigen Gefühl«. Erich Fromm (1973) sieht die Langeweile als etwas rein Negatives – als Ursache der Destruktivität – und möchte sie eliminieren.

Kierkegaard (1843) schreibt in seinem Essay »Die Wechselwirtschaft«:

»Ich gehe von dem Grundsatz aus, daß alle Menschen langweilig sind.«

»Weil die Götter sich langweilten, erschufen sie die Menschen. Adam langweilte sich, deshalb wurde Eva geschaffen. Dann langweilten sich Adam und Eva und Kain und Abel en famille, dann wuchs die Menge der Menschen auf Erden, und sie langweilten sich en masse. Um sich zu unterhalten, kamen sie auf den Gedanken, einen Turm zu bauen, so hoch, daß er bis in den Himmel rage. Dieser Gedanke ist ebenso langweilig wie der Turm hoch war, und beweist mit erschreckender Deutlichkeit, daß die Langeweile die Oberhand bekommen hat.«

Was will Kierkegaard damit sagen? Im Gegensatz zu Kant und Fromm, die der Langeweile einen eher negativen oder destruktiven Aspekt zuschreiben, kommt bei ihm ein kreativer Akt im Sinne der schöpferischen Kraft zur Wirkung. Aus der Langeweile kann eine Schöpfung werden. Aus dem Nichts wird Kreativität.

In den Therapien kennen wir Situationen, in denen der Patient schweigt und der Analytiker schweigt. Das Schweigen in der Langeweile kann den analytischen Prozess blutleer machen, es entsteht Leere, Nichts. Der »Schlaf des Analytikers« (Zwiebel 1992) wäre ein sichernder Akt, diesem bedrohlich unangenehmen Gefühl, das unser Selbst attackiert, zu entkommen.

Hier wird der Analytiker auf sich selbst zurückgeworfen in der Langeweile, und dieses Auf-sich-selbst-Zurückgeworfensein ermöglicht die Chance einer Selbstbegegnung im Selbst-Subjekt des Analytikers. Dieser Vorgang kann begleitet sein von einem höchst schöpferischen Akt. Die Aufmerksamkeitshaltung geht weg vom Patienten, weg von der Interaktion, und umkreist den Fokus der Gefühle und der inneren Bilder im Analytiker.

Durch die scheinbare Langweile in der Interaktion kann der Analytiker sich Zeit nehmen, die Zeit nutzen und lange in sich verweilen, um festzustellen, welcher Prozess auf unbewusster Ebene auch oder gerade in ihm angestoßen wird. Diese Art von Abwehr, in der wir nicht mehr zuhören, können wir schöpferisch nutzen zum Einhören in uns selbst. Diese partielle und selbstgeleitete Regression oder auch Introspektion erfasst die Stufe einer nonverbalen Interaktion auf selbstsubjektiver Ebene, die die unausgesprochenen Körpergefühle und Affekte des Patienten durch Einfühlen erfassen und unsere Aufmerksamkeit auf sich einstellende Vorstellungen im Analytiker richten. Das dabei entstehende Bild kann dem Patienten verbalisiert werden, um eine ins Stocken geratene Interaktion wieder in Gang zu bringen.

Damasio (2000a) sagt, Subjektivität sei die hintergründige Wahrnehmung der Gefühle und der Tiefensensibilität bei im Vordergrund verlaufender Objektverarbeitung.

Wenn wir im Alltäglichen keine Zeit haben und nicht mehr zuhören können, dann hören wir weg. Meister Eckehart (1979) weist den Zuhörer in der Predigt 13 auf drei innere Hindernisse hin, wir würden Widerstände sagen, die beim Menschen das Weghören fördern:

»Drei Dinge sind es, die uns hindern, so daß wir das ewige Wort nicht hören. Das erste ist die Körperlichkeit, das zweite die Vielheit, das dritte die Zeitlichkeit. Wäre der Mensch über diese drei Dinge hinausgeschritten, so wohnte er in Ewigkeit und wohnte im Geist und wohnte in der Einheit und in der Wüste, und dort würde er das ewige Wort hören.«

Um einen abschließenden Bogen von der Mystik zur Theologie zu spannen, zitiere ich aus der Predigt Salomo (3, 1–11). Neben dem Hohelied ist dies für mich eine der schönsten biblischen Stellen.

Alles hat seine Zeit
[1]Ein jegliches hat seine Zeit, und alles Vorhaben unter dem Himmel hat
seine Stunde: [2]geboren werden hat seine Zeit, sterben hat seine Zeit; pflan-
zen hat seine Zeit, ausreißen was gepflanzt ist, hat seine Zeit; [3]töten hat
seine Zeit, heilen hat seine Zeit; abbrechen hat seine Zeit, bauen hat seine
Zeit; [4]weinen hat seine Zeit, lachen hat seine Zeit; klagen hat seine Zeit,
tanzen hat seine Zeit; [5]Steine wegwerfen hat seine Zeit, Steine sammeln
hat seine Zeit; herzen hat seine Zeit, aufhören zu herzen hat seine Zeit;
[6]suchen hat seine Zeit, verlieren hat seine Zeit; behalten hat seine Zeit,
wegwerfen hat seine Zeit; [7]zerreißen hat seine Zeit, zunähen hat seine Zeit;
schweigen hat seine Zeit, reden hat seine Zeit; [8]lieben hat seine Zeit, has-
sen hat seine Zeit; Streit hat seine Zeit, Friede hat seine Zeit. [9]Man mühe
sich ab, wie man will, so hat man keinen Gewinn davon. [10]Ich sah die Ar-
beit, die Gott den Menschen gegeben hat, daß sie sich damit plagen. [11]Er
hat alles schön gemacht zu seiner Zeit, auch hat er die Ewigkeit in ihr Herz
gelegt; nur daß der Mensch nicht ergründen kann das Werk, das Gott tut,
weder Anfang noch Ende.

Literatur

Adler, A. (1912): Über den nervösen Charakter. Göttingen, 1997.
Adler, A. (1929): Neurosen. Frankfurt a. M.
Adler, A. (1930): Die Technik der Individualpsychologie. Frankfurt a. M.
Buchholz, M. B. (2003): Psycho-News-Letter Nr. 13.
Cave, N. (2001): Und die Eselin sah den Engel. München.
Coetzee, J. M. (1983): Leben und Zeit des Michael K. Frankfurt a. M.
Damasio, A. R. (2000a): Descartes Irrtum. München.
Damasio, A. R. (2000b): Ich fühle also bin ich. Berlin.
Fiedler, P. (2001): Dissoziative Störungen und Konversion. Weinheim.
Freud, S. (1920): Die Traumdeutung. G. W. Bd. II/III. Frankfurt a. M., S. 52.
Freud, S. (1920): Jenseits des Lustprinzips. G. W. Bd. XIII. Frankfurt a. M., S. 27f.
Freud, S. (1909): Zur Einleitung der Behandlung. G. W. Bd. VIII. Frankfurt a. M., S. 458ff.
Fromm, E. (1973): Anatomie der menschlichen Destruktivität. In: Gesamtausgabe Bd. VII, München, 1989.
Gebsattel, V. E. v. (1939): Die Störungen des Werdens und des Zeiterlebens im Rahmen psychiatrischer Erkrankungen: In Prolegomena einer medizinischen Anthropologie. Berlin, 1954.
Hey, W. (1833): Knabe und Eichhorn, In: Gedichte der Kindheit aus acht Jahrhunderten. Frankfurt a. M.
Kafka, J. S. (2001): Zeit: Rahmen und Inhalt und die Zeithaftigkeit der psychoanalytischen Erfahrung. Forum der Psychoanalyse 17: 299–311.
Kant, I. (1977): Anthropologie in pragmatischer Sicht. In: Schriften zur Anthropologie, Werkausgabe Bd. XII. Frankfurt a. M.
Kast, V. (2001): Vom Interesse und dem Sinn der Langweile. Düsseldorf.
Kierkegaard, S. (1843): Die Wechselwirtschaft. In: Entweder-Oder. G. W. Gütersloh, 1979.
Meister Eckehart (1979): Deutsche Predigten und Traktate. Zürich.
Nietzsche, F. (1892): Also sprach Zarathustra. Berlin, 1988
Pease, A.; Pease, B. (2002): Warum Männer nicht zuhören und Frauen schlecht einparken. Berlin.
Schopenhauer, A. In: Theunissen, M. (2001): Negative Theologie der Zeit. Frankfurt a. M., S. 39ff.
Theunissen, M. (2001): Negative Theologie der Zeit. Frankfurt a. M.
Welter, N. (2003): Herders Bildungsphilosophie. St. Augustin.
Wiegand, R. (1995): Individualität und Zeitempfinden. ZfIP 20: 121–132.
Witte, K. H. (1985): Die Einheit der Persönlichkeit als Einheit der Zeit. ZfIP 10: 89–105.
Zwiebel, R.C. (1992): Der Schlaf des Analytikers. Stuttgart.

philosophische Plattitüden!

Christian Riedhammer

Übergangszeiten – Vom Zeiterleben in der Psychotherapie

Transit time: The experience of time in psychoanalysis

Time is nowadays predominantly experienced as external, through clock giving – stating as well as measuring the »clock tick« which shapes the imagination of consistent elapsing time. In comparison, for the psychotherapeutic process the quality of the subjective impression of time is significant. According to Winnicott, 1974, the impression is interpreted as an unpredicted space of time during which experience depends amongst other things on the therapeutic relationship and the psychic structure of the patient. On the basis of detailed sequences of the psychotherapy of an 11-year old boy, it is shown how psychic structure and experience of time correlate and possibly change during a long running psychotherapy.

Zusammenfassung

Zeit erleben wir heute überwiegend als äußeren, durch die Uhr gleichermaßen vorgegebenen wie gemessenen »Zeittakt«, der die Vorstellung einer linear gleichmäßig ablaufenden Zeit prägt. In Differenz dazu ist bei einem psychotherapeutischen Prozess die Qualität des subjektiven Zeiterlebens bedeutsam. Dieses wird – in Anlehnung an Winnicott – hier als »Möglichkeitszeitraum« verstanden, dessen Erleben unter anderem von der therapeutischen Beziehung und der psychischen Struktur des Patienten abhängt. Anhand ausführlicher Sequenzen aus der Psychotherapie mit einem elfjährigen Jungen wird dargestellt, wie psychische Struktur und Zeiterleben korrelieren und sich im Lauf einer Langzeitpsychotherapie verändern können.

»Zeit« als existenzielles Phänomen wird meiner Überzeugung nach in seiner Bedeutung unterschätzt. Das mag daran liegen, dass wir zwar mit unseren Sinnen den Raum, nicht aber die Zeit unmittelbar erfassen können. Wir haben dafür kein Wahrnehmungsorgan. Ihr Vorhandensein können wir uns nur indirekt erschließen.

»Um die Zeit wahrzunehmen«, – sagt Peter Hoeg (2001) in seinem Roman »Der Plan von der Abschaffung des Dunkels«, muss man merken, was sich verändert hat. Und man muss merken, dass es hinter oder in dieser Veränderung etwas gibt, was auch vorher da war: »Die Zeitwahrnehmung ist die unerklärliche Vereinigung von Verwandlung und Unveränderlichkeit innerhalb des Bewusstseins« (S. 294).

»Was ist dann Zeit?«, fragt der Kirchenlehrer Augustinus in seinen »Bekenntnissen« nach dem Wesen der Zeit und fährt fort: »Wenn niemand mich fragt, weiß ich es, wenn ich es einem Fragesteller erklären will, weiß ich es nicht« (zit. n. Meerwein 1989, S. 158).

Was die Zeit ihrem Wesen nach ist, das wissen wir nicht. Ein Bewusstsein von Zeit – ein »Zeitgefühl«, könnten wir sagen – ergibt sich daraus, dass wir Veränderungen in der äußeren Welt und innerhalb unseres Bewusstseins wahrnehmen. Zeitwahrnehmung ist somit »erlebte Veränderung«, der vom Bewusstsein ein Platz in der Zeitreihe – Vergangenheit, Gegenwart, Zukunft – zugewiesen wird.

Am besten geht es uns mit der Zeit, wenn wir uns gar nicht erst mit ihr befassen. Wir befinden uns dann im »Strom der Zeit«, sind getragen und gehalten von dem, was sie uns bietet. Wenn wir uns mit ihr beschäftigen, dann zumeist im Zusammenhang mit einer Beunruhigung: Wir haben noch nicht erledigt, was wir längst hätten tun sollen – die Zeit ist uns »zwischen den Fingern zerronnen«, sie ist nun »fort«, wir haben sie »nutzlos vertan«. Bietet sie uns Enttäuschendes oder anderes, als wir uns wünschten und uns vorgestellt hatten, dann scheint sie sich quälend in die Länge zu ziehen: Sie will »nicht weichen« – und stört uns in ihrer stillstehenden Unbeweglichkeit. Dass unsere Lebenszeit begrenzt ist, wissen wir. Aber nur selten ist es uns bewusst! Am ehesten werden wir dessen gewahr, wenn das Unerwartete geschieht. Es sind die Augenblicke, in denen das Leben Zäsuren setzt: ein Unfall. Der Verlust eines nahe stehenden Menschen. Oder auch Momente unerwarteten Glücks. In derart existenziellen Momenten werden wir an die Endlichkeit unseres Daseins erinnert und erkennen, wie vergänglich unser Leben ist. Obwohl Zeit immer in uns und um uns ist, entzieht sie sich unserem Zugriff. Eissler (1978, S. 220) meint, dass wir ihrem Verständnis einen Widerstand entgegensetzen, der sehr viel tiefer geht als jener, mit dem wir verdrängte Teile unserer Persönlichkeit abwehren: »Es ist sehr gut vorstellbar, dass das Ich von Entsetzen gepackt würde, wenn es sich mit dem wahren Problem des Wesens der Zeit konfrontiert sähe.«

Zum Zeiterleben in der Psychotherapie

Zeit und »Zeiterleben« spielen in der Psychotherapie eine zentrale Rolle. Wir könnten diese Zeit die »therapeutische Zeit« nennen. Zur Veranschaulichung erscheint mir das Bild eines Flusses hilfreich: Der Fluss stürzt gewaltig zu Tal, er fließt mächtig durch eine Ebene oder wird zu einem dünnen Rinnsal. Sein Fließen ist dynamisch und kann sich jederzeit verändern. In den frühen Phasen des Entstehens ist seine Entwicklung nicht vorhersagbar. Und doch ist er immer durch zwei Ufer begrenzt – über die er allerdings auch manchmal tritt.

Jonas

Jonas, ein siebenjähriger, so genannter »hyperaktiver« Junge, unterbricht während jeder Stunde mehrfach seine Spielaktionen, weil er wissen möchte, »wie viel Zeit wir noch haben!« Dann liest er mit Anstrengung die noch verbleibende Zeit von der Uhr des Therapiezimmers ab und möchte dann von mir wissen, »wie viel Zeit das ist«. Er selbst kann die Zeitdauer nicht einschätzen!

Das Beispiel zeigt:

- Psychotherapie bewegt sich innerhalb bestimmter »äußerer Zeitgrenzen«: das vorgesehene Stundenkontingent. Die festgelegten Termine der Therapiestunden. Die 50-minütige Dauer einer Sitzung mit zeitlich genau festgelegtem Anfang und Ende. Man könnte dies die »objektiven«, äußeren Zeitvorgaben einer Psychotherapie nennen.
- Psychotherapie ist aber auch »Erlebenszeit«. Diese »Innenseite der Zeit« ist Übergangszeit in dem Sinn, dass sie »Möglichkeitszeitraum« für Veränderung und innere Neuorientierung ist. Diese Zeit ist nicht »Zeittakt«, sondern subjektiv erlebte »Zeitdauer« mit

sich verändernden Erlebensintensitäten. Diese wiederum sind beeinflusst von der so genannten »Zeitlosigkeit« des Unbewussten.

Vielleicht ist es hilfreich, zum Vergleich die beiden Zeitbegriffe der griechischen Mythologie heranzuziehen: »Chronos«, die linear »chronometrisch« gemessene Zeit, die als gleichmäßig »ablaufender Zeitpfeil« von der Vergangenheit in die Zukunft vorgestellt wird. Mit »Kairos« hingegen war die »richtige Zeit«, der »richtige Augenblick« gemeint.

»Chronos« als quantitative Zeitvorstellung kommt der gesellschaftlich vermittelten Zeitordnung nahe, die das soziale Zeitbewusstsein schafft und steuert. Bezogen auf die Psychotherapie markiert dieses Zeitbewusstsein die »Zeittakte« des äußeren Zeitrahmens, die Psychotherapie in einen gesellschaftlichen Ordnungszusammenhang stellen und »Psychotherapie als Beruf« erst möglich macht.

»Kairos« kann als die qualitative, die »subjektiv erlebte innere Zeit« des therapeutischen Prozesses verstanden werden. In der griechischen Götterwelt war Kairos als geflügelter Gott, mit Flügeln an Fersen und am Rücken dargestellt: Die Locke fällt ihm in die Stirn, sein Hinterkopf ist kahl. Er ist nur in der Begegnung von vorne erkennbar! Dieses Zeiterleben entfaltet sich »im richtigen Moment« der therapeutischen Beziehung.

Psychotherapie als Übergangszeit

Wenn wir darüber nachsinnen, was sich in einer Therapiestunde ereignet hat, tun wir das üblicherweise nicht unter zeitlicher Perspektive. Nur selten, wenn eine Stunde sich »ewig hinzieht« oder uns auffällt, dass sie »so schnell« vergangen ist, wird uns bewusst, dass die Zeit ja immer da und immer mit dabei ist. Wir achten sehr genau auf die Zeitmomente am Anfang und am Ende der Stunde. Dieses »Halten des Rahmens« ist grundlegend dafür, dass ein therapeutischer Prozess überhaupt zustande kommen kann. Das »psychische Zeiterleben« während der Stunden nehmen wir als emotionales Erleben wahr, das wir im Zusammenhang mit der therapeutischen Beziehung verstehen und deuten.

Zur Betrachtung des Zeitgeschehens in einer Psychotherapie scheinen mir zwei Aspekte bedeutsam. Zum einen ist sie »Möglichkeits-Zeit-Raum«. Zum anderen: Mit der »Illusion der gemeinsamen Zeit im therapeutischen Spiel« verändert und wandelt sich das Zeiterleben.

Psychotherapie als Möglichkeitszeitraum

Über Möglichkeitsphänomene und Zwischenbereiche hat Morgenstern so gedichtet:

> Der Lattenzaun
>
> Es war einmal ein Lattenzaun,
> mit Zwischenraum, hindurchzuschaun.
>
> Ein Architekt, der dieses sah,
> stand eines Abends plötzlich da –
> und nahm den Zwischenraum heraus
> und baute draus ein großes Haus.
>
> Der Zaun indessen stand ganz dumm,
> mit Latten ohne was herum.
>
> Ein Anblick grässlich und gemein
> Drum zog ihn der Senat auch ein.
>
> Der Architekt jedoch entfloh
> Nach Afri- od- Ameriko.

Was hier als Nichtgesagtes zwischen den Zeilen durchschimmert, möchte ich in Analogie zu Winnicott als »Geschehen im intermediären Raum« verstehen: Winnicott hatte damit ursprünglich die Phänomene der frühen Mutter-Kind-Beziehung bezeichnet. Er siedelte dieses Geschehen in einem »intermediären Raum«, in einem »Möglichkeitsraum« an, der sich irgendwo zwischen der inneren Welt des Säuglings und der Welt außerhalb seiner selbst befindet. Als eigenständiger Raum lässt er sich weder auf das Innen eines Triebbedürfnisses noch auf das Außen der Objektwelt reduzieren. Dieser Raum – sagt Winnicott – liegt zwischen Realität und Fantasie, zwischen Schlafen und Wachen.

In ähnlicher Weise verwendet er den Begriff des »Übergangsobjekts«. Damit meint er den »ersten Nicht-Ich-Besitz« (1974, S. 10ff.) des Kindes. Dies ist häufig ein Schmuseobjekt, eine Decke oder ein Stofftier, welches für das Kind für eine bestimmte Zeitdauer seiner Entwicklung besondere Wichtigkeit hat und das für es eine eigene, reale Existenz zu haben scheint. Aber auch Einschlaflieder oder andere Rituale können diese Bedeutung haben.

Diese »Übergangsphänomene« versteht Winnicott (1974) hier nicht als Symbole, sondern bezeichnet sie als »frühe Phasen im Gebrauch der Illusion« (S. 314). Sie bezeichnen also nichts Materielles im eigentlichen Sinn, sondern können als Übergangsprozesse des Bewusstseins verstanden werden, die sich in der Beziehung zwischen Mutter und Kind einstellen. Winnicott hatte die Funktion des Übergangsobjekts vor allen Dingen in der Abwehr von Trennungsängsten gesehen.

Die »Illusion der gemeinsam verbrachten Zeit«

Versteht man Psychotherapie in Analogie zu dieser Begrifflichkeit, dann könnte man sie als die »Illusion der gemeinsam verbrachten Zeit« beschreiben. Wie diese Zeit zwischen Realität und Fantasie emotional erlebt wird, hängt von der therapeutischen Beziehung ab. Wir könnten sie die »potenzielle Zeit« nennen, eine Zeit, die sich in ihren Gestaltungs- und Erlebensmöglichkeiten noch nicht aufgefächert hat. Dem Kind bietet sie die Möglichkeit, das Beziehungsgeschehen »von damals« in der Aktualität des Augenblicks – mit all seinen Kümmernissen, aber auch Freuden – wieder zu erleben und darüber hinaus, im kreativen Spiel Neuentwürfe zu erproben. Winnicott nennt das »die Zeit des Spielens im eigentlichen Sinn«.

Natürlich gibt es auch Kinder, die durch ihre hektische Ruhelosigkeit und ihr aggressives Agieren diesen »intermediären Zeit-Raum« so attackieren, dass er immer wieder zerstört wird oder gar nicht erst entstehen kann. Die kreative Spannung und das Erleben, »dass etwas geschieht«, die sich beim Entstehen von Übergangsphänomenen einstellten, bleiben aus. Das Kind bleibt dann mit sich allein, gefangen in seinen Krankheitssymptomen. Anstelle kreativer Entwicklung wird lähmende Distanz erlebt.

Jonas

Jonas hatte seit frühester Kindheit seine Eltern im chronischen Krieg miteinander erlebt. Gestritten wurde ständig und wegen jeder Kleinigkeit. Jonas konnte in diesem Dauerkrieg kein eigenes »Sein« entwickeln, zumal beide Eltern jeweils seine Loyalität für sich in Anspruch nahmen. Auch nachdem sie sich nun – endlich, möchte man sagen – getrennt haben und jetzt an den entgegengesetzten Enden Deutschlands wohnen, wird dieser Krieg mit der gleichen aggressiven Destruktivität fortgesetzt, wobei »das Wohl des Kindes« als einzig noch verbleibender Punkt der weiterhin anhaltenden Auseinandersetzungen genannt wird. Jonas besucht inzwischen die erste Klasse einer Grundschule und gilt dort als »hyperaktiv«. Der Verweis von der Schule wurde ihm mehrfach angedroht. Jonas tut Dinge, die in einer deutschen Schule nicht möglich sind: Kommt er etwa morgens in die Klasse, stürzt er auf die Lehrerin zu, um sie zu umarmen, und möchte auch von ihr auf die gleiche Weise begrüßt werden. Erst dann kann er sich auf seinen Platz setzen. Fällt der Lehrerin ein Stift vom Tisch, dann rast Jonas nach vorne, um ihn ihr aufzuheben.

In den Therapiestunden ist er sehr kreativ im Gestalten von Szenarien, die Krieg und Überwachung zum Inhalt haben. Mir gegenüber verhält er sich in ähnlicher Weise wie in der Schule gegenüber der Lehrerin »rührend – distanzlos«. »Droht« allerdings das Ende der Stunde, scheint Jonas ein anderer zu werden. Er wirkt dann auf mich wie nicht mehr vorhanden und zeigt keinerlei Reaktion auf meine Worte. Bitte ich ihn, mit mir gemeinsam das Zimmer aufzuräumen, kann es vorkommen, dass er von der Heftigkeit und Widersprüchlichkeit der dabei in ihn einschießenden Emotionen so überwältigt wird, dass er buchstäblich über seine eigenen Beine stolpert und hinfällt. Für ihn ist »Trennung« ein überflutendes, manipulatives Geschehen, das nicht symbolisiert und so auch nicht in realitätsgerechtes Handeln eingebunden werden kann.

Beziehungsdynamik und Zeiterleben

»Psychische Strukturen sind ihrem Wesen nach zeitlich«, schreibt Loewald (zit. n. Bell 2001, S. 86). Er sieht die Entwicklung des Zeitgefühls eng mit der Objektbeziehungsentwicklung der frühen Mutter-Kind-Beziehung verknüpft. Wenn die Mutter Zugang zu ihrem eigenen Zeitrhythmus hat, sich liebevoll mit ihrem Baby beschäftigt, es hält, trägt, wickelt und stillt und ihrem Baby emotional zugewandt ist, dann werden mit den Gefühlstönungen der Beziehungserfahrungen auch die zeitlichen Aspekte dieser Erfahrungen verinnerlicht. Stern meint, dass Säuglinge früh im Leben ein ausgezeichnetes Zeitgefühl haben und sich das Erleben, »in der eigenen Zeit zu sein«, in die basalen Erfahrungen des eigenen »Selbstseins« einprägt. Voraussetzung dafür ist eine gelungene affektiv-zeitliche Abstimmung, sozusagen eine »Synchronisierung« der Rhythmen des Zeiterlebens zwischen Mutter und Kind. Wenn dies möglich war, dann scheinen diese Babys in sich zu ruhen, schauen mit »großen Augen in die Welt« und sind leicht zufrieden zu stellen. Stern konzeptualisiert derartige »Mikrostrukturen« der frühen Zeiterfahrungen mit dem Begriff der »Gefühlsgestalten«. Er meint damit die Basiserfahrung des psychischen Erlebens und Unterscheidens von zeitlichen Merkmalen der Sprache, die von Babys über ihre emotionale Tönung, über ihre Dauer und ihre Rhythmen erfahren wird.

Folgt man der Darstellung von Stern (1995, S. 105), dann vollziehen sich die Prozesse psychischer Strukturbildung über die frühen Interaktionen innerhalb von »Schemata-des-Zusammenseins mit einem anderen« in denen »Zeitmomente« sozusagen »gespeichert« und damit wiederum repräsentierbar sind.

Im aktuellen Geschehen – im Hier und Jetzt – des therapeutischen Prozesses können vergangene Beziehungserfahrungen wieder lebendig, sich im therapeutischen Dialog entfalten und so neu verstanden werden. Die analytische Beziehung beinhaltet damit die Möglichkeit für neue Zeiterfahrungen.

Zeiterfahrung ist Veränderungserfahrung. Die emotionalen Erfahrungen der Therapie enthalten die Möglichkeit der Relativierung derartiger »Schemata des Zusammenseins«. Damit beginnen Veränderung, Neuverknüpfung des raumzeitlichen Netzes. Die »im

Symptom erstarrte Zeit« wird neu in Bewegung gebracht, verliert an Bedeutung und kann sich »verflüssigen«. Loewald (1986) spricht dabei von einer »Entzeitlichung«, die eine neue zeitliche Einbindung innerer Bilder und der damit verknüpften Beziehungserfahrungen ermöglicht.

Nach so vielen theoretischen Überlegungen stelle einen Fall vor, bei dem die Problematik sich um die Zeit und das Zeiterleben zentriert und auch als Thema explizit in der Therapie immer wieder auftaucht. Hierbei geht es vor allen Dingen um die Frage, wie Zeiterleben und psychische Struktur im Übergangszeitraum eines psychotherapeutischen Prozesses einander bedingen, wie sie sich manifestieren und – im Laufe der Therapie – verändern.

Manuel

Der elfjährige Manuel war von seiner Mutter telefonisch zur Therapie angemeldet worden, weil er, wie sie mit genervter, aber auch eigentümlich tonloser Stimme mitteilte, »ständig isst« und »inzwischen richtig fett geworden« sei. Außerdem spreche er kaum noch, ziehe sich, sobald er von der Schule nach Hause gekommen sei, sofort in sein Zimmer zurück und leide sichtlich unter Ängsten. Seine Schulleistungen würden kontinuierlich schlechter. Als ich – noch ganz ahnungslos – einwerfe, dass es dafür doch sicher einen Grund gebe, den sie mir bestimmt nennen könne, beginnt Frau L. am Telefon zu weinen: Diese Entwicklung habe mit dem Tod seines sieben Jahre älteren Bruders vor einem Jahr begonnen. Er sei unter mysteriösen Umständen von einem in den Bahnhof einfahrenden Personenzug überfahren worden. Es sei nicht klar, ob dies ein Unfall als Folge einer »Mutprobe« – möglicherweise unter dem Einfluss von Drogen – oder ein geplanter Suizid gewesen sei. Manuel habe keine Reaktion gezeigt, als er davon erfahren habe. Das, meint Frau L., beunruhige sie besonders. Ich unterbreche sie, lasse sie nicht weitererzählen und vereinbare mit ihr einen Termin für den folgenden Tag.

Sequenz 1: Mutterzeit

Als ich Manuel zum ersten Mal sehe, erschrecke ich. Vor mir steht ein großer, schlapper, dicklicher Junge mit ängstlich verschlossenem Gesichtsausdruck, weit aufgerissenen Augen und einem runden »Mondgesicht« – ein »Milchbubi«, denke ich, und mir fällt wieder ein, dass seine Mutter mir erzählt hatte, ihn die ersten drei Jahre seines Lebens gestillt zu haben – aufgrund eines »falsch verstandenen ärztlichen Rates« – hatte sie gesagt.

In den anfänglichen therapeutischen Sitzungen mit Manuel wird sein vermeidender Lebensstil schnell deutlich: Manuel hat »Kindermonopoly« – ein Spiel für Kinder im Kindergartenalter – ausgesucht, weil er das schon kenne. Mit fahrigen Bewegungen entfaltet er den Spielplan. Das Austeilen des Spielgelds überlässt er mir, weil er »nicht weiß, wie das geht«. Manuel nimmt für sich die blaue, für mich die rote Spielfigur. Er stellt beide so dicht nebeneinander, dass sie sich berühren. Als ich mich wundere: »Meine Spielfigur möchte ich gerne selbst auswählen«, hat das nur eine abwertende Handbewegung zur Folge. In dieser Weise geht das Spiel weiter: Manuel liest meine Fragekarten vor, bevor ich selbst auch nur danach greifen kann. Dann hat er auch schon wieder gewürfelt, und ich komme gar nicht erst dazu, meinen eigenen Spielzug ausführen. Manuel hat keine Zeit! Seine Spielaktionen begleitet er mit Zucken, Zappeln und Schniefen, trommelt mit den Fingern auf den Tisch und vollführt tickartige Mundbewegungen. Ich nehme mir vor, das erst später anzusprechen, da es gegenwärtig sicherlich zu kränkend für ihn wäre.

Manuel kann das, was ihn bedrängt, weder verbal zum Ausdruck bringen noch kann er es »psychisch binden«. Diese bedrängenden Affekte äußern sich in »psychosomatischer Ausstoßung und Fehlinterpretation« (Ogden 2000, S. 202). Anstelle symbolisch dargestellter affektiver Erfahrung äußern sie sich im Physiologischen und sind von den bewussten und unbewussten psychischen Repräsentationen ganz oder teilweise getrennt. Das Ergebnis ist »ein Zustand der Verkennung« (Ogden 2000), bei dem das Individuum teilweise in einem Zustand reduzierter psychischer Lebendigkeit existiert. Es gebe dann Bereiche der Persönlichkeit, »in denen auch unbewusste Bedeutungen und Affekte nicht mehr gebildet werden können.«

Mit zunehmender Spieldauer scheinen für Manuel Fantasie und Realität immer mehr zu verfließen: Er spricht von Spielergebnissen, von denen ich nichts mitbekommen habe, und mir wird immer unklarer, ob er seine zahllosen Tricks und Täuschungsmanöver mit Absicht durchführt oder ob sie Ergebnis einer Realitätsverkennung sind. Ich scheine als Gegenüber mit eigenen Wünschen und Vorstellungen gar nicht zu existieren. Als ich sage: »Langsam, langsam, ich brauche mehr Zeit«, werden seine Spielbewegungen noch schneller, noch fahriger und zunehmend zielloser. Hektisch fordert er mich auf, ich solle doch jetzt »nicht soviel quatschen, sondern endlich weitermachen!« Ich mühe mich, spiele, so schnell ich kann, und versuche so, mich seinem Spielrhythmus anzupassen. Während ich meinen eigenen Spielzug ausführe, »breitet Manuel sich in mir aus«: Er spielt weiter und weiter, zwingt mich dazu, während ich meine Spielzüge ausführe, sein Tun in mir wahrzunehmen. Manuel lässt keine Lücke zwischen uns! Er besetzt mich so, dass ich mir selbst fremd werden muss, weil ich mein eigenes Erleben nicht mehr wahrnehmen darf. Mir ist, als ob er mich mit sich so überfluten wollte, dass alle zeitlichen und räumlichen Differenzen aufgehoben sind. Die Zeit, geschrumpft, aufgehoben und quasi zur Materie verdichtet, wird wie die Muttermilch verschluckt.

Es dauert nicht lange und ich komme nicht mehr mit! Manuels und mein Spielrhythmus können einander nicht mehr finden: Ich kann nicht mehr weiterspielen, weil meine Konfusion zu groß geworden ist und ich das Spiel nicht mehr verstehe! Mich erlebe ich dabei als eingeengt, hilflos und überfordert. Meinen Ärger und meine Frustration darüber, wie Manuel mich »verwendet«, muss ich zu diesem Zeitpunkt der Therapie für mich behalten. Als ich Manuel sage, dass ich ganz durcheinander sei, das Spiel nicht mehr verstünde und ihn bitte, mir weiterzuhelfen, wird Manuel sehr wütend und beschuldigt mich, dies nur zu tun, um ihn zu ärgern. Geärgert zu werden ist eine Erfahrung, die ihm in der Schule täglich begegnet, wenn andere ihn wegen seiner Tics und seiner Körperfülle auslachen. Mir gegenüber ist Manuel nun beleidigt und will nicht mehr weiterspielen. Die versuchte Bemächtigung ist gescheitert, und so offenbart sich nun die Leere, die gerade damit verhindert werden sollte. Mit der Wut und dem Schmerz dieser Enttäuschungsfrustration lässt Manuel auch mich fallen. Unser

Spiel ist kollabiert; der Versuch einer »gemeinsamen Zeit« vorerst gescheitert.

In der Therapie sind die frühen Beziehungserfahrungen Manuels mit seiner Mutter aktualisiert worden. Winnicott hat in seinen Beschreibungen dieser Beziehungserfahrungen stets besonders das Merkmal der »illusionären Verkennung« in der frühen Mutter-Kind-Beziehung hervorgehoben. Die »illusionäre Verkennung« ergibt sich aus den projektiven Wahrnehmungen und Zuschreibungen an den jeweils anderen, die ja letztlich ein imaginäres Spiegelbild des eigenen Seinszustands darstellen. Für die Möglichkeit der Aufhebung dieser Verfremdung muss es »ein Drittes« geben, das von beiden Seiten als »Nichteigenes«, Fremdes wahrgenommen und ausgehalten werden kann. Das ist Winnicott zufolge das Übergangsphänomen. Dadurch, dass es von beiden Beziehungspartnern in seiner Fremdheit ausgehalten und akzeptiert wird, wird Entfremdung aufgehoben. Erst wenn das »Phantasma der gemeinsamen Zeit« als haltender Rahmen geschaffen und akzeptiert ist, dass diese Zeit weder dem Kind noch dem Therapeuten gehört, kann Begegnung stattfinden. Paradoxerweise entsteht so die »Eigenzeit« erst in der Begegnung mit der Zeit des anderen.

Was aber, wenn ein Kind wie Manuel in einer diffus-depressiven, fast wahnhaft anmutenden Familienatmosphäre aufwächst: Betrachtet man das Beziehungsgeschehen zwischen ihm und seiner Mutter unter zeitlichen Aspekten, kann man wohl davon sprechen, dass sie ihm ihre Zeitrhythmen aufnötigte. Das Kind kann dann qualitative Veränderungen des eigenen Zeiterlebens nicht mehr wahrnehmen, sein Zeitrhythmus wird quasi ausgelöscht oder kann sich gar nicht erst entwickeln.

Manuels Mutter hatte selbst als Kind Traumatisierendes erlebt, über das sie – in intensiven Elterngesprächen – ausführlich berichtet. Von der Mutter war sie regelmäßig gedemütigt, vom Vater geschlagen worden: »Schön ist das Leben erst, wenn man tot ist!«, lautete das Motto, das in ihrer Ursprungsfamilie gegolten habe und das ihr nun wieder »ganz nahe« erscheine. Ich bin erleichtert, als ich von ihr höre, dass sie selbst in psychotherapeutischer Behandlung ist.

Frau L. neigt dazu, das, was Manuel sagt oder tut, psychologisierend zu interpretieren und daraus Schlussfolgerungen zu ziehen, was er »tun sollte«. »Was das Richtige für ihn ist«, habe sie immer genau gewusst: »Stillen« habe »immer geholfen«. Damit hatte sie sich wohl auch selbst beruhigt und versucht, sich von ihren eigenen Ängsten und Spannungen zu entlasten. So hatte sie die illusionäre, symbiotische Mutter-Kind-Dyade viel zu lange aufrechterhalten. Sie besänftigte auf diese Weise nicht nur ihr eigenes inneres Kindobjekt, sondern erhielt damit auch eine unbewusste Bindung zu diesem Teil ihrer Objektwelt aufrecht. Manuel wurde für sie zu einem vorhersehbaren inneren Objekt, für das sie klare Vorstellungen seiner Entwicklung bereithielt. Frau L. hat lebendige Wahrnehmungen durch Interpretation und vermeintliches Wissen ersetzt. Ein solches Geschehen, bei dem das, was sich ereignet, falsch benannt wird, erzeugt im Kind Konfusion wie auch das Erleben, dass er selbst keine Ahnung hat, was er »wirklich« fühlt.

Ogden (2000, S. 199f.) beschreibt diesen Zustand als »Verkennung des Nicht-Wissens«, der nicht ausgehalten wird. Er betont die Funktion der Abwehr, die ein solches Wissen hat, um so vor nicht aushaltbaren inneren Wahrheiten und Zuständen zu schützen:

> »Die Illusion zu wissen, wird durch die Schaffung einer großen Bandbreite von Ersatzbildungen ermöglicht, die den ›potentiellen Raum‹ – bzw. hier auch die potentielle Zeit – füllen durch die Schaffung einer großen Bandbreite von Erfahrungen, in dem andernfalls Begierde und Furcht, Appetit und Völlegefühl, Liebe und Hass entstünden.«

Sequenz 2: Frustration – stehende Zeit

Zehn Monate später: Manuel wird jede Stunde unzufriedener. Er kommt nur noch ungern und auch das wohl nur, weil seine Mutter nachdrücklich darauf besteht. Seine Frustration nimmt zu und das lässt er mich auch spüren. Ich habe mich als unfähig erwiesen, seine Versorgungswünsche zu erfüllen, die er immer aktiver und fordernder an mich gerichtet hatte. Manuel beschwert sich darüber, dass er hier nun »schon alles gespielt« habe und auch mich bestens kenne. Dann verlangt er von mir, ich solle doch in jeder Stunde neue Spiele für ihn bereithalten. Was das sein soll, ist ihm nicht so wichtig: Hauptsache »etwas Neues«. Andernfalls werde er »nicht mehr kommen«. Ich sei schließlich dafür verantwortlich, dass es ihm hier gefalle! Als ich vermute, dass er neue Spiele brauche, um nicht zu bemerken, dass ihn etwas beunruhige, bekomme ich keine Antwort. Manuel schweigt.

Damit beginnt eine neue, schwierige Phase der Therapie: Manuel scheint mich mehr und mehr als Gegner wahrzunehmen, der ihn frustriert und – wie der Vater – zurückweist. Der hatte mir in einem Gespräch von seinem eigenen leidvollen Leben erzählt: Seine Mutter war verstorben, als er sechs Jahre alt war. Vom Vater zu den Großeltern – den Eltern seines Vaters – weggegeben, bestand die väterliche Zuwendung vor allen Dingen in regelmäßigen Prügeln, wenn er dort nicht »pariert« hatte. Es sei eben, meint Herr L. wie beiläufig, »keiner so richtig für mich zuständig gewesen«. Herr L. kann sich vorstellen, dass diese Erfahrungen auch die Beziehung zu seinen Söhnen belastet haben: Mit Manuel könne er wenig anfangen, es gebe keine Gemeinsamkeiten. Mit Tränen in den Augen besteht Herr L. darauf, dass der Tod seines ältesten Sohnes ein »Unfall« war. Weiter will er darüber nicht sprechen.

In der Therapie klagt Manuel nun in jeder Stunde über Langeweile, die ihn sichtlich quält und die er mir jede Stunde aufs Neue, anfänglich passiv-leidend, später aktiv-provozierend demonstriert: Bäuchlings auf die Schaukel liegend, leicht hin- und herschaukelnd, den Kopf zwischen den Händen vergraben, stöhnt und jammert er über die nicht vergehende Zeit; über die Langeweile, die er erdulden müsse und für die ich verantwortlich sei. Dann liegt er still und schweigt. Versuche ich, mit ihm ins Gespräch zu kommen, werde ich entweder mit erneuten Langeweilevorwürfen attackiert, oder er bleibt still: Seine Angriffe lassen mich eine – manchmal sadistisch getönte – Freude an seinen Qualen erleben, aber auch eine »Hoffnung« darauf, »dass etwas geschehen«, sich »etwas öffnen« wird. Diese Hoffnung ist es wohl, die es mir möglich macht, seine Attacken, aber auch sein selbstmitleidvolles Stöhnen und Seufzen über so lange Zeit hinweg zu ertragen.

Wenn psychische Inhalte abgewehrt werden müssen, verändert sich das Zeiterleben. Zwischen Manuel und mir scheint die Zeit sich quälend zäh auszudehnen. Damit breitet sich – wie Greenson (zit. n. Kreuzer-Haustein 2001, S. 101f.) formuliert – eine »Spannung voller Leere« zwischen uns aus. Greenson sieht diese Leere als »psychische

Repräsentanz für die abwesende mütterliche Brust«. Das frustrierende mütterliche Teilobjekt ist »draußen«. Das erzeugt Leere und Hoffnungslosigkeit und in der Übertragung »Wut und Hass« auf das versagende Objekt. Winnicott beschreibt Langeweile als »Übergangszustand mit unklarer Zielrichtung«, der vor nicht aushaltbaren psychischen Zuständen schützt, auch kreative und regenerative Möglichkeiten enthält. Richtung und Ziel liegen noch im Verborgenen. Winnicott schreibt: »Diese Patienten suchen kein Objekt, sondern sind auf der Suche danach, … in sich selbst etwas Lebendiges zu finden.«

Manuel erklärt mir, am liebsten weglaufen zu wollen. Das würde er auch zu Hause tun, wenn er es – so wie jetzt – nicht mehr aushielte: Wenn die Mutter ihn mal wieder mit ihren Fragen nerve, von ihm wissen wolle, wie es ihm in der Schule ginge; wenn sie mit ihm über den Tod des Bruders sprechen wolle. Oder wenn er die schlechte Laune des Vaters fürchten müsse. Dann renne er »… einfach so, draußen rum«. Mehr will er dazu nicht sagen. Wenn auch ich ihn mit meinen Fragen nerve, dann hält er sich die Ohren zu, genießt sein Furzen – weil er wohl spürt, dass mich das ärgert – und schweigt. Später verfeinert er dieses System: Manuel bringt sich selbst einen CD-Spieler mit, mit dem er sich die Ohren zustöpselt und mich damit nachdrücklich und endgültig ausblendet. Wie früher die Mutter ihn mit Stillen ruhig stellte, so versucht Manuel das jetzt mittels Musik selbst zu tun und durch »omnipotente Selbstbemutterung« seinen quälenden Ängsten zu entgehen.

In der folgenden Stunde erklärt Manuel mir, hier sei alles blöd: »Die Möbel sind blöd, die Spiele sind blöd, das ganze Zimmer ist blöd … und Sie sind blöd!« Manuel will meinen Anblick nicht länger ertragen, und auch wenn ich ihn anschaue, irritiert ihn das. Um meine Gegenwart aushalten zu können und damit – wie er sagt – »die Zeit vergeht«, stellt er das Indianerzelt in die Mitte des Zimmers, legt sich hinein und demonstriert seine Unabhängigkeit, indem er dort seine selbst mitgebrachten Karten hervorholt und mit sich selbst spielt. Manuel lehnt es ab, mich mitspielen zu lassen. Ich solle erkennen, wie es ihm hier ginge, ich solle mich langweilen und wie er gezwungen sein, die Zeit abzusitzen. Wie er sich von mir gequält glaubt, so will Manuel nun mich quälen. Manchmal aber stürzt er – für mich völlig überraschend – aus seinem Zelt hervor und fertigt mit Papier und Bleistift bizzare monsterartige Fratzen, auf die er meinen Namen schreibt, mir in die Hand drückt und dann wieder im Zelt verschwindet. Dort lässt er mich wissen, dass ich genauso aussähe. In den Momenten des Erlebens eigener authentischer Impulse sind Passivität und Langeweile verschwunden. Manuel hat seine eigene Zeit entdeckt, hält sie aber noch nicht aus.

Die regressive Selbstversorgung im sicheren Mutter-Zelt ist für Manuel nicht ungefährlich: Mit den sich öffnenden Verklebungen und Realitätsverkennungen der Mutterbeziehung überfallen ihn »Verrücktheitsängste«, denen er bislang durch »Weglaufen«, Fantasiebildungen und manipulatives Verhalten ausgewichen war. Nun ist er damit konfrontiert und erlebt in der Übertragung auch mich als Furcht erregendes Monster. Manuel, emotional hin und her gerissen zwischen der ozeanischen Langeweile regressiver Selbstversorgung im schützenden Mutter-Zelt und den ihn überflutenden, erregenden Ängsten, kann noch keine eigene Mitte finden, die ihn beides verbinden und ertragen ließe.

Zwischen Abwehr und kreativer Ich-Leistung kann Langeweile qualitativ sehr unterschiedlich sein und unterschiedlich erlebt werden. Als emotionales Erlebnisfeld hat sie hier sozusagen einen doppelten Charakter, der einen kreativen Spannungsbogen öffnet. Fenichel (zit. n. Kreuzer-Haustein 2001, S. 102f.) beschreibt sie als ein »Trieb-Abwehrgeschehen, das durch Unlustgefühle gekennzeichnet ist, die sich »aus dem Widerstreit zwischen dem Bedürfnis nach Betätigung … und der Unfähigkeit sich anregen zu lassen« entwickeln. Die Passivität ist so keine gewollte, sondern Ergebnis unbewusster Abwehrvorgänge. Sie schützt damit vor nicht aushaltbaren psychischen Zuständen, die mit traumatisierenden Erfahrungen verbunden sind. Das Erleben von Langeweile in der analytischen Beziehung kann als unbewusstes, vom Therapeuten und dem Patienten gemeinsam inszeniertes Abwehrgeschehen verstanden werden. Abgewehrt werden müssen entweder aggressive Beziehungsqualitäten, die sich in der therapeutischen Begegnung noch nicht entfalten konnten. Oder die erlebte Langeweile ist ein Hinweis darauf, dass die Konsolidierung der Ich-Funktionen nicht ausreicht, um gesteuert regredieren zu können. Die unterdrückte Spannung, die sich in Manuels Zucken, Zappeln und Grimassieren zeigt, wäre dann so zu verstehen, dass »diffuse innere Räume« über derartige Körperreaktionen gefüllt werden müssen.

Sequenz 3: Subtile Veränderungen

Sechs Monate später: Wie schon so oft, liegt Manuel auch diesmal wieder über Langeweile klagend auf der Schaukel. Ich, neben ihm auf einem Stuhl sitzend, meine, dieses Klagen neuerdings in sich verändernder Qualität wahrnehmen zu können, das mich Hoffnung schöpfen lässt. Das ermüdende, »unzufriedene Quengeln«, das ich über viele Stunden hinweg ertragen hatte, schien nun einen zunehmend lustvoll-aggressiven Unterton bekommen zu haben. Das erleichterte und freute mich! Fenichel spricht von einer »Vorlust«, die sich in der Langeweile verdeutlicht, wenn sich in ihr der Übergangszustand einer seelischen Entwicklung zeigt, in der »leere Zeiten und leere Räume« ausgehalten wurden. Als ich Manuel sage, dass ich den Eindruck habe, dass er gern zu mir komme, weil es ihm »so viel Freude« mache, mich spüren zu lassen, dass er »überhaupt nicht gern« komme, bekomme ich keine Antwort. Wie auch sonst, mache ich ihm nun auch diesmal zum Stundenanfang »drei Vorschläge, was wir tun könnten«, die er bislang jedes Mal mit genervtem Stöhnen quittiert hatte.

Diesmal war es anders. Für den dritten Vorschlag interessierte sich Manuel: Ich hatte angeregt, sich aus den Bausätzen, aus denen sich einfache Elektronikschaltungen zusammenbauen lassen, einen auszusuchen: Der »Einbruchsmelder« begeisterte ihn, nachdem ich ihm versprochen hatte, dass er ihn mit nach Haus nehmen dürfe, wenn er fertig geworden sei und funktioniere. Manuel wollte den Meldedraht quer durch sein Zimmer vor die Tür legen, sodass die Sirene laut schrillen sollte, wenn seine Mutter unangemeldet das Zimmer betrat! Wir waren von dieser Idee beide begeistert – wenn auch sicher aus unterschiedlichen Gründen.

Ich muss gestehen: Der Einbruchsmelder wurde zwar fertig, hat aber nie funktioniert. Manuel hat ihn auch nicht mit nach Hause genommen. Mir erschien diese Stunde aber wie der Beginn eines neuen Therapieabschnitts, in dem er sich mehr »im Fluss der Zeit«

bewegen und unsere Begegnungen mehr und mehr von »dynamischem Zeiterleben« eines gemeinsamen Tuns bestimmt waren, bei dem nun auch Gespräche möglich wurden. Die Symbolik des Einbruchsmelders erscheint dabei nach außen als Abgrenzung gegen die in seinen Lebensbereich einbrechende Mutter und nach innen als Schutz, vielleicht als eine Art »Gegenzauber«, gegen die Überfälle der Gefühlsmonster in sein noch schwaches Ich.

Interpretation

Bei Manuel hatte sich die Dynamik des »Zeiterlebens« während vieler Stunden um die Grenzbereiche der »Überfülle« oder des »Mangels« – des »Zuviel« oder des »Zuwenig« – polarisiert. Beides war für ihn mit not- und leidvollem Erleben verbunden gewesen. Mit der nun sich andeutenden triadischen Beziehungsstruktur verlor sich dieses Thema. Es verlor an Bedeutung, weil es in den Stunden nun Inhalte gab, über die wir sprechen, uns so wechselweise verbinden und wieder trennen konnten.

»Zuviel« oder »Zuwenig« an Beziehungsintensität hatte Manuel wohl auch in der Beziehung mit seinen Eltern erlebt, sodass er von der Mutter »alles«, vom Vater hingegen »nichts« zu erwarten schien und sich dieses Erleben in der Therapie mit mir in der jeweiligen Übertragungskonstellation wiederholend inszeniert hatte. Nun aber war etwas in Fluss gekommen: Manuel hatte sein Interesse am Basteln von Elektronikschaltungen entdeckt und ließ sich von mir jeweils genau erklären, wie denn die fließenden Ströme – die ich hier in Analogie zu seinen nun wieder freier fließenden inneren Kräften verstehe – ihre Wirkung entfalten konnten. Jetzt war es auch möglich geworden, mit ihm über die Beziehung zu seinem ums Leben gekommenen Bruder zu sprechen, in der es offensichtlich häufig aggressive Auseinandersetzungen gegeben hatte. Über seinen Tod aber konnte und wollte er weiterhin nicht sprechen.

Mit dem Schock über den unbegreifbaren Tod des Bruders hatte sich die bislang noch mühevoll kompensierte, »unheimlich-unbegreifbare« Familienatmosphäre in ihrer vollen Dynamik entfaltet und das gesamte familiale Abwehrsystem ins Wanken gebracht. Ob dieser

Tod nun ein Suizid oder ein Unfall gewesen war, sei – sagte mir die Mutter im Gespräch – nicht herausgefunden worden. Mit dem fehlenden Wissen über die wahre Todesursache war natürlich auch eine innere Auseinandersetzung nicht möglich.

Die Therapie mit Manuel ist seit mehr als einem Jahr beendet: Bei der Verabschiedung, zum Ende der letzten Stunde drückt er mir eine Karte in die Hand und geht schnell aus dem Zimmer. Als ich den Umschlag öffne, steht darauf: »Danke für die schöne Zeit mit ihnen. Ich hoffe sie bleiben lange gesund und munter. Und ich wünsche ihnen schöne Ferien. Ich werde sie vermissen und ich hoffe sie mich auch. Dein Manuel«

Literatur

Bell, K. (2001): Charakter, Zeitgefühl und analytische Langzeittherapie. In: Kruse, G. (Hg.): Psychotherapie in der Zeit – Zeit in der Psychotherapie. Hannover.

Eissler, K. (1978): Der sterbende Patient. Zur Psychologie des Todes. Stuttgart.

Hoeg, P. (1995): Der Plan von der Abschaffung des Dunkels. Reinbek, 2001.

Kreuzer-Haustein, U. (2001): Zur Psychodynamik der Langeweile. Forum der Psychoanalyse 17 (2).

Kruse, G. (Hg.) (2001): Psychotherapie in der Zeit – Zeit in der Psychotherapie. Hannover.

Loewald, H. W. (1986): Psychoanalyse. Aufsätze aus den Jahren 1951–1979. Stuttgart.

Meerwein, F. (1989): Spute dich, Kronos, fort den rasselnden Tott. Überlegungen zum Zeiterleben im psychoanalytischen Prozess und in der Lebens-Endzeit. Z. psychosom. Med. 35: 156–174.

Morgenstern, C. (1966): Galgenlieder. Leipzig.

Ogden, T. (2000): Frühe Formen des Erlebens. Heidelberg.

Stern, D. N. (1998): Die Mutterschaftskonstellation. Stuttgart.

Stern, D. N. (1990): Tagebuch eines Babys. München.

Winnicott, D. W. (1974): Von der Kinderheilkunde zur Psychoanalyse. München.

Ursula Sauer-Schiffer

Beratung im Wandel – Wandel der Beratung?

Consultation in reformation – reforming consultation?

Counselling in adult education has changed. Since it has started to be professionalized in the sixties (in Western-Germany) it has drawn more and more attention inside the educational system. Today there is a variety of different types of counselling as for example, counselling about how people should learn, information and counselling, supervision, coaching, mediation. All types are very much demanded in adult and further education. The author gives an overview of counselling in this field. She describes and analyzes those six stages in which special educational development (such as education-policy and theory of education) influences counselling. This general systematic allows the classification of the Adlerian counselling. It is shown that Adlerian Counselling offers a theoretically sound theory of counselling in adult education and that Adlerian counselling is used in many fields of adult and further education.

Zusammenfassung

Beratung im Praxisfeld der Erwachsenenbildung hat sich gewandelt. Mit Beginn der Professionalisierung pädagogischer Berufe in den sechziger Jahren erfährt pädagogische Beratung eine immer größere Aufmerksamkeit. Heute existiert eine Vielzahl von Beratungsformen – wie beispielsweise Lernberatung, Bildungsberatung, Supervision, Coaching, Mediation –, die in der Erwachsenenbildung stark nachgefragt werden. Die Autorin gibt einen Überblick über Beratung in der Erwachsenenbildung und Weiterbildung. Sie beschreibt und analysiert sechs Phasen, in denen bildungspolitische und bildungstheoretische Entwicklungen Einflüsse auf pädagogische Beratungsansätze haben. Diese allgemeine Systematik erlaubt, den Individualpsychologischen Ansatz in die Disziplin der Erziehungswissenschaft einzuordnen. Es wird gezeigt, dass der Individualpsychologische Ansatz eine theoretisch fundierte Beratungstheorie bietet und in der Praxis der Weiterbildung in vielen Bereichen genutzt wird.

Meine Analyse des Bereichs der pädagogischen Beratung und die daran anschließenden Überlegungen über den »Wandel der Beratung« sind mir möglich, weil ich einen großen Teil meiner bisherigen Lebenszeit als wissenschaftlich arbeitende Erwachsenenpädagogin verbracht habe – mittlerweile sind es 16 Jahre – und mich seit zehn Jahren aus der Sicht meiner Disziplin, der Erziehungswissenschaft und speziell der Erwachsenenbildung, mit Beratung befasse. Ich argumentiere also aus dem Blickwinkel der Wissenschaft von der Erwachsenenbildung.

Gleichzeitig argumentiere ich aus dem Blickwinkel einer praktisch arbeitenden Erwachsenenpädagogin. Seit 23 Jahren arbeite ich in verschiedenen pädagogischen Bereichen: zunächst als Lehrerin mit Schülern, später als Diplompädagogin mit Erwachsenen, heute mit Studierenden sowie mit Erwachsenen im Bereich der beruflichen Bildung und mit angehenden Beraterinnen und Beratern.

Beratung spielte und spielt eine immer wichtiger werdende Rolle in meinen beruflichen Tätigkeiten.

An dieser Stelle müsste eine Definition von Beratung erfolgen. Ich folge jedoch nur bedingt den wissenschaftlichen Gewohnheiten, sondern lasse zunächst anderen Autoren den Vortritt, Beratung zu definieren.

Dennoch mein Angebot einer sehr allgemeinen Definition: »Beraten« hat laut Duden folgende Bedeutung: »(sich etwas geistig) zurechtlegen, überlegen, (aus-)sinnen, Vorsorge treffen, für etwas sorgen, vorschlagen, empfehlen und erraten, deuten« (Duden 1965, S. 250). Diese Begriffserklärung weist bereits auf die verschiedenen Möglichkeiten des Beratungsverständnisses hin. Beratung ist eine vielschichtige zwischenmenschliche Interaktion zwischen zwei oder mehreren Partnern, in der Ratgeber und Ratsuchender gemeinsam ein Problem erörtern, darüber reflektieren und bei der gemeinsam Lösungen überlegt werden.

Beratung im Wandel – Wandel der Beratung?

Überblick über die geschichtliche Entwicklung: Phasen der Beratung im pädagogischen Diskurs[1]

Die geschichtliche Entwicklung von Beratung in der Erwachsenenbildung belegt, dass Beratung ein schillernder Begriff ist und in sehr vielen Bedeutungszusammenhängen genutzt wird (Gieseke 2000).

Betrachtet man die Entwicklung genauer, erkennt man zwischen der Beratung in der erziehungswissenschaftlichen und erwachsenenpädagogischen Rezeption und in der (erwachsenen-)pädagogischen Praxis erhebliche Unterschiede in der Akzeptanz. Dies hat sich gewandelt: Nach einer belebten, euphorischen Debatte in den sechziger und siebziger Jahren ebbte das wissenschaftliche Interesse ab. Beratung wird zwar nach wie vor heute zu den Grundlagen einer professionellen Pädagogik gerechnet (vgl. Dewe 2000; für die Erwachsenenbildung: Nuissl 2000; Weinberg 2000); es muss jedoch auch festgestellt werden, dass eine allgemeine pädagogische Theorie der Beratung höchstens in Ansätzen existiert. Pädagogische Beratungsforschung steckt noch in den Kinderschuhen.

- Erste Phase: Der Ursprung – Beratung als Kind der Bildungsreform (Mitte bis Ende der sechziger Jahre)

Professionelle Beratung in der Erwachsenenbildung ist eine verhältnismäßig junge Erscheinung. Erst seit Mitte der sechziger Jahre ist Beratung ein aktuelles Diskussionsthema in der Pädagogik geworden. Mit dem Beitrag über das pädagogische Phänomen »Beratung« von Klaus Mollenhauer 1965 entwickelte sich Beratung zu einem Karrierebegriff in der Pädagogik der sechziger und siebziger Jahre. Mollenhauer (1965, S. 27) sieht in der Beratung einen »neuen pädagogischen Verhaltenstypus«. Nicht Führung oder Leitung, sondern Gleichberechtigung (Individualpsychologen nennen dies Gleich-

1 Dieser sowie der folgende Abschnitt sind eine stark gekürzte Fassung des Buchbeitrags von Ursula Sauer-Schiffer (2004): Bildung und Beratung – Beratungskompetenz als neue Herausforderung für Weiterbildung und außerschulischen Jugendbildung? (Münster). Der systematische Überblick über die sechs Phasen der Beratung ist dort ebenfalls veröffentlicht.

wertigkeit) prägen die pädagogische Beziehung und damit den neuen Verhaltenstypus der Beratung. Grundlagen der Beratung sind Autonomie, Entscheidungsfreiheit, Freiwilligkeit. Beratung wird als kommunikativer Interaktionsprozess gesehen, bei dem der Ratsuchende um Selbstaufklärung und Problemlösung bemüht ist.

Auch für die praktische Erwachsenenbildung und außerschulische Jugendbildung galten diese Leitideen wie Emanzipation, Partizipation und Demokratisierung.

Die Erziehungswissenschaft im Allgemeinen und pädagogische Aufgaben im Besonderen entstehen im Zusammenspiel gesellschaftlicher Entwicklungen. So auch die Beratung in der Pädagogik. Besonders Klaus Mollenhauer und andere Pädagogen seiner Zeit beeinflussten mit ihren Ideen einer demokratisch-emanzipatorischen und nichtautoritären Form der Erziehung und Bildung die Pädagogik.

Erziehung, Bildung und der neue Typus »Beratung« korrespondierten mit dem starken Interesse jener Zeit, emanzipatorisch-demokratisch und nichtautoritär zu sein. In vielen Beratungskonzepten – auch den heutigen – sind Ideen von Emanzipation und Demokratisierung enthalten

Ende der sechziger Jahre, ebenfalls im Zuge der Bildungsreform, wurde die pädagogische Ausbildung neu geordnet. Es entstanden Studiengänge, in denen Diplompädagogen für den Erziehungsbereich ausgebildet wurden. Beratung wurde dort als eine eigenständige pädagogische Handlungsform betrachtet – neben Erziehen und Helfen. Weitere Handlungsformen sind: Unterrichten, das Vermitteln von Wissen, Informieren und Organisieren, Verwalten, Planen.

Speziell für die Erwachsenenbildung wurde angesichts gesellschaftspolitischer und vor allen Dingen wirtschaftlicher Veränderungen die Forderung nach lebenslangem Lernen zum herausragenden Prinzip für die Bildungsarbeit mit Erwachsenen und jungen Erwachsenen. Von nun an kreist die Diskussion nicht mehr länger nur um Bildung, um Entfaltung der Persönlichkeit. Erwachsenenbildung war nicht mehr frei und beliebig, sondern es ging um Lernen und um Qualifikation. Eine unspezifische »Beratung der Teilnehmer« wurde bereits in den sechziger Jahren von Erwachsenenbildnern gefordert (Pöggeler 1964).

– Zweite Phase: Erweiterung I (Anfang bis Ende der siebziger Jahre)
Der Strukturplan des Deutschen Bildungsrates von 1970 bezeichnet »Beratung als Strukturelement des Bildungswesens«. Es wird zwischen drei Beratungsfeldern differenziert: Schule, Berufsbildung und Weiterbildung.

1973 wurden in der Kultusministerkonferenz feste Beratungsinstanzen beschlossen (Bund-Länder-Kommission 1973). In Schulen und Hochschulen werden Beratungsangebote *institutionalisiert.*

Nach Krüger (1978), der das gesamte Feld der Beratung als Erster für die Erwachsenenbildung beschrieben hat, geschieht die Institutionalisierung von Weiterbildungsberatung auf zwei Ebenen.

- Erste Ebene der Institutionalisierung: Beratung wird in eigens ausdifferenzierten Beratungsstellen angeboten (Qualifizierungsberatung, Förderberatung, Weiterbildungsberatung).

Beratungsfunktionen nehmen auch Arbeitsämter, Kammern, Stiftungen oder Projekte wahr. So wurden etwa Projekte wie kommunale Bildungsberatungsstellen eingerichtet und Fort- und Weiterbildungsprogramme für Lehrer und Erzieher konzipiert: Hier ist das Funkkolleg »Beratung und Erziehung« 1975/76 zu nennen. 1977 wurde das Funkkolleg »Beratung in der Erziehung« (Hornstein 1977) gesendet.

Für die professionelle Beratungsarbeit von Erwachsenenbildnern wurde 1980 die Studieneinheit »Weiterbildungsberatung« des Selbststudienmaterialien-Programms des Deutschen Volkshochschulverbandes (SESTMAT) angeboten.

- Die zweite Ebene der Institutionalisierung: Die alltägliche, professionelle Beratung in den Einrichtungen der Weiterbildung wird gestärkt und ausgebaut.

Der Ausbau dieser Beratung (beispielsweise Kurswahlvorbereitung, Einstufungsberatung, Beratung bei Zertifikatskursen, Zielgruppenberatung, sozialpädagogische Beratung, Individualberatung, Beratung der Multiplikatoren, Beratung der Kursleiter) an verschiedenen Weiterbildungseinrichtungen wird in den siebziger Jahren geplant und vorangetrieben.

Allerdings ist die Umsetzung der Forderungen nach Institutionalisierung bis heute in der Weiterbildung nur spärlich erfolgt (abzulesen an der geringen Anzahl an speziellen Weiterbildungsberatungseinrichtungen).

Einen positiven Effekt hatte die beginnende Institutionalisierung der Beratung im Weiterbildungssystem: Es beginnt eine bildungspolitische und theoretische Auseinandersetzung.

Funktion und Aufgaben der Weiterbildungsberatung dieser Zeit können mit den Schlagworten Durchlässigkeit und Transparenz gekennzeichnet werden. Die einsetzende Expansion der Weiterbildung sowie die Annahme einer Individualisierung der Bildungsbedürfnisse erfordert bei gleichzeitiger Unübersichtlichkeit der Weiterbildungsmärkte ein verändertes Aufgabenverständnis der Weiterbildungsberatung: Die Aufgabe ist nun, eine *Passung* zwischen Institution und Teilnehmenden herzustellen. Weiterbildungsberatung sollte dies leisten.

In allen Ansätzen der Beratung werden psychologische Theorien als Grundlage der Beratung genutzt und für die Beratungsarbeit aufgearbeitet. Der aus dieser Zeit bei den Pädagogen bekannteste Ansatz ist die »nicht direktive Beratung« (1962) von Carl Rogers.

– Dritte Phase: Ereiterung II (Anfang bis Mitte der achtziger Jahre)
Mit der so genannten »reflexiven Wende« wird in der Erwachsenenbildung die Gegenbewegung zur vorangegangenen Phase betont, in der mehr die Anpassungsleistung an das System der Weiterbildung im Vordergrund stand. Jetzt wird die Rolle des lernenden Subjekts betont. Bildung muss auf die Individuen, auf den Menschen Bezug nehmen.

Die Konsequenz: Es werden zahlreiche didaktische Konzepte wie die Zielgruppenarbeit, Teilnehmerorientierung, Alltagsorientierung oder auch die Subjektorientierung entwickelt, die bis heute als allgemeine Prinzipien in der Bildungsarbeit mit Erwachsenen wirken.

Für die Beratung in der Erwachsenenbildung entwickeln sich in dieser Phase folglich entsprechende neue Arbeitsfelder wie Bildungslaufbahnberatung, Lernberatung, Teilnehmerberatung, Zielgruppenberatung.

Gerade die Zielgruppenberatung, die problemorientiert angelegt ist, bewegt sich seit den Anfängen in den Grenzbereichen zur psychosozialen Beratung, einem Arbeits- und Beratungsfeld, das eher dem Bereich der Sozialpädagogik zugeordnet wird. Indikator für diesen »Grenzbereich« der Beratung ist folgende Beobachtung: Insbesondere, wenn es um die erwachsenenpädagogischen Zielgruppen der Erwerbslosen, der Frauen oder der Bildungsbenachteiligten geht, ist häufig vom Klienten statt vom Ratsuchenden die Rede.

Hinter diesem Problem der Abgrenzung steckt ein Problem, das insbesondere in dieser Phase verstärkt diskutiert wird: die Abgrenzungsproblematik Beratung/Psychotherapie und Identitätslernen/Erwachsenenbildung (Mader 1986).

Der Erwachsenenpädagoge Enno Schmitz schreibt im Jahr 1983 einen bemerkenswerten Aufsatz über diese Grundproblematik. Er vertritt die Meinung – und belegt seine Thesen sehr eindrucksvoll –, dass die Interventionsformen »Therapie, Beratung und Erwachsenenbildung sich nicht durch Definitionen, sondern nur durch praktisches Handeln unterscheiden lassen« (Schmitz 1983, S. 68). Das, »was ein Therapeut, ein Berater, ein Erwachsenenpädagoge praktisch tut, enthält in jedem Fall zugleich Elemente therapeutischen, beratenden und erwachsenenpädagogischen Handelns. Unterschiede ergeben sich lediglich dadurch, daß in den einzelnen Typen intervenierenden Handelns eines dieser Elemente überwiegt« (Schmitz 1983, S. 61).

Diese Auseinandersetzung mit anderen Formen des beruflichen Handelns wie der Handlungsform (Psycho-)Therapie ist nicht verwunderlich, sind die meisten Ansätze doch der Psychologie entliehen. Auf der anderen Seite benötigen Pädagogen, speziell Berater, psychologisches Wissen über die Persönlichkeit der Ratsuchenden, deren Entwicklungsstand und deren soziale und familiäre Situation. Hierzu Aurin: »Dabei müssen unterschiedliche pädagogische und psychologische Mittel der Problemerkundung (Diagnose) und der Problemlösung (Prognose, Beratung, Förderung, Therapie), einschließlich der hierzu jeweils erforderlichen Theorien, angewendet werden« (Aurin 1984, S. 8). Beratung »als Form differenzierter erzieherischer Einflussnahme mit Hilfe von sachkundig angewendetem psychologischem Wissen kann zur humanen Praxis von Erziehung beitragen« (Aurin 1984, S. 9). So argumentiert Kurt Aurin, der Beratung als »Hilfe zur Selbsthilfe« definiert. Pädagogische Beratung fasst er folgendermaßen:

»Pädagogische Beratung zielt durch besseres Verstehen des einzelnen

- auf Aktivierung der Selbstbehauptungskräfte des einzelnen
- auf Aktivierung seiner Fähigkeit zur Selbsteinsicht und

- der Fähigkeit zur Neuorientierung seiner Einstellungen und Verhaltensweisen und
- zur Erkundung möglichst eigenständiger Lösungsmöglichkeiten von Problemen« (Aurin 1984, S. 18).

Mit dieser Auffassung über pädagogische Beratung kommt er den klassischen Bildungsvorstellungen sehr nahe. Sieht man sich nämlich klassische Bildungstheorien an, wird unter Bildung Folgendes verstanden:

»Bildung bedeutet den Prozess und das Ziel
- der Kräftebildung,
- der Selbstentfaltung und
- der Selbstverwirklichung jedes Menschen in Auseinandersetzung mit der Welt.

Bildung ist ein Gegenkonzept zu Erziehung und zu Ungleichheit« (Schlutz 2001, S. 48).

Eine andere Definition von Beratung, die für diese Phase der Erweiterung einen wichtigen Theorieimpuls gab, ist die von Hermann Giesecke (1992): Er formuliert *Beratung als Lernhilfe*, die auf *Handlungsverbesserung* beim Lernenden zielt. Giesecke nennt in seinem Buch »Pädagogik als Beruf: Grundformen pädagogischen Handelns« folgende Grundformen für professionelles pädagogisches Handeln: Unterrichten, Informieren, Beraten, Arrangieren, Animieren (Giesecke 1992, S. 66–100), wobei für ihn die Beratung »von allen pädagogischen Handlungsformen die persönlichste« (S. 79) ist, da sie ein einfühlsames Eingehen auf die individuellen Bedingungen und Möglichkeiten erfordert.

Erwachsenenpädagogen in dieser Phase gehen davon aus, dass die Handlungsformen »Beratung« und die Handlungsform »Information« insbesondere für die Erwachsenenpädagogik zusammengehören. Letzteres könnte der Grund für den erwachsenenpädagogischen Schwerpunkt in dieser Phase der Beratung sein.

Weiterbildungsberatung gilt als *neuer* Aufgabenbereich zwischen makro- und mikrodidaktischen Aufgaben. Beratung dient demnach in erster Linie der Information und dann der Beratung über die Weiterbildungsangebote, über deren Methoden, Inhalte et cetera.

Vereinzelt findet man Initiativen und Modellprojekte zur Weiterbildungsberatung (beispielsweise Projekte über Beratungsstellen, Qualifizierungsberatung, Lernberatungsprojekte für so genannte Zielgruppen wie etwa Bildungsbenachteiligte, Erwerbslose, Analphabeten (s. a. Fuchs-Brüninghoff et al. 1986; Wack 1982)).

– Vierte Phase: Ausbau (Mitte der achtziger bis Mitte der neunziger Jahre)

Seit Mitte der achtziger Jahre steht die Erwachsenenbildung unter dem Signum: (Weiter-)Bildung zwischen Qualifikation und Aufklärung.

Bildung wird als Instrument der Arbeitsmarktpolitik gesehen. Bildung wird auch zur tragenden Säule des gesellschaftlichen Umbaus. Stichworte, die die Situation kennzeichnen, sind: Pluralität und Wettbewerb, Subsidiarität und Marktwirtschaft, Ökonomisierung der (Weiter-)Bildung, Qualitätssicherung und Internationalisierung.

In dieser Phase werden Weiterbildungsberatungsstellen ausgebaut. Qualifizierungsberatung wird nachgefragt, besonders aufgrund der großen Nachfrage in Ostdeutschland.

Weitere (Weiterbildungs-)Beratungsstellen entstehen in den neunziger Jahren durch den Ausbau von Angeboten, die sich speziell an Frauen richten. Unterstützt durch Fraueninitiativen und Frauenbeauftragte in den Kommunen wurden sie vor allem für die große Gruppe der Berufsrückkehrerinnen eingerichtet (Bujok 1992; Pressel 1989).

Vonseiten der akademischen Erwachsenenbildung besteht nun Einigkeit darüber, dass die zunehmende Individualisierung von Bildungsbedürfnissen und die gleichzeitige Unübersichtlichkeit an Weiterbildungsangeboten Beratung notwendig machen.

Diesen Trends der Erwachsenenbildung entsprechend wird Beratung in dieser Phase folgendermaßen diskutiert – hier eine Auswahl:

- Beratung als Entscheidungshilfe für den Weiterbildungsmarkt.
- Beratung als Moderator in der pluralen Weiterbildungslandschaft.
- Beratung als Scharnierstelle zwischen Angebot und Teilnehmer.
- Beratung wird zur *Gelenkstellenfunktion* zwischen Anbietern und Nachfragern.

Resümee: Beratung ist ein *integraler* Bestandteil (erwachsenen-)pädagogischen Handelns. Im Vordergrund steht die (Weiter-)Bildungsberatung (Mader 1994).

Wissenschaftliche Projekte zur Beratung in der Weiterbildung werden gefördert:

- Projekt zur Institutionalisierung von Weiterbildungsberatungsstellen (Kejcz 1988).
- Ausbau der Konzepte zur Lernberatung (bfw/BIBB Berufsförderungswerk Hamburg; Harke und Volk von Bialy 1991) 1982–1988 sowie zur Alphabetisierung und Elementarbildung der PAS/DIE/Frankfurt (Fuchs-Brüninghoff 1989) 1982–1988 und zur Organisationsberatung (Schäffter 1992, 1993).

– Fünfte Phase: Differenzierung und Boom (Mitte bis Ende der neunziger Jahre)

Die Erwachsenenbildung reagiert auf gesellschaftlich-politische, ökonomische und technische Entwicklungen mit Qualitätssicherung, Internationalisierung, neuen Lernkulturen, selbst gesteuertem Lernen und der Kompetenzentwicklung.

Während die akademische Erwachsenenbildungswissenschaft sich ausschließlich auf Lernberatung zu konzentrieren scheint (z. B. Kemper u. Klein 1998) und sich in eine Verortungsproblematik um Beratung verstrickt, boomt in der Praxis der Erwachsenenbildung die Beratung. Es existieren jeweils zahlreiche Ansätze zur personenbezogenen Beratung in der Weiterbildung, institutionenbezogene Beratung, zur Lernberatung, Bildungsberatung, Qualifizierungsberatung, Qualitätsentwicklungsberatung, Organisationsberatung. Auch Supervision oder die kollegiale Beratung in der Weiterbildung und außerschulischen Jugendbildung sind akzeptierte Bestandteile beruflicher Tätigkeit, ebenso wie das Coaching und die Mediation. Selbst in der Personalentwicklung wird Beratung immer mehr eingefordert.

In der Praxis der Beratungsarbeit ist es selbstverständlich, ursprünglich psychotherapeutische Techniken als Beratungsgrundlagen einzubinden und sie zu nutzen. Vor allen Dingen sind hier tiefenpsychologische, gestalttherapeutische, systemische Ansätze zu nennen, auch Gesprächstherapie, Neurolinguistisches Programmieren, Transaktionsanalyse zählen dazu.

Es entwickeln sich neue und praktikable Formen der Beratung. Hier ist der sokratische Dialog als eine besondere Form der philosophischen Gesprächsführung zu nennen, der auch in anderen Zusammenhängen der Erwachsenenbildung Anwendung findet.

Pädagogische Beratung heute

Heute stellt sich Beratung als ein pädagogischer Theorie- und Praxisbereich dar, der fest verortet ist im Alltag (von Eltern, Lehrern, Pädagogen): Hier hat die PISA-Studie, ähnlich wie der Sputnikschock der sechziger Jahre, möglicherweise zum Nachdenken über andere Formen der Erziehung angeregt. Der Beratungsbereich ist verortet in der Gesellschaft (zum Teil durch spezielle – gesetzlich verankerte – Institutionen) und verortet im pädagogischen professionellen Verständnis beruflichen Handelns von Pädagoginnen und Pädagogen. Beratung wird sogar als Kernelement in der Bildungsarbeit bezeichnet (Schiersmann 2000).

Von einem Wandel der Beratung kann nicht die Rede sein, wohl von einer enormen Ausdifferenzierung. Dies habe ich am Beispiel der Erwachsenenbildung versucht deutlich zu machen.

Heute, in der sechsten Phase, reagiert die akademische Erwachsenenbildung auf gesellschaftliche Entwicklungen wie Internationalisierung, Ökonomisierung und Schnelligkeit mit Konzepten des lebenslangen Lernens, Qualitätssicherung, neuen Lernkulturen, Kompetenzdebatten und selbst gesteuertem Lernen. Fast jeder dieser Ansätze plädiert mehr oder weniger für die Stärkung von Beratung – was auch zur Konsequenz hat, dass heute der Beratungsbegriff in der Fachdisziplin der Erwachsenenbildung unangemessen überdehnt wird.

War bisher Beratung in der Erwachsenenbildung hinter anderen akuten Themen (der Arbeitslosigkeit oder dem Geschlechterverhältnis oder der Fremdenfeindlichkeit) weit in den Hintergrund gerückt (Mader 1994, S. 273), ergibt sich heute ein ganz anderes Bild: Beratung wird zum »Allheilmittel«. Karlheinz Geißler (2001) spricht (ironisch) von der Beratungsgesellschaft – statt wie andere – von der Bildungsgesellschaft.

Von Beratung verspricht man sich heute Einsparungen, was Zeit und Finanzen anbelangt. Diese Trends machen Beratung auf den ersten Blick für Erwachsenenpädagogen in der Praxis attraktiv. Erwachsenenbildner entwickeln sich zu »Lernermöglichern« und sogar zu »Lernberatern«.

Heute gilt für Erwachsenenbildner/innen, dass Beratung nicht – wie in der Diplomstudienordnung vorgesehen – im Studium erlernt werden kann. Angesichts des Wandels der Berufstätigkeit, der professionellen Neuerungen und deren Herausforderungen in der Erwachsenenbildung ist es für die meisten Ewachsenenpädagogen unerlässlich, eine beraterische fachliche Zusatzqualifikation im Grundberuf zu erwerben.

2001 fordert das Forum Beratung in der Deutschen Gesellschaft für Verhaltenstherapie zu einem neuen Diskurs über Beratung auf. Angesichts des geschilderten Wandels, der Vielfalt und Zerfaserung von Beratung ist der Aufruf eine logische Konsequenz. »Der neue Diskurs über Beratung ist arbeitsfeldübergreifend und soll vernetzen« (Brückner et al. 2001, S. 150).

Im Kern geht es den Autorinnen um ein eigenständiges professionelles Beratungsprofil. Gibt es demnächst also die Profession des pädagogischen Beraters?

Meine Ausführungen zur sechsten Phase sind Beobachtungen der heutigen Situation. Es finden bis heute nur vereinzelt Forschungen zum Bereich der Beratung in meiner Disziplin der Erwachsenenbildung statt. An der Universität in Münster wird zurzeit wissenschaftlich an diesem Thema gearbeitet.

Entwicklung und Situation individualpsychologischer Beratung

Im Anschluss an diese Reflexion und Analyse von Beratung im weiten und differenzierten Bereich der Erwachsenenbildung stellt sich die Frage, wie die individualpsychologische Beratung zu verorten ist. Welche Entwicklung hat sie in den letzten 30 Jahren genommen (im Folgenden beziehe ich mich unter anderen auf Schmidt 1989)?

An dieser Stelle muss zunächst geklärt werden, welche Aspekte ich ausschließe:

- Es geht im Folgenden *nicht* um die Individualpsychologie und ihr Verhältnis zur Pädagogik/Erziehungswissenschaft. (Hiermit haben sich andere Autoren wie Jürg Ruedi, 1995, oder Wilfried Dattler, 1995, auseinander gesetzt.)
- Mein Thema ist *nicht* die Handlungsform Therapie – weder die soziale Therapie noch die psycho-soziale Therapie –, mein Thema ist die pädagogische Handlungsform der Beratung, hier speziell die individualpsychologisch-pädagogische Beratung.

Individualpsychologische Beratung kann man in die *erste Phase des Ursprungs* der Beratung einordnen. 1967 wurden in Aachen und Münster die ersten Fortbildungskurse für Psychologen, Mediziner und für Pädagogen angeboten. 1969 fanden die ersten Prüfungen statt. Zwischen 1968 und 1970 expandierte die 1964 von Wolfgang Metzer und Oliver Brachfeld in Münster gegründete Alfred-Adler-Gesellschaft von 100 Mitgliedern auf 800 Mitglieder. 1970 betreibt die nun in »Deutsche Gesellschaft für Individualpsychologie« umbenannte Vereinigung vier Ausbildungsstätten in Aachen, Delmenhorst, Düsseldorf und München.

Hier wurden – jetzt getrennt von Psychologen und Medizinern – Fortbildungen speziell für Pädagogen angeboten. 1970 waren dies Lehrerinnen und Lehrer, Seelsorger, Sozialpädagogen und ähnliche Berufsgruppen.

In die *zweite Phase der Erweiterung I* fällt neben der beginnenden Institutionalisierung die Aufarbeitung und Nutzung psychologischer Theorien für die Beratung.

Auch die Individualpsychologie, die im Gegensatz zu anderen Tiefenpsychologien seit ihren Anfängen immer einen fruchtbaren Dialog zwischen »Heilen und Bilden« geführt hat, wird in den siebziger Jahren in fast alle Bereiche der Pädagogik einbezogen. Besonders Rudolf Dreikurs ist es zu verdanken, der 1971 erstmals nach dem Zweiten Weltkrieg wieder in Deutschland Seminare abhält, dass die Individualpsychologie in der Pädagogik wahrgenommen wird. Seine in den sechziger Jahren erschienenen Bücher, beispielweise »Kinder fordern uns heraus – wie erziehen wir zeitgemäß« (Dreikurs u. Stolz 1966), werden zu Bestsellern in der pädagogischen (Ratgeber-)Literatur.

1976 spricht sich Wolfgang Metzer im Eröffnungsvortrag der Jahrestagung der Deutschen Gesellschaft für Individualpsychologie für eine Stärkung der Individualpsychologie in der Pädagogik aus: »Die Regierungen beginnen zu merken, daß man auch zum Erziehen von Kindern eine Ausbildung braucht. Ihre Aufgabe, meine Damen und Herren, ist es, mit allen Mitteln und Kräften dafür zu sorgen, daß sie nicht in falsche Hände gerät« (Metzer 1978, S. 15). Wenn diese Worte auch etwas dramatisch klingen mögen, so haben diese Damen und Herren aus den siebziger Jahren sich für die Ideen der Individualpsychologie eingesetzt und in den folgenden Jahren die Individualpsychologie in alle Bildungsbereiche eingeführt.

Individualpsychologische Beratung findet in der *dritten Phase der Erweiterung II* beispielsweise statt in der Heilpädagogik, Sonderpädagogik, in Erziehungsberatungsstellen, im Kindergarten, in der Vorschulpädagogik, in Schulen, aber auch in explizit erwachsenenpädagogischen Bereichen.

Für meine Wissenschaft interessant und hervorzuheben sind die Ansätze der »offenen Beratung«, die in der Lehrer-Fortbildung (Tymister u. Wöhler 1986) entwickelt wurden; ebenso der Beratungsansatz der ehemaligen Pädagogischen Arbeitsstelle des deutschen Volkshochschulverbandes (PAS). Fuchs-Brüninghoff und später auch Pfirrmann entwickelten seit 1983 erfolgreiche Konzepte der Lernberatung (Fuchs-Brüninghoff et al. 1986) und der Mitarbeiterberatung in der Erwachsenenbildung auf individualpsychologischer Grundlage.

In die *vierte Phase* fällt für die individualpsychologische Beratung der *Ausbau* und die beginnende theoretische Aufarbeitung dieses Beratungsansatzes.

Mit Ausbau meine ich die Entwicklung neuer Beratungsformen, die Entwicklung eines individualpsychologischen »Supervisionskonzeptes«, in dem Supervision als individualpsychologisch orientierte Mitarbeiterberatung in der Erwachsenenbildung verstanden wird (Fuchs-Brüninghoff 1990; 1993; Pfirrmann 1994).

Eine erste theoretische Aufarbeitung individualpsychologischer Beratung beginnt mit einer Veröffentlichung, herausgegeben von Tymister, aus dem Jahr 1990 mit dem Titel »Individualpsychologisch-pädagogische Beratung: Grundlagen und Praxis«. Diese Veröffentlichung greift neben der Beratungsarbeit in der Schule (Fuest 1990) die individualpsychologische Beratung in der Hochschule, speziell in der Lehrerbildung auf (Wöhler 1990) sowie die Familienberatung (Christensen 1990) und die Beratung in der Erwachsenenbildung beziehungsweise die Supervision (Fuchs-Brüninghoff 1990).

Geplant war – so das Vorwort – eine weitere Publikation, die »vor allem auch den Themenkreis individualpsychologischer Beratung um so wichtige Teilgebiete wie zum Beispiel Partnerschaftsberatung und Beratung in der Arbeit mit alten Menschen erweitern wird« (Tymister 1990, S. 7). Leider habe ich keine entsprechende Veröffentlichung zur individualpsychologischen Beratung in diesen Bereichen gefunden.

Eine weitere theoretische Auseinandersetzung findet bei den 11. Delmenhorster Fortbildungstagen 1991 statt. Rainer Nysten (1993) formuliert in seinem Beitrag zur Differenzierung »Individualpsychologischer Beratung« drei Formen der Beratung. Je nach Situation und Anlass unterscheidet er individualpsychologische Beratung als psychotherapeutisch-orientierte Beratung (Anlass ist eine psychosoziale Krise), als situations- und handlungsbezogene Beratung (Anlass ist eine soziale Notlage) und als pädagogische Intervention (Anlass sind Beziehungsprobleme beim Lernen).

In dieser vierten Phase wird inhaltlich die individualpsychologische Beratung mit Jugendlichen theoretisch und praktisch bearbeitet (etwa Irene Kummer 1986).

Differenzierung und Boom – die *fünfte Phase* – machen sich auch in der individualpsychologischen Beratung bemerkbar. Themen der neunziger Jahre wie die Probleme und Schwierigkeiten von Jugendlichen und jungen Erwachsenen finden ihren Niederschlag in der individualpsychologischen Literatur (Tymister 1996). Vereinzelt findet man Untersuchungen über die Auswirkungen individualpsychologischer Beratungsfortbildungen (Kasüschke 1997).

Verstärkt wird Ende der neunziger Jahre der Themenkomplex »Arbeit – Mitarbeiter – Führungskräfte« diskutiert. Individualpsychologische Trainings von Hugo-Becker und Becker (1992) sowie von Fuchs-Brüninghoff und Gröner (1999) befassen sich mit diesem für die Individualpsychologie seit Wexberg (1932) »alten« Themenkomplex. Neue individualpsychologische Beratungskonzepte wie das Coaching werden ebenfalls entwickelt (z. B. Bayer 2000).

Aus Erfahrung und durch viele Gespräche weiß ich, dass individualpsychologische Beratung in sehr vielen anderen pädagogischen Bereichen höchst professionell angeboten wird. Zurzeit besteht immer noch die Tendenz, freiberuflich mit Zusatzausbildungen wie beispielsweise der individualpsychologischen Beratung im Bereich der Personal- und Organisationsberatung zu arbeiten. Über diese Beratungsarbeit liegen jedoch keine mir bekannten Veröffentlichungen vor.

Als Erziehungswissenschaftlerin benötige ich Literatur, die ich analysieren und vor meinem fachspezifischen Hintergrund systematisieren und beurteilen kann. Diese Literatur fehlt, wie ich in den Vorarbeiten zu diesem Beitrag festgestellt habe.

Ausblick – Beobachtungen

Welche Schlussfolgerungen lassen sich nun aus dieser zeitlichen Analyse für die individualpsychologische Beratung ziehen?

Auf den ersten Blick ist die Erkenntnis augenscheinlich, dass die individualpsychologische Beratung ein traditionsreicher, theoretisch fundierter Beratungsansatz ist, der seit Beginn der Professionalisierung der pädagogischen Berufe eine nicht zu unterschätzende Bedeutung im Erziehungsbereich hat.

Meine weiteren Schlussfolgerungen möchte ich am Beispiel meiner Arbeit als Wissenschaftlerin erläutern.

Erste Beobachtung

Pädagogische Beratung hat quantitativ in allen Erziehungs- und Bildungsbereichen zugenommen. Für mich als Erziehungswissenschaftlerin hat das folgende Konsequenzen: Ich befasse mich seit zehn Jahren mit Beratung als Form pädagogischen Handelns im Bereich der Erwachsenenbildung. Konnte ich 1993 die Beratungsthematik noch in einem Semester (in 15 Sitzungen) anbieten, weil mir nicht mehr Literatur zur Verfügung stand, so muss ich heute das Thema Beratung auf vier Semester (und 60 Sitzungen) verteilen.

Beratung hat sich für meinen Bereich ausdifferenziert in Lernberatung, in Weiterbildungsberatung, in Organisations- und Institutionsberatung. Außerdem haben sich neue Formen wie Supervision, Coaching, Mediation auf dem weiten Markt der Erwachsenenbildung und Weiterbildung etabliert. Die wissenschaftliche Literatur zu neuen Themen der Beratung boomt ebenfalls.

Im Gegensatz zu diesem allgemeinen Trend: Literatur zur individualpsychologischen Beratung und Beratungsformen ist kaum vorhanden.

Zweite Beobachtung

Es besteht eine offensichtliche Tendenz, pädagogische Beratung in Anspruch zu nehmen. Als ich vor zehn Jahren an der berufsbezogenen Weiterbildung zur Individualpsychologischen Beraterin teilgenommen habe, wollte ich mich in einem Teilbereich meiner pädagogischen Handlungsmöglichkeiten, der Beratung, weiterqualifizieren.

Das Unterrichten, die Lehre hatte ich als Lehrerin in der zweiten Ausbildungsphase gelernt. Das Planen und Organisieren von Bildungsprozessen habe ich als Diplompädagogin in Institutionen der Erwachsenenbildung erlernt. Informieren und Animieren habe ich vor allen Dingen als Reiseleiterin in England – also mittels Kurzeinweisungen, by doing und als Autodidaktin gelernt.

Beratung als Form pädagogischen Handelns habe ich erst durch meine Weiterbildung in Delmenhorst und durch die Anwendung in meinem Beruf erlernt.

Durch die Weiterbildung hat sich der Schwerpunkt meiner Arbeit verschoben. Natürlich lehre ich, ebenfalls organisiere und plane ich Universitätsseminare und Fortbildungen, außerdem forsche ich – aber: Der Schwerpunkt ist durch die Lernenden in der Universität und in der Erwachsenenbildung ein anderer geworden. Ich mache Studienberatung, Laufbahnberatung, auf ausdrücklichen Wunsch von Studenten werde ich in Lebensberatung angefragt; ich coache durch entsprechende Seminare Studenten für ihre Praktika, supervidiere Studierende, die ihre ersten Erfahrungen in der Praxis der Erwachsenenbildung machen. Weiterhin berate ich sie in Angelegenheiten der Seminargestaltung. Durch Fortbildungen in der Weiterbildung/Erwachsenenbildung werde ich angefragt, ob ich Teilnehmer/innen beraten oder supervidieren könne. Die Aufzählung ließe sich fortsetzen.

Dieser Wandel meiner Beratungsarbeit korrespondiert natürlich mit meiner eigenen Einstellung, vor allem jedoch mit den Bedürfnissen und der Motivation der Menschen, mit denen ich im Bildungsbereich zu tun habe. Dennoch gehe ich davon aus, dass explizite Beratung in erzieherischen Fragen, in Fragen der Bildung und des Lernens zunehmen wird.

Dritte Beobachtung

Ich schließe mit einer letzten, etwas pessimistisch anmutenden Beobachtung: In Zeiten von Internationalisierung, Schnelligkeit, Finanzknappheit muss Beratung kurz, überprüfbar und effektiv sein – und sie darf nichts kosten.

Vielen Erwachsenenbildner/innen, die bisher auch beraterisch tätig waren, fehlt aufgrund von strikten Curricula und noch strengeren Vorgaben vonseiten der Träger die Zeit und die Möglichkeit, Beratung in ihre Tätigkeit einzubauen, geschweige denn explizit anzubieten.

Literatur

Aurin, K. (1984): Beratung als pädagogische Aufgabe im Spannungsfeld zwischen pädagogischer und psychologischer Theorie und Praxis. In: Aurin, K. (Hg.), Beratung als pädagogische Aufgabe. Bad Heilbrunn, S. 13–30.

Bayer, H. (2000): Coaching Kompetenz. Persönlichkeit und Führungspsychologie. München.

Brückner, G.; Deubert, W.; Engel, F.; Keupp, H.; Kötter, H.; Lenz, A.; Nestmann, F.; Schürmann, I.; Vogt, I. (2001): Frankfurter Erklärung zur Beratung. Aufruf zu einem neuen Diskurs. Päd. Blick. 3: 147–150.

Bujok, E.; Picot, S. (1992): Modellversuch »Beratungsangebote und Beratungseinrichtungen für Berufsrückkehrerinnen«. Informationen für die Beratungs- und Vermittlungsdienste der Bundesanstalt für Arbeit 51: 3107–3111.

Bund-Länder-Kommission für Bildungsplanung (Hg.) (1973): Bildungsgesamtplan. Bd. I. Stuttgart, S. 79–82.

Christensen, O. C. (1990): Familienberatung lehren – Erfahrungen an der Universität von Arizona. In: Tymister, H.-J. (Hg.), Individualpsychologische Beratung. Grundlagen und Praxis. Beiträge zur Individualpsychologie Bd. 13. München, S. 93–104.

Dattler, W. (1995): Bilden und Heilen. Auf dem Weg zu einer pädagogischen Theorie psychoanalytischer Praxis. Mainz.

Dewe, B. (2000): Beratung. In: Krüger, H.-H.; Rauschenbach, Th. (Hg.), Einführung in die Grundbegriffe der Erziehungswissenschaft. Opladen, S. 119–129.

Dreikurs, R.; Stolz, V. (1966): Kinder fordern uns heraus – wie erziehen wir zeitgemäß. Stuttgart, 1990.

Duden (1965): Das Herkunftswörterbuch. Dudenredaktion Bd. 7. Mannheim.

Fuchs-Brüninghoff, E. (1990): »Supervision« als individualpsychologisch orientierte Mitarbeiterberatung in der Erwachsenenbildung. In: Tymister, H.-J. (Hg.), Individualpsychologische Beratung. Grundlagen und Praxis. Beiträge zur Individualpsychologie Bd. 13. München, S. 69–93.

Fuchs-Brüninghoff, E. (1993): Was kann Supervision der Erwachsenenbildung bieten?. In: Vermittlungsprobleme und Vermittlungsaufgaben. Bd. 5. Studienbibliothek für Erwachsenenbildung. Frankfurt, S. 67–81.

Fuchs-Brüninghoff, E.; Gröner, H. (1999): Zusammenarbeit erfolgreich gestalten. München.

Fuchs-Brüninghoff, E.; Kreft, W.; Kropp, U. (Hg.) (1986): Alphabetisierung – Konzepte und Erfahrungen. Frankfurt a. M.

Fuchs-Brüninghoff, E.; Pfirrmann, M. (Hg.) (1990): Lernprobleme – Lernberatung, Frankfurt a. M.

Fuchs-Brüninghoff, E.; Pfirrmann, M. (Hg.) (1992): Ansichten von Lernen – Lernansichten. Frankfurt.

Fuest, A. (1990): Der »Klassenrat« im Kontext schulischer Lehr-Lernprozesse. In: Tymister, H.-J. (Hg.), Individualpsychologische Beratung. Grundlagen und Praxis. Beiträge zur Individualpsychologie Bd. 13. München, S. 48–68.

Geißler, K. (2001): Beratung der Marktgesellschaft. Supervision 3: 4–9.

Giesecke, H. (1992): Pädagogik als Beruf. Grundformen pädagogischen Handelns. 3. Aufl. Weinheim.

Gieseke, W. (2000): Beratung in der Weiterbildung – Ausdifferenzierung der Beratungsbedarfe. In: Nuissl, E.; Schiersmann, C.; Siebert, H. (Hg.), Literatur- und Forschungsreport 46. Thema Beratung. Frankfurt a. M., S. 10–17.

Harke, D.; Volk von Bialy, H. (Hg.) (1991): Modellversuch »Lernberatung« – Fortbildung von Lehrpersonal in der beruflichen Weiterbildung. 4 Bände. Berlin/Bonn.

Hornstein, W. et al. (Hg.) (1977): Beratung in der Erziehung. Bd. 2 (Funk-Kolleg). Frankfurt a. M.

Hugo-Becker, A.; Becker, H. (1992): Psychologisches Konfliktmanagement. Menschenkenntnis, Konfliktfähigkeit, Kooperation. München.

Kasüschke, D. (1997): Auswirkungen individualpsychologischer Weiterbildung. Kurz- und Langzeiteffekte individualpsychologischer Weiterbildungsseminare auf die soziale Beitragsbereitschaft des Menschen. Münster u. a.

Kejcz, Y. (1988): Weiterbildungsberatung. Heidelberg.

Kemper, M.; Klein, R. (1998): Lernberatung. Gestaltung von Lernprozessen in der betrieblichen Weiterbildung. Baltmannsweiler.

Krüger, W. (1978): Beratung in der Weiterbildung. Paderborn.

Kummer, I. (1986): Beratung und Therapie bei Jugendlichen. München.

Mader, W. (1986): Dilemmata im Verhältnis von Bildung und Beratung. Materialien zur Politischen Bildung 4: 5–13.

Mader, W. (1994): Weiterbildung und Beratung. In: Tippelt, R. (Hg.), Handbuch Erwachsenenbildung/Weiterbildung. Opladen, S. 259–282.

Metzer, W. (1978): Alfred Adler im deutschen Sprachraum. Eröffnungsvortrag des Ehrenpräsidenten der Deutschen Gesellschaft für Individualpsychologie. In: Beiträge zur Individualpsychologie. München/Basel. S. 9–15.

Mollenhauer, K. (1965): Das pädagogische Phänomen »Beratung«. In: Mollenhauer, K.; Müller, C. W., »Führung« und »Beratung« in pädagogischer Sicht. Heidelberg, S. 25 – 41.

Nuissl, E. (2000): Einführung in die Weiterbildung. Zugänge, Probleme und Handlungsfelder. Neuwied.

Nysten, R. (1993): Supervision von Beratung. Ein Beitrag zur Differenzierung »Individualpsychologischer Beratung«. In: Lehmkuhl, U. (Hg.), Verlaufsanalysen von Therapie und Beratung. Beiträge zur Individualpsychologie Bd. 15: Basel, S. 113–120.

Pfirrmann, M. (1994): Supervision – eine Disziplin zwischen allen Stühlen? DIE – Zeitschrift für Erwachsenenbildung 1: 32–33.

Pöggeler, F. (1964): Bildungsberatung für Interessenten und Teilnehmer. In: Pöggeler, F.; Methoden der Erwachsenenbildung. Freiburg, S. 58f.

Pressel, G. (1989): Weiterbildungsberatung für Frauen – Bedürfnisse der Ratsuchenden und das Konzept der Beratungsstelle in Hamburg. In: IFG. Institut Frau und Gesellschaft, Doppelheft: S. 73–84.

Rogers, C. (1962): Die nicht-direktive Beratung. Frankfurt a. M.

Ruedi, J. (1995): Einführung in die individualpsychologische Pädagogik. Alfred Adlers Konzept in der konkreten Erziehungspraxis. Bern/Stuttgart.

Sauer-Schiffer, U. (Hg.) (2004): Bildung und Beratung – Beratungskompetenz als neue Herausforderung für Weiterbildung und außerschulische Jugendbildung? Bd. 1. Beiträge zur Beratung in der Erwachsenenbildung und außerschulischen Jugendbildung. Münster u. a.

Schäffter, O. (1992): Arbeiten zu einer erwachsenenpädagogischen Organisationsberatungstheorie. Frankfurt a. M.

Schäffter, O. (1993): Qualitätssicherung durch pädagogische Organisationsberatung. DIE – Zeitschrift f. Erwachsenenbildung IV: 22–25.

Schiersmann, C. (2000): Beratung in der Weiterbildung – neue Herausforderungen und Aufgaben. In: Nuissl, E.; Schiersmann, C.; Siebert, H. (Hg.), Literatur- und Forschungsreport 46. Thema Beratung. Frankfurt, S. 18–32.

Schlutz, E. (2001): Bildung. In: Arnold, R.; Nolda, S.; Niessl, E. (Hg.), Wörterbuch Erwachsenenpädagogik. S. 48–51.

Schmidt, R. (Hg.) (1989): Die Individualpsychologie Alfred Adlers. Ein Lehrbuch. Frankfurt a. M.

Schmitz, E. (1983): Zur Struktur therapeutischen, beratenden und erwachsenenpädagogischen Handelns. In: Schlutz, E. (Hg.), Erwachsenenbildung zwischen Schule und sozialer Arbeit. Bad Heilbrunn, S. 60–78.

SESTMAT (1980): Weiterbildungsberatung. Bonn.

Tymister, H.-J. (1990): Individualpsychologische Beratung. Begründung – Funktion – Methoden. In: Tymister, H.-J. (Hg.), Individualpsychologische Beratung. Grundlagen und Praxis. Beiträge zur Individualpsychologie Bd. 13. München, S. 9 -27.

Tymister, H.-J. (1993): Beratung als Interventionsmodell in der Lehr-Lern-Situation. In: Vermittlungsprobleme und Vermittlungsaufgaben. Bd. 5. Studienbibliothek für Erwachsenenbildung. Frankfurt.

Tymister, H.-J. (1996): Pädagogische Beratung mit Kindern und Jugendlichen. Beispiele und Konsequenzen für Familie und Schule. Hamburg.

Tymister, H.-J.; Wöhler, H. (1986): Pädagogische Beratung im »Open Center«. Zeitschrift für Individualpsychologie 2: 89–102.

Wack, O. (1982): Bildungsberatung in der Weiterbildung – Erfahrungen, Probleme, Chancen. Soest.

Weinberg, J. (2000): Einführung in das Studium der Erwachsenenbildung. Bad Heilbrunn.

Wexberg, E. (1932): Arbeit und Gemeinschaft. Leipzig.

Wöhler, H. (1990): Öffentliche Familienberatung in der Lehrerfort- und Weiterbildung. In: Tymister, H.-J. (Hg.), Individualpsychologische Beratung. Beiträge zur Individualpsychologie Bd. 13. München, S. 27–47.

Antje Peters

Beziehung statt Erziehung

Relationship-building instead of education

In this contribution the author is concerned with factors, which were favouring her professional work as teacher in an elementary school thus contributing to her personal development. Criteria of way of living are combined with conditions at work. It is explained, how by using methods of psychotherapy, supervision and other additional instruction situations of crisis could be turned into opportunities, how by clearing of internal conflicts the relationship to pupils, colleagues, parents and other participants decontracted, and in this way could be figurated in a helpful manner for both sides and how teaching measures contributed to an encouraging atmosphere in the classroom. After 30-years of teaching it can be constated, that the professional work was indeed »Gelebte Lebenszeit« (Lived Lifetime).

Zusammenfassung

In diesem Beitrag geht es der Autorin darum, Faktoren aufzuzeigen, die ihre Berufsarbeit als Volksschullehrerin begünstigt haben und somit zu ihrer Persönlichkeitsentwicklung beigetragen haben. Lebensstilmerkmale werden mit den Arbeitsplatzbedingungen in Zusammenhang gebracht. Es wird erklärt, wie durch Methoden aus der Psychotherapie, Supervision und anderen Fortbildungen Krisen als Chancen genutzt werden konnten, wie sich durch Bearbeiten innerer Konflikte die Beziehungen zu Schülern, Kollegen, Eltern und anderen Beteiligten entspannten und hilfreich für beide Seiten gestaltet werden konnten und wie unterrichtliche Maßnahmen zu einer ermutigenden Atmosphäre in der Klasse beigetragen haben. Nach dreißig Jahren Berufsarbeit als Lehrerin kann festgestellt werden, dass die Berufsarbeit »Gelebte Lebenszeit« war.

Vor zwei Jahren ging meine fast 30-jährige Berufstätigkeit als Volksschullehrerin zu Ende, weil ich das Ruhestandsalter erreicht hatte. Ich begann, als individualpsychologische Beraterin zu arbeiten. Die Weiterbildung hatte ich während meiner letzten Dienstjahre am Alfred Adler Institut in München absolviert. Zum Thema »Zeit erleben – Lebenszeit« kam die Beraterin mit der Lehrerin ins Gespräch:

Beraterin: Was hat dazu beigetragen, dass ich einigermaßen fit und vergnügt so viele Jahre meinen doch recht anstrengenden Beruf als Lehrerin habe ausüben können? Wie habe ich all die Jahre für mich gesorgt? Was hat mir Kraft gegeben, und was war mir besonders wichtig? Wie kam es, dass die Berufstätigkeit als Lehrerin für mich erfüllte und bereichernde Lebenszeit wurde?

Lehrerin: Dazugehören; Neues lernen und erfahren; gern Schülerin gewesen; über Freud und Leid reden können; verstehen und verstanden werden; Anerkennung und Anregungen bekommen; Interessen und Hobbys pflegen, Spaß und Abwechslung; zu seinen Stärken und Schwächen stehen; Ausgleich durch Sport; genügend Schlaf; Zeit einteilen; gern mit Kindern arbeiten; Kontakte zu anderen Menschen; an den Unterrichtsinhalten selbst Freude haben; sich einfühlen können …

Die Stichwörter weisen hin auf Lebensstilmerkmale, auf die Bedeutung des Gemeinschaftsgefühls für die Arbeit in der Klasse, auf die Gestaltung der Beziehungen zu den Schülerinnen und Schülern und auf die Kontakte zu den Erwachsenen im weiteren beruflichen Umfeld. Selbstverständlich fließen diese vier Aspekte ineinander, sollen hier aber als Ordnungsprinzip dienen.

Lebensstilmerkmale

Die Lehrerin sieht sich in der Erinnerung als hilfsbereites kleines Mädchen, als verständig, freundlich, zuverlässig und als verletzbar. Erwähnt werden auch die Gefahr, sich überfordern zu lassen, das Bedürfnis nach Ordnung in den Dingen und überschaubaren Zeit- und Arbeitsabläufen, schließlich die Freude an der Arbeit mit Kindern. Die Gymnasiastin hatte viele Nachhilfestunden gegeben und dabei fest-

Abbildung 1: Ausstellung

gestellt, dass sie gut erklären konnte, weil sie sich gut einfühlen konnte. Das wiederum, weil sie ihre eigenen Schulerfolge mit einigem Fleiß und mit Beständigkeit erworben hatte. Es war ihr nichts in den Schoß gefallen, wie man zu sagen pflegt. Alles in allem günstige Voraussetzungen für die Berufsausbildung und die spätere Zufriedenheit am Arbeitsplatz »Schule«.

Gemeinschaft und Gemeinschaftsgefühl

Ich war überwiegend Klassenleiterin in der dritten und vierten Jahrgangsstufe. Wenn ich nach den großen Ferien alle zwei Jahre eine dritte Klasse übernahm, musste ich mich auf achtjährige Kinder einstellen, die die kleine Pubertät durchlebten. Also zwei Jahre in der Entwicklung der Kinder zurückgehen, hatte ich doch vor den Ferien Zehn- und Elfjährige, die sich in einer recht stabilen Phase (Latenz) befanden, in die weiterführenden Schulen entlassen. Das Einfühlen und Einstimmen auf die Jüngeren erforderten jedes Mal viel Geduld und Zurückhaltung. Ich war ja schließlich inzwischen wieder um zwei Jahre älter geworden.

Ein weiterer Punkt, der beachtet werden musste: Ich fand mich einer einigermaßen strukturierten Gemeinschaft gegenüber, die im ersten und zweiten Schuljahr entstanden war. Es ging also für mich als die neue Klassenlehrerin darum, allmählich meinen Platz in dieser Gemeinschaft zu finden, um auch eigene Bedürfnisse zu befriedigen, Wünsche zu erfüllen und persönliche Vorstellungen von Gemeinschaft zu verwirklichen. Ich beobachtete die »Neuen«, sammelte Informationen, machte viele Notizen, um so nach und nach Gesamtbilder von den Kindern zusammenfügen zu können und um diese im Laufe des gemeinsamen Arbeitens auch immer wieder verändern und ergänzen zu können. In den Pausen, beim Begrüßen oder beim Verabschieden am Mittag nahm ich Kontakt zu einzelnen Kindern auf und zeigte mein Interesse an ihnen. Ich ordnete die Schülerarbeiten für Ausstellungen im Klassenzimmer und in den Schaukästen auf dem Korridor (Abb. 1). Dabei freute ich mich über die bunte Fülle und die großen Unterschiede in der Gestaltung. Ich fühlte mich in meiner Unterrichtsarbeit bestätigt. Wenn dann am nächsten Morgen die Kinder hereinkamen, überrascht waren, sich auch freuten und sich über die Arbeiten unterhielten, bedeutete das für mich Anerkennung meiner Bemühungen, Wertschätzung und das Erlebnis der Gleichwertigkeit. Denn ich wählte die Ausstellungstücke nicht nach Ästhetik- oder Leistungsprinzipien aus, sondern achtete darauf, dass jedes Kind mit einer Arbeit präsent war. Oft auch halfen Kindergruppen bei der Gestaltung des Klassenzimmers mit. Das waren dann Momente, die die Einzelbeziehung und das Gemeinschaftsgefühl be-

Abbildung 2: Faschingsparty

sonders förderten, weil mit den Hefteinträgen, Bildern und Werkstücken der Mitschülerinnen und Mitschüler respektvoll umgegangen wurde.

Ich wollte mich den Schulkindern nicht nur als die Lehrerin, sondern auch als ganze Person zeigen. Dazu zwei Beispiele:

Abbildung 3: Clownin

Abbildung 4: Klassenrat

Wir beschäftigten uns gern und oft im Deutschunterricht mit Gedichten als Ausdruck für gebundene schöpferische Kraft. Einmal war um die Osterzeit eine Strophe von Bertolt Brecht Unterrichtsinhalt:

> Heute, Ostersonntag früh
> Ging ein plötzlicher Schneesturm über die Insel.
> Zwischen den grünenden Hecken lag Schnee. Mein junger Sohn
> Holte mich zu einem Aprikosenbäumchen an der Hausmauer
> Von einem Vers weg, in dem ich auf diejenigen mit dem Finger deutete
> Die einen Krieg vorbereiteten, der
> Den Kontinent, diese Insel, mein Volk, meine Familie und mich
> Vertilgen mag. Schweigend
> Legten wir einen Sack
> Über den frierenden Baum.
>
> B. Brecht: *Frühling 38*

Ich erzählte den Kindern, dass ich drei Tage vor der Entstehung dieses Gedichtes geboren wurde, also am Karfreitag 1938. Ich ließ die Klasse an einigen meiner Kindheitserinnerungen aus der Kriegs- und Nachkriegszeit teilhaben – mit Trümmern, halb zerbombten Schulen, Schönschreibstunden mit kalten Händen und Handschuhen, mit Hunger und Schulspeisung unter strengster Aufsicht. Die Kinder hörten gebannt und Anteil nehmend zu. Ich denke, sie verstanden nun, warum mich der Anblick von weggeworfenem Pausenbrot im Schulhof immer wieder ungehalten machte. Der Prozess des Verstehens kam in Gang durch Offenheit und im Vertrauen darauf, dass die Schülerinnen und Schüler mit den sehr persönlichen Mitteilungen achtungsvoll umgingen. Das Gefühl der Zugehörigkeit wuchs.

Eine ganz andere Möglichkeit, mich wahrnehmen zu lassen und mich selbst auch neu wahrzunehmen, bot sich mir bei der Vorbereitung einer Faschingsparty (Abb. 2) in der Klasse unter dem Motto »Incognito«. Ich wurde gefragt, ob ich mich auch verkleiden würde. Nein, ich hätte so viel zu korrigieren in der Mittagspause, ich käme gar nicht nach Hause, leider, leider! Ich hatte natürlich doch all meine Utensilien mitgebracht, um mich heimlich in einen dickbauchigen Clown zu verwandeln (Abb. 3). Niemand erkannte mich vorerst, was mir großen Spaß bereitete.

Ein Clown darf Regeln missachten, übermütig sein und alles ein bisschen durcheinander wirbeln. Das unverschämte Kind kam zum Vorschein und wurde mit seinen Ungezogenheiten von allen akzeptiert. Für die Lehrerin, die das Motto »Freiheit in Grenzen« für ihren Umgang mit den Kindern gewählt hatte, ein beglückendes Erlebnis. Dazu die erfreuliche Erfahrung am nächsten Morgen: Es wurde konzentriert gearbeitet.

Zur Entwicklung des Gemeinschaftsgefühls und zur Stärkung der Klassengemeinschaft wurde mit den Schülerinnen und Schülern einmal in der Woche regelmäßig der Klassenrat (Abb. 4) abgehalten. Das war eine Unterrichtsstunde, in deren Verlauf Konflikte, Wünsche, Projekte, Anfragen, Vorschläge behandelt wurden. Also alles das, was uns alle betraf und für unser gemeinsames Schulleben wichtig war, es bereicherte und für Abwechslung sorgte.

Im Vorfeld einer Aufführung bekam jeder seinen Fähigkeiten entsprechend Aufgaben, jeder war gleichwertig an den Vorbereitungen von Theateraufführungen, Tanzveranstaltungen und außerschulischen Unternehmungen beteiligt. Ich zog mich immer mehr zurück, um am Aufführungstag als Zuschauerin unter den geladenen Gästen zu sitzen. Die Verantwortung für das Gelingen hatten die Kinder übernommen (Abb. 5 u. 6).

Abbildung 5: Aufführungstag

Abbildung 6: Aufführungstag

Die Gesprächsrunden verliefen nach festen Regeln wie Schweigepflicht; Blickkontakt; miteinander reden – nicht über einen anderen reden; sich, das Thema und die anderen ernst nehmen; Teilnahmepflicht, aber Freiwilligkeit in der Meinungsäußerung. Da Rückmeldungen an andere gleichzeitig Selbstaussagen sind, durch Geben und Nehmen ein dialogischer Prozess ausgelöst wird, veränderten oder vervollständigten sich die Selbst- und die Fremdbilder. Der berühmte blinde Fleck konnte kleiner werden. Die emotionalen Kompetenzen und das Zusammengehörigkeitsgefühl wuchsen.

Die wöchentlichen Gesprächsrunden förderten das Vertrauen in der Klasse, entlasteten jedes einzelne Kind genauso wie mich, die Klassenlehrerin, durch die Verteilung der Verantwortung auf alle, ließen eine ermutigende Atmosphäre in der Klasse entstehen, was wiederum die Schulleistungen steigerte und wodurch mir bestätigt wurde, dass ich professionell gearbeitet hatte. Im Zuhören erwarb ich allmählich die Fähigkeit, das dargelegte Problem bei demjenigen zu lassen, der es hatte. Die Verantwortung blieb beim Gegenüber. Ich vertraute auf seine und auf meine schöpferische Kraft. Die zu Beginn als ein Charaktermerkmal erwähnte Gefahr der Überforderung verringerte sich. Gleichzeitig entspannte sich das Schülerverhalten. Die Suche nach Schuldigen in Konfliktsituationen ließ nach. Denn wenn jeder Verantwortung für sich übernimmt, gewinnt er an innerer Freiheit, kann die nötige heilsame Distanz zum Gegenüber herstellen und schließlich empathisch reagieren. Das alles hat sich in den vielen Jahren meiner Berufstätigkeit entwickelt. Für mich ein Lebensgeschenk, das ich meiner Arbeit mit den Kindern, Kollegen und Eltern verdanke, und das die Lehrerinnenjahre zu sinnvoll gelebter Lebenszeit machten.

Beziehungen

Nach einer langen Familienpause mit drei Kindern war ich wieder in den Schuldienst zurückgekehrt. Bald schon musste ich erfahren, dass die Kräfte nicht ausreichten für Beruf und Familie. Ich geriet in eine Lebenskrise, für deren Bewältigung ich Hilfe brauchte, professionelle Hilfe. Ich hatte Glück. Bei einer analytischen Therapeutin erfuhr ich über Jahre Wertschätzung, geduldige liebevolle Anteilnahme und Verständnis. Ich erkannte, dass es legitim ist, sich helfen zu lassen.

Zu Beginn der Therapie hatte ich eine Zeichnung (Abb. 7) angefertigt, die eine völlig überforderte Person darstellt, an der überall

Abbildung 7: Zeichnung zu Beginn der Therapie

gezerrt wird und die trotzdem zu funktionieren hat. Dann aber kam die Veränderung in Gang.

Ich sollte damals Elternabend in einer Klasse halten, in der einige ehrgeizige Eltern für Unfrieden sorgten und die anderen beeinflussten. Ich fürchtete mich vor dieser Pflichtveranstaltung und bat deswegen nach einer Konferenz mein Kollegium um Hilfe. Ich bin heute noch erstaunt darüber, wie freundlich und offen reagiert wurde. Mit Schmink- und Kleidungstipps, dem Angebot einer gemeinsamen Autofahrt hin zur Schule und wieder zurück und mit handfesten fachlichen Hinweisen versorgt, meisterte ich diesen Abend. Mein Kollegium hatte mir den Rücken gestärkt, und ich hatte erfahren, dass auch die anderen solche Situationen und Ängste kennen. Das Gefühl der Verbundenheit stellte sich ein. Kein Versteckspiel mehr! Die bis jetzt gebundenen Energien wurden frei; Voraussetzung für befriedigende Beziehungen.

Auch die Beziehungen zu einigen Schülerinnen und Schülern veränderten sich, nachdem sie in den Analysestunden Themen gewesen waren. In meinem Lebenslauf wurden Gemeinsamkeiten mit dem Schülerschicksal entdeckt, bisher unbewusst gebliebene innere Konflikte kamen ans Licht und konnten bearbeitet werden. Verstrickungen, Identifikationen und die daraus resultierenden Machtkämpfe lösten sich auf. Die Beziehungen entspannten sich. Einmal hatte ich beinahe verbissen für das Wohlergehen eines zehnjährigen Schülers gekämpft. Mit Unterstützung der Schulleitung, des Jugendamtes und des Allgemeinen Sozialdienstes wurde endlich der monatliche Unterhalt für den Schüler gesichert. Ich reagierte mit Erschöpfung und Arbeitsunfähigkeit auf diesen übermäßigen Einsatz, erkannte aber bald, dass der ebenso für das zehnjährige Mädchen, das ich einmal war und das Ähnliches erlebt hatte, erbracht worden war. Nun konnten auch diese bis dahin gebunden gewesenen Energien genutzt werden. Empathie trat an die Stelle von Rat- und Hilflosigkeit. Das Verständnis für mich ermöglichte verständnisvolle Distanz zu den Schülerinnen und Schülern. Ich konnte sie ermutigen, ihre Ressourcen zu nutzen, wie ich es selbst in der therapeutischen Arbeit zusammen mit meiner Analytikerin erfahren hatte.

Die vielen menschlichen Begegnungen, die der Lehrerberuf mit sich bringt, haben mich zur Erforschung meines Lebensstils aufgefordert und so die Lebenskrise von damals, ausgelöst durch Überlastung mit Schule und Familie, zur Chance für heilsame Lebensveränderungen gemacht. Zusammengefasst kann das heißen: Funktionieren, Kontrollieren, Durchhalten wurden abgemildert in aktive Anpassung mit der Anerkennung der persönlichen Grenzen und in dem Vertrauen auf die in uns allen wirkende schöpferische Kraft.

Ein Soziogramm (Abb. 8), erstellt am Ende eines vierten Schuljahrs, zeigte, dass sich einige Kinder nicht oder nur am Rande zugehörig fühlten. Ich konnte das Ergebnis akzeptieren.

Auch konnte ich akzeptieren, Schüler an eine Sonderschule zu überweisen, wenn eine Integration in die Gemeinschaft wegen schwerwiegender Verhaltensauffälligkeiten zu diesem Zeitpunkt nicht mög-

Abbildung 8: Soziogramm

lich war oder wenn befürchtet werden musste, dass Besorgnis erregende Leistungsdefizite nicht ausgeglichen werden konnten, immer im Vertrauen auf mögliche spätere Veränderungen. Bestätigung kam nach Jahren von einer Schülerin, die sich nicht wohl gefühlt hatte, damals in der vierten Klasse. Sie schrieb, dass sie die Realschule besuche, eine gute Schülerin sei, Freundinnen habe, im Sportverein aktiv sei und sich von ihrer Klasse anerkannt fühle.

Kontakte nach außen

Fort- und Weiterbildungsmaßnahmen während meiner Berufsjahre bereicherten meine Arbeit und entlasteten mich: Konferenzen für Beratungslehrer, Balintgruppen, Supervisionssitzungen, die Weiterbildung zur Individualpsychologischen Beraterin und viele methodisch-didaktisch orientierte Veranstaltungen. Alle Aktivitäten vergrößerten mein Fachwissen, erweiterten meine emotionale Kompetenz, klärten den eigenen Standpunkt durch Gespräche mit anderen Kollegen, ermöglichten mir, die Dozenten als Modelle für meine eigene Arbeit zu nutzen, befriedigten persönliche Interessen und regten zu Neuem an. Beispiele dafür sind gemeinsame Besuche in den Münchner Museen, Theater- und Konzertveranstaltungen, Besichtigungen, Wanderungen und Unterricht von Fachleuten aus anderen Berufsgruppen im Klassenzimmer.

Einmal war eine blinde Frau mit ihrem Führungshund eingeladen worden. Sie berichtete von ihrem Leben, erklärte die technischen Errungenschaften zur Erleichterung des Alltags, gab Hilfestellung beim Entziffern der Blindenschrift und beschrieb das kluge und verantwortungsvolle Verhalten ihres Hundes. Die Verbundenheit zwischen ihr und ihrem Begleiter beeindruckte uns sehr.

In besonders guter Erinnerung ist mir auch ein Vormittag in der Alten Pinakothek in München mit einer vierten Klasse zum Thema »Menschenbilder«. Wir saßen vor dem Hochzeitsbild, das Rubens mit seiner jungen Frau zeigt (Abb. 9). Der Kunsthistoriker forderte uns auf, mit der Hand eine der beiden Figuren so abzudecken, dass nur die andere zu sehen war und umgekehrt. Wir erkannten, dass sie beide einander als Stützen dienen, sie also einander brauchen, um nicht umzufallen. Aus der gebogenen Körperhaltung der beiden Eheleute leitete der Dozent den Begriff der Zuneigung ab, die Rubens für seine junge Frau empfand und die er durch die zarte Handhaltung der beiden und die prächtige Kleidung zusätzlich verdeutlicht. Der große Hut lässt die junge Frau ja beinahe in Augenhöhe mit ihrem Ehemann erscheinen, was dem damaligen gesellschaftlichen Gefüge überhaupt nicht entsprach. In dieser Museumsstunde habe ich mich über neues Wissen, veränderte Sichtweisen

Abbildung 9: P. P. Rubens: Die Geißblattlaube (Alte Pinakothek, München)

und ganz besonders über die konzentrierte Aufmerksamkeit der Schülerinnen und Schüler gefreut als Hinweis auf ihre innere Anteilnahme.

Am Ende meiner Tätigkeit als Lehrerin träumte ich einen bunten Traum. Da waren viele Schulkinder, da wurde ein großer Nachen von Uniformierten sicher durch gewundene Kanäle gelenkt, vorbei an bunten Wiesen, auf denen getanzt wurde, und vorbei an antiken Ruinen. Der Traum bekam den Titel »Das wohlgeordnete fröhliche Leben«.

Der Beruf der Lehrerin ist für mich selbstschöpferisch gewesen. Er hat lebendige Weiterentwicklung ermöglicht, zu meinem und zum Wohl der Gemeinschaft beigetragen und mir eine Ahnung davon gegeben, dass Arbeit gelebte Liebe bedeuten kann. Als Beraterin habe ich nun die Möglichkeit, meine Erfahrungen aus meiner Schularbeit zu nutzen, indem ich meine Klienten ermutige, ihre Beziehungen genau anzuschauen und so befriedigend wie nur möglich zu gestalten, damit vielleicht auch für sie die Berufstätigkeit zu sinnvoller Lebenszeit wird.

> Wie an dem Tag, der dich der Welt verliehen,
> die Sonne stand zum Gruße der Planeten,
> Bist alsobald und fort und fort gediehen
> Nach dem Gesetz, wonach du angetreten.
>
> So mußt du sein, dir kannst du nicht entfliehen,
> So sagten schon Sybillen, so Propheten;
> Und keine Zeit und keine Macht zerstückelt
> Geprägte Form, die lebend sich entwickelt.
>
> J. W. Goethe, *Dämon*

Literatur

Brecht, B. (1999): Gedichte. Frankfurt a. M.
Goethe, J. W. (1960): Gedichte und Epen. Hamburg.

Günter Heisterkamp

Psychotherapeutische Atmosphäre und seelisches Wachstum

Psychotherapeutic atmosphere and mental growth

The essence of the therapeutic atmosphere is structurally reduced to childish reality with its sublimal impact and the low-tension-learning. It is affectively accessible to the experience of adults as a domain of original self-experience and to basal exchange processes. The therapeutic situation simulates in mental and material way an arrival-situation of the child, in which it has felt accepted and welcome. The patient does not only meet this situation, but also reinvents its structure. With the help of situational and methodological allocations from the psychoanalyst, the patient is encouraged to revive and deal with his forms of safety and defence, as well as to develop pictures of being accepted and welcomed. This can lead to a »second birth« where the patient is gradually able to experience himself as amiable and can take himself over.

Zusammenfassung

Das Wesen der therapeutischen Atmosphäre wird strukturell reduziert auf die frühkindliche Wirklichkeit mit ihren sublimalen Wirkungen und dem low-tension-learning. Sie ist dem Erleben des Erwachsenen als Domäne ursprünglicher Selbsterfahrung und über basale Austauschprozesse stimmungsmäßig zugänglich. Die therapeutische Situation bildet in mentaler und materialer Weise eine Ankunftssituation des Kindes nach, in der es sich anerkannt und willkommen geheißen fühlen kann. Diese Situation wird vom Patienten aber nicht nur *vorgefunden*, sondern auch gemäß seiner Struktur *erfunden*. Durch die situativen und behandlungsmethodischen Bereitstellungen des Analytikers wird der Patient angeregt, seine Sicherungs- und Abwehrformen zu beleben und durchzuarbeiten sowie Bilder des Angenommen- und des Willkommenseins zu entwickeln. So kann es zu einer »zweiten Geburt« kommen, in der der Patient sich allmählich als liebenswert erleben und selbst übernehmen kann.

Klima und Wachstum

Mit dem Wort »Klima« ist die Witterung nach der *mit der geografischen Breite verbundenden mittleren Neigung der Sonnenstrahlen* benannt (zu gr. klima: die Neigung). Wenn wir das Bild als Metapher bemühen, macht es uns auf ein wesentliches Merkmal der therapeutischen Situation aufmerksam: auf die Wichtigkeit einer wärmenden Resonanz, die von einer bestimmten Position abhängt. Man könnte neben den Hinweisen auf die Sonneneinstrahlung auch gut psychotherapeutische Analogien zu den übrigen Komponenten des Klimas herstellen. Wir könnten emotionale »Wetterlandschaften« und »Wetterperioden« in Psychotherapien unterscheiden, Praxen durch spezifische Durchschnittsklimata charakterisieren und sie bestimmten Klimazonen zuordnen. Es wäre auch amüsant, »Treibhauseffekte«, »Reizklimata« oder »Ozonlöcher« im Laufe der Behandlung ausfindig zu machen.

Solche Bilder stehen aber wegen ihrer für Naturwissenschaften typischen objektalen Betrachtungsweise im Bann sprachlicher Überlieferung: Sie verleiten dazu, die therapeutische Beziehung nach dem Muster eines Gegenübers von »Welt« und »Sonne« misszuverstehen. An der Wärme des Therapeuten solle dann der erstarrte Patient wieder auftauen, am freundlichen und einladenden Ambiente wieder genesen. Der Begriff des Klimas weist auf Formen der Zuneigung und Abneigung hin, vereinseitigt jedoch das intersubjektive Geschehen zwischen Analytiker und Patient. Deswegen schien mir dann der Begriff der Atmosphäre am günstigsten. Wenn er auch, wie unser gesamtes Denken, naturwissenschaftlich durchdrungen ist – galt er in der Physik immerhin als eine Maßeinheit des Drucks – bedeutet er: »Lufthülle«. Das kennzeichnet das Thema meiner Überlegungen. *Bei der Atmosphäre handelt es sich um einen Bereich, den wir mit Fluidum, Stimmung oder Feld umschreiben.* Ein spezifischer Dunstkreis (gr. atmos: Dunst) umgibt den Therapeuten ebenso wie den Patienten, und jeder versucht den anderen mehr oder weniger merklich in einen spezifischen Dunstkreis hineinzuziehen.

Atmosphärische Bedingungen der Weiterbildung

Individuelle Erfahrungen

Die angesprochenen Qualitäten klingen regelmäßig in Berichten von Patienten über ihre Therapeuten sowie von Analysanden über ihre Lehranalytiker an. Viele Beispiele finden sich in den Kurzbiografien von Psychoanalytikern, die Hermanns (1992, 1994, 1995, 1998) unter dem Titel »Psychoanalyse in Selbstdarstellungen« herausgegeben hat.

Charlotte Köhler erlebt sich während ihrer ersten Lehranalyse in einer verstrickten Großfamilie von lauter Analysanden eines allgegenwärtigen Analytikers:

»Riemann bezeichnete sich selbst damals als den einzigen Psychoanalytiker in Bayern. Er hatte viele Lehranalysanden. Er hatte teilweise auch deren Ehefrauen oder Klinikchefs und deren Assistenten gleichzeitig in Analyse. … Die Folge dieser unanalysierten Übertragungen war, daß, kaum war man 5 Minuten in einem Kreis zusammen, sich das Gespräch auf Riemann konzentrierte. Wir kannten es zunächst nicht anders und dachten uns nichts dabei« (Köhler 1998, S. 189).

Smirnoff, der acht Jahre bei Lacan in Psychoanalyse war, beschreibt das dortige Ambiente folgendermaßen: Er traf sich mit Lacan drei- bis viermal wöchentlich, ungefähr für eine halbe Stunde. Er erfuhr den Analytiker schweigend und distanziert, sehr um Neutralität bemüht:

»Die analytische Praxis war dunkel und von recht bescheidenen Ausmaßen. Sie war möbliert mit einer ziemlich ausladenden Couch, einem wunderschönen Boulle-Schreibtisch und mehreren Sesseln, wovon einer vor dem Schreibtisch und einer am anderen Ende des Raumes in der Nähe des Fensters stand. Der dritte Sessel hinter der Couch blieb bis auf eine Gelegenheit (und auch da blieb Lacan nur wenige Minuten sitzen) immer leer. Entweder saß er mit dem Rücken zum Fenster oder er arbeitete an seinem Schreibtisch. Oft blieb er auch stehen oder ging in dem engen Raum auf und ab.«

Auch die Form seiner Intervention überraschte den Analysanden:

»Die ersten Sitzungen waren überraschend für mich. Ich erinnere mich, daß ich am ersten Tag einen Traum erzählte. Ich erwartete wenn nicht eine Deutung, so doch ein Zeichen des Interesses oder der Ermutigung von Lacans Seite. Nichts dergleichen. Ich begriff recht schnell, daß es nicht darum ging, einen analytischen ›Dialog‹ herzustellen, und daß ich ganz auf mich selbst gestellt sein würde. Während der gesamten Dauer meiner Analyse griff Lacan nur selten und manchmal auf rätselhafte Weise ein« (Smirnoff 1994, S. 377).

Smirnoff macht hier indirekt und verhalten deutlich, wie er das Verhalten seines Analytikers erlebt hat. Dieser Form der Darstellung folgt er auch, wenn er danach hervorhebt, wie er im Gegensatz zu seinem Lehranalytiker die Analyse selber praktiziert:

»Als Analytiker habe ich die Sitzungen nie abgekürzt – sie dauern ungefähr eine Dreiviertelstunde – und bleibe dem treu, was ich als eine Art Standarddauer betrachte. Ich bleibe in meinem Sessel sitzen und geize nicht mit Deutungen oder sonstigen Interventionen, wenn ich diese für nützlich halte« (Smirnoff 1994, S. 378).

Wenn er später Lacans Neigung zum Theoretisieren anspricht, gehe ich davon aus, dass er den relativ knappen Zeitrahmen und den spärlichen Kontakt nicht als besonders hilfreich erlebt hat. Mittlerweile wissen wir, wie gerade das Bemühen um Neutralität und permanentes Schweigen retraumatisierend wirken. Interessant finde ich auch den zusätzlichen Hinweis Smirnoffs auf die Standarddauer einer Sitzung. Ob hier ein Gespür dafür anklingt, dass das Seelische seine Zeit braucht, um zu sich zu kommen und sich zu entwickeln? Intellektualisierend und räsonierend kann man sich vom Prozess des Erlebens abtrennen. Aus dem aktualgenetischen Geschehen wird dann ein kognitiver oder kognitivistischer Diskurs. Die unterdrückten Lebensbewegungen werden dann durch intensive Sprach- und Denkspiele notdürftig kompensiert.

Wolf nimmt im Gegensatz zu Smirnoff kein Blatt vor den Mund. Seine Erfahrung bei Maxwell Gitelson, der ihm vom Weiterbildungsausschuss des »Chicago Institut for Psychoanalysis« zugewiesen wurde, verblüfft durch ihre Deutlichkeit und Offenheit:

»Meine Analyse bei Dr. Gitelson war eine Katastrophe. Ich erlebte ihn als einen schweigenden, bösartigen und zornigen Mann. Während er hinter mir saß, schien er nur darauf zu lauern, daß ich etwas sagte, worauf er sich stürzen könnte, um mich zu kritisieren. Stunden und Tage vergingen, ohne daß er auch nur das Geringste sagte. Gelegentlich teilte er mir ein paar markige Beobachtungen in einem Ton voller Verachtung mit. Mehr als einmal hörte ich ihn sagen: ›Sie wollen gar nicht analysiert werden, sondern nur Analytiker sein.‹ Wahrscheinlich hatte er auch recht mit seiner Einschätzung meiner mangelnden Bereitschaft, nach den verdrängten Selbstanteilen zu suchen und sie aufzudecken. Er war ungeschickt, unfreundlich und uneffektiv in seinen Bemühungen, mir zu einer näheren Betrachtung meiner selbst zu verhelfen. Er beschwerte sich darüber, wie ich immer, wenn er das Gefühl hatte, mit mir endlich irgendwo angelangt zu sein, am nächsten Tag wiederkehrte, ›nachdem Ihre Frau Sie wieder zusammengesetzt hat‹. Dann mußte er wieder von vorn beginnen. Damals verstand ich nicht, was er meinte, und im weiteren Verlauf der Analyse ging es mir immer schlechter. Ich würde chronisch ängstlich und depressiv. Nachdem zwei Jahre vergangen waren – es waren die schlimmsten Jahre meines Lebens – kamen wir beide zu dem Schluß, daß die Analyse nichts fruchtete und beendet werden sollte. ›Laufen Sie aber nicht gleich zum nächsten Analytiker‹, war sein letzter Rat. Ich fühlte mich vernichtet, wie ein totaler Versager, und ich haßte ihn« (Wolf 1998, S. 407).

Danach wechselte Wolf zu dem Analytiker Charles Kligermann, den er aus einer dreiköpfigen Vorschlagsliste des Instituts auswählte. Diese Wahl erwies sich als ausgesprochen glücklich:

»Es bedurfte einiger Jahre, um den Schaden wiedergutzumachen, den ich bei Gitelson erlitten hatte, d. h. bis ich wieder etwas Selbstachtung und Vertrauen in mich selbst zurückgewonnen hatte. Nach sechs Jahren kam die Analyse zu einem natürlichen Abschluß. Kligermann war ein im wesentlichen klassischer Analytiker. Viele seiner Deutungen ähnelten denen von Gitelson. Die Worte mögen die gleichen gewesen sein, aber die Musik war eine andere. Die analytische Haltung war von dem Bemühen durchdrungen, verstehen zu wollen statt zu verurteilen« (Wolf 1998, S. 408).

Institutionelle Bedingungen der Weiterbildung

Psychoanalytische Weiterbildung findet nicht in einem neutralen Umfeld statt, sondern unter den klimatischen Bedingungen eines spezifischen Instituts. Es könnte aufschlussreich sein, einmal einen fotografischen Streifzug durch psychoanalytische Weiterbildungsinstitute zu machen oder die Weiterbildungsteilnehmer hinsichtlich der jeweils erlebten Atmosphäre zu befragen. Aus den Erlebnisbeschreibungen ließen sich vermutlich unterschiedliche Strukturmerkmale herausarbeiten. Da ich auf solche Studien nicht zurückgreifen kann, möchte ich an einem literarischen Beispiel diesen Komplex der unausdrücklichen Wirkungszusammenhänge in Weiterbildungsinstituten verdeutlichen. In beeindruckender Weise nimmt uns Batya Gur (1992) im ersten Kapitel (S. 5–24) ihres bekannten Psychokrimis »Denn am Sabbat sollst du ruhen« mit hinein in ihre Schilderung des Jerusalemer Psychoanalytischen Institutes. Hier wird an einer kunstvollen (fiktiven) Darstellung eine Atmosphäre spürbar, in der mehr und anderes vermittelt wird, als in den offiziellen Weiterbildungsrichtlinien steht. Wer sich einem Institut anschließt, unterwirft sich oder unterliegt auch einem *geheimen Lehrplan*, einer unausdrücklichen Beeinflussung. Indem der Weiterbildungsteilnehmer in diese Atmosphäre eintaucht, sie atmet und selbst reproduziert (sich damit identifiziert), lebt er sich implizit und operativ in eine institutseigene Verfassung ein:

Der Leser betritt das Institut zusammen mit dem Protagonisten Schlomo Gold, der am Sabbat den Vortragssaal für seine verehrte Lehranalytikerin Eva Neidorf herrichten möchte. Geleitet von Golds enthusiastischem Blick voller »rückhaltlose(r) Verehrung«, »Stolz« und einem tiefen »Zugehörigkeitsgefühl zu einer geheimen Verbindung« nähert der Leser sich Schritt für Schritt diesem »herrliche(n) Gebäude«, das Gold gerne »umarmen« würde, folgt ihm durch das grüne »Eisentor«, bemerkt das »breite goldene Schild«, das nur einem »genauen Beobachter … über die Art des Instituts Auskunft« gibt, erklimmt die »Steintreppen«, die zu beiden Seiten die runde, erhöhte Veranda umschließen, überblickt von dort aus für einen Moment noch einmal den »großen blühenden Garten« und atmet den Duft von Jasmin und Geißblatt ein, bevor er dann mit Schlomo Gold durch die »hölzerne« Tür des Hauses, »die man von der Straße aus nicht sehen« kann, in das Innere des Institutes eintritt, das, wie Gold immer wieder betont, »wirklich seinem Zweck gerecht wurde«. Auf welche Weise?

In der Eingangshalle wird der Besucher von stetiger Dunkelheit empfangen. Schwere Vorhänge verschließen die Fenster. Hinter den sechs geschlossenen Türen befinden sich die Behandlungszimmer. Auch ihr »massives« Mobiliar ist in dämmriges Halbdunkel getaucht und doppelt angebrachte Vorhänge an den Innenseiten der Türen schirmen die Zimmer zusätzlich vor eindringenden Geräuschen ab. Im Vortragssaal nehmen die verstorbenen Mitglieder der Gesellschaft nicht nur mit ihren Portraits einen festgelegten Platz ein. Der Blick in die Augen der Toten vermittelt Gold alles, »was zu wissen war«. Diese »ernste« und »mysteriöse Atmosphäre« des Hauses wird von seinen zeitweiligen Bewohnern, noch etwas verhalten, nur in den Abendstunden des wöchentlichen Seminartages und vollends erst am Sabbat durchbrochen: Gerade die Tatsache, dass »die Menschen auf der Couch« nicht mehr gestört werden können, erlaubt es den Angehörigen des Instituts am Sabbat, aus dem lastenden Dunkel oder Halbdunkel geradezu übermütig auszubrechen, die Zimmertüren weit zu öffnen, ein »albernes Lied« zu pfeifen und die »bedrückende Atmosphäre« mit dem hereindrängenden Licht der Welt förmlich zu lüften.

Im ritualisierten Wochenablauf wirken die Tage, an denen das Leben und Atmen des Hauses zugelassen wird, wie die schmalen Scharten in einer Festung, um die der einladend erscheinende Garten mit seinen zu jeder Jahreszeit blühenden Rosen einen Schutzwall legt. Der erste Eindruck der mütterlich-freundlichen Außenansicht des Gebäudes mit seinen familiären beiden Stockwerken und der »runden« Veranda weicht der Einsicht, dass sich dieses Gebäude der Wahrnehmung entzieht: Fällt schon das goldene Schild nur dem aufmerksamen Betrachter ins Auge und ist schon die Eingangstür auf der erhöhten Veranda von der Straße aus unsichtbar, so muss jeder von außen kommende neugierige oder kritische Blick endgültig vor der Undurchdringlichkeit der schweren Vorhänge kapitulieren. Die Atmosphäre von Altehrwürdigkeit, beruhigender Beständig- und Verlässlichkeit, die von Materialien wie Eisen, Gold, Stein und Holz suggeriert wird, verdichtet sich zu lastender Dunkelheit und zur Schwere des Mobiliars. Es setzt sich fort in altehrwürdigen unbequemen Analytikersesseln, die dem Sitzenden eine schmerzliche Haltung abverlangen: Die betroffenen Analytiker wagen allenfalls, heimlich ein kleines Kissen zwischen sich und die steife Rückenlehne zu schieben. Die Wände des Vortragssaals sind überfüllt von den Portraits der Analytikerahnen, und über die Frage, ob das heruntergefallene Bild einer Analytikerin, die sich selbst tötete, von seinem unverrückbarem Platz aus der Galerie entfernt werden darf, entbrennt ein Streit.

Mit dem Mord, der ausgerechnet am Sabbat, dem Fest-Tag, begangen und entdeckt wird, schlägt die angestrebte Immunität gegen jeden Einfluss der Straße und der Zeit endgültig in Mumifizierung um. In dem langen Weg, den gerade der Arzt Schlomo Gold, der dem Tod schon oft begegnet ist, mit angehaltenem Atem und stockendem Herzschlag zurücklegen muss, um überhaupt erkennen zu können, dass Eva Neidorf, die er im Sessel sitzend vorfindet, tot ist, kulminiert der Blick aus verengten Pupillen in grotesker Blindheit: In wörtlicher Anwendung der euphemistischen Metapher des Schlafes lässt Batya Gur ihren Protagonisten über nahezu fünf Seiten hinweg versuchen, seine Lehranalytikerin aus ihrem vermeintlichen Schlaf zu wecken, vorsichtig, zaghaft, ehrfürchtig und mit Entsetzen über die »widersprüchlichen Triebe und Ängste«, die angesichts der plötzlichen, unerlaubten Intimität in dem »kleinen« Behandlungszimmer von ihm Besitz ergreifen, bis er schließlich seine Augen nicht mehr vor der Realität verschließen kann.

Zur Atmosphäre spezifischer Fachgesellschaften

Die psychoanalytische Weiterbildung findet nicht nur im atmosphärischen Rahmen eines Instituts, sondern auch im umfassenden Kontext einer *bestimmten* Fachgesellschaft statt, die ihrerseits eine Kultur hervorgebracht hat, die ausdrücklich und unausdrücklich ihre Entwicklungschancen und Entwicklungsgrenzen impliziert. Das wird besonders spürbar, wenn Analytiker oder Analysanden einer anderen psychoanalytischen Kultur als der, aus der sie selbst stammen, begegnen. So erschien Margarete Mitscherlich-Nielsen (1994, S. 328f.) Anfang der fünfziger Jahre, als sie bei Balint in Analyse war und an den Mittwochstreffen aller Analytiker Londons teilnahm, die deutsche Psychoanalyse »als ziemlich vorgestrig«. Cremerius (1994, S. 86) war unangenehm berührt von der Rigidität und dem Schematismus des Ausbildungssystems am Psychoanalytischen Institut in New York und empfand »die wohlgemästete Sicherheit, den Protz und die elitäre Arroganz des Institutes« geradezu als abstoßend. Er erlebte auch das Klima in den anderen analytischen Instituten als unerfreulich, weil sie sich heftig bekämpften oder überhaupt keinen Kontakt zueinander hatten und sich wechselseitig ignorierten. Besonders eindrucksvoll war für ihn die Fehde der »egos« (Ich-Psychologen) und der »ids« (Triebtheoretiker), von denen jede Gruppe ihn vor den Mitgliedern der anderen warnte und ihnen die psychoanalytische Identität absprach. Auch die einzelnen psychoanalytischen Fachgesellschaften sind durch typische Stimmungen geprägt. Ehebald zitiert eine ehemalige Kandidatin, die vor zehn Jahren die Atmosphäre mancher DPV-Veranstaltungen treffend charakterisiert habe:

> »Diese paranoide, stumme und unfruchtbare, sowohl schulmeisterliche als auch hilflose Mischung aus Waisenhaus- und Klosteratmosphäre, wo jeder in jedem den Kumpel sucht und den Sittenwächter fürchtet.«

Nach alledem, was zu hören sei, so ergänzt Ehebald (1998, S. 158), habe sich diese Atmosphäre kaum gewandelt. Ihm zufolge müssten Organisationsstrukturen zwar sein, dürften aber nicht zu unflexiblen Handlungsanweisungen verkommen, sonst würden sie Fantasie und Kreativität sowohl bei den Lehranalytikern als auch bei den Kandidaten ersticken und wirkten für beide lebensfeindlich. Das wirkt sich natürlich auf die Weiterbildungskandidaten aus.

»Der Umgang mit den Ausbildungskandidaten ist im besten Fall väterlich herablassend, letztlich aber unerbittlich autoritär. Diese haben sich den Regularien wie Gesetzen zu unterwerfen, gelegentliches Murren wird überhört, Aufbegehren wird nicht gewagt. So etwas, was auch nur einer innerparteilichen Demokratie ähnelt, gibt es nicht« (Ehebald 1998, S. 158).

Es kommen zu den allgemeinen institutionellen Verbiegungen noch solche hinzu, die für die jeweilige Gesellschaft spezifisch sind. So kann man sich vorstellen, dass die Bemühungen der DPG um Anerkennung bei der Internationalen Vereinigung für Psychoanalyse ähnliche Tribute fordern.

Eine prominente Vertreterin dieser Gesellschaft hebt hervor, »mit welch eifrigem Gehorsam 50-, 60-jährige Psychoanalytiker mit jahrelanger Therapie- und Supervisionserfahrung sich demütig einem selbst ernannten Gremium der Internationalen Psychoanalytischen Vereinigung stellen, um sich den ›Aufstieg‹ in diese Gruppe zu sichern, mit welchem Eifer sie ihre Falldarstellungen fälschen, damit um Himmels willen sich herausstellt, dass nur eine 4- bis 5-stündige Analyse wirklich ›echt analytisch‹ ist: das erstaunt den distanzierten Betrachter zutiefst. Und wieder ist man natürlich an religiöse Rituale erinnert. Dies hat ja auch Kernberg in seinem bekannten Aufsatz dargestellt, allerdings gab er selbst den Startschuss zum erneuten Abwickeln der Ergebenheitsrituale, indem er mitwirkte an den Bedingungen, unter denen ein DPG-Angehöriger in die Internationale Vereinigung eintreten kann« (Jaeggi 2003, S. 197).

Die negativen Auswirkungen auf die Weiterbildung und ihre multiplikative Ausstrahlung auf die Praxis der Weiterbildungskandidaten sind unvermeidlich. Man denke nur daran, wie grundlegend und zäh der Abwehrmechanismus der Identifikation mit dem Aggressor ist. Darüber hinaus verstricken sich diese Verfassungen häufig mit den Übertragungen der Patienten. So entstehen leicht institutionell abgesicherte Widerstandssysteme zwischen Analysand und Analytiker, die nicht mehr wahrnehmbar und bearbeitbar sind und in kränkende und krank machende Kollusionen führen.

Als Vertreter einer anderen Fachgesellschaft zitiere ich diese Kritik ohne Schadenfreude. Ich vermute, dass die Verhältnisse in unserer Fachgesellschaft nicht unähnlich sind. Für die Individualpsychologie erweist es sich meines Erachtens als lähmend, dass sie sich aufgrund eines latenten Minderwertigkeitsgefühls gegenüber den anderen tiefenpsychologischen und historisch etablierteren Gesellschaften durch übertriebene Anpassungen an tradierte psychoanalytische Konzepte – ich vergleiche das zuweilen mit dem Übereifer von Konvertiten – ihrer eigenen Lebendigkeit und Kreativität beraubt. Es wäre wohl auch sehr entwicklungsförderlich für uns, einmal die Atmosphäre in unserer Gesellschaft zu untersuchen. Welche Stimmungen herrschen in ihren Gremien und in den einzelnen Instituten vor? Was würde ein teilnehmender Beobachter sehen und erleben? Wie häufig würde er sich in Teams erleben, die sich gemäß einer Abhängigkeits-, einer Flucht- oder einer Kampfgruppe verhalten? Wie oft und wie lange würde er den Elan und die Freude teilen, die die Teilnahme an einer Arbeitsgruppe gewähren? Besonders diejenigen können ein Lied davon singen, die aus der Gründerzeit der Individualpsychologie stammen. Und wir wissen, dass die Sünden der Mütter und Väter über viele Generationen nachwirken. Wie stellen sich angehende Analytiker und die jeweiligen »Kontrollanalytiker«, die die Supervisionen begleiten, in den vorgelegten Behandlungsverläufen dar? Was ist in der Fachzeitschrift einer Gesellschaft zwischen den Zeilen zu lesen, wenn sie etwa über ihre eigene Identität schreibt, und was erfährt man, wenn man darüber hinaus beim Lesen seine eigene Gegenübertragung befragt?

Es wäre sicherlich höchst aufschlussreich, in Tiefeninterviews die Mitglieder einer Gesellschaft nach ihren »Gesellschaftserinnerungen« zu befragen und konkrete Situationen zu erheben, in denen sie sich wohl gefühlt und gefreut haben oder in denen sie sich verkannt und verletzt gefühlt haben. Darüber hinaus müsste der verlockenden Versuchung widerstanden werden, die einzelnen Erinnerungen individualistisch zu verschieben, sondern stattdessen nach strukturellen Zügen in allen Reaktionen zu forschen. Durch eine Pathologisierung Einzelner können bedrohliche Konflikte der anderen oder des Ganzen verdrängt werden (s. Hemmer 2002). Ich finde es prognostisch günstig, dass die Individualpsychologie mittlerweile zum zweiten Mal einen »Open Space« veranstaltet hat, in dem sich die »Wetterlage«, das »Klima« unserer Gesellschaft niederschlagen kann.

Diese Wirkungszusammenhänge sind so komplex, dass es angezeigt ist, die Untersuchung der entsprechenden Phänomene zunächst einmal auf die Atmosphäre oder Atmosphären in einzelnen Behandlungspraxen zu beschränken. Die polaren Erfahrungen eines bedeutenden Vertreters der Psychoanalyse mögen dabei die weite Spanne möglicher Erfahrungen und Auswirkungen aufzeigen. Cremerius berichtet nämlich in seiner Autobiografie von einer schlimmen (Riemann) und von einer sehr wohltuenden (Bally) Analyseerfahrung.

»Ich habe eine schlimme, aber auch eine für den zukünftigen Analytiker instruktive Erfahrung gemacht: ich habe die zerstörerische Wirkung, die eine Analyse haben kann, am eigenen Leibe erfahren. Für viele Jahre war ich in meinem Selbstgefühl beschädigt. Es bedurfte einer zweiten Analyse, den Schaden zu beheben« (Cremerius 1994, S. 88).

Im Gegensatz dazu stehen seine Erfahrungen in der Analyse bei Bally:

»Mein Wohlbefinden erwuchs auch aus meiner persönlichen Analyse mit Bally, von dem ich mich akzeptiert und verstanden fühlte. Er vermittelte ein förderndes Verstehen in einem *ruhigen Klima von Wohlwollen*« (Cremerius 1994, S. 99).

Als Folge seiner Eindrücke aus der Lehranalyse und den Seminaren änderte sich auch seine Arbeit mit Patienten, und er »befreite sich von den in Deutschland erlernten starren Regeln, die oft Züge von Unmenschlichkeit zeigten. Jetzt ging es nicht mehr um Schweigen oder Nichtschweigen (ein in München heißes Thema), nicht mehr um Purismus, Abstinenz und Neutralität als Prinzip, jetzt ging es darum, *ein Klima zu schaffen, in dem Analytiker und Analysand sich wohl fühlen können*. Ich erlebte immer häufiger Analysestunden mit meinen Patienten, in denen ich mich von der Überlegung, ist das falsch oder richtig, befreien konnte, *mich wohl fühlte wie ein Fisch im Wasser*« (Cremerius 1994, S. 98, Herv. v. Verf.).

Zur Atmosphäre der Behandlungssituation

Wir stammen aus und leben in Atmosphären

Zunächst ist es sinnvoll, mit den entwicklungspsychologischen Anknüpfungen zu beginnen: Adler hat vielfach auf die ganz qualitativen Bedingungen des individuellen Werdens hingewiesen, wenn er von »Familienklima«, von der »Familienatmosphäre« oder vom »Familiensinn« spricht. Er macht uns aufmerksam auf die »Erschwerungen aus dem Familienzusammenhang« (Adler 1912a/1972, S. 19) und die ungünstigen Folgen eines »nachteiligen Familienmilieus« (Adler 1920a/1974, S. 35) und führt die seelischen Störungen eines Kindes auf »die neurotische Familienluft« zurück, »die das Kind frühzeitig vergiftet« (Adler 1912a/1972, S. 207). Die familiendynamische Betrachtungsweise kann noch durch die neuere Säuglingsforschung untermauert werden. Dornes macht in seinen Publikationen (s. Dornes 1993, 1997, 1999, S. 77ff.) auf die *Bedeutung niederer Spannungszustände für die Selbstwerdung und die Strukturbildung* aufmerksam. Er stellt der analytischen Auffassung, welche die dramatischen Ereignisse der Kindheit betont (Geburt, orales Saugen, Abgestilltwerden, anale Machtthematik, ödipale Dramen), die Auffassung der Säuglingsforschung gegenüber, die die große Bedeutung des »low-tension-learning« (Dornes 1999, S. 79) hervorhebt und mit eindrücklichen Experimenten zeigt, dass die relativ spannungsarmen Alltagssituationen und ziemlich undramatischen Interaktionen mit den Eltern, die einen ganz überwiegenden Teil des kindlichen Lebens ausmachen, von großer, wenn nicht sogar von größerer Bedeutung für die Strukturbildung des Seelischen sind als die kurzen Augenblicke hoher Spannung.

Es gibt auch in der Psychoanalyse viele Autoren, die bereits auf die Bedeutung undramatischer Situationen hingewiesen und die diese Integration vorbereitet haben. Es sei auf die Beiträge Winnicotts (1958) zum Spielraum verwiesen, auf Balints (1970) Beschreibung der arglosen Situation, auf die der Patient im Dienst der Progression regrediert, sowie auf die Auffassung Kohuts (1971), dass durch minimale Empathiemängel der Bezugspersonen die Bildung psychischer Strukturen angeregt wird. Dornes verweist ebenso auf Khans (1963) Konzept des kumulativen Traumas und das kumulative Prinzip von Spitz (1965), auf alltägliche Erfahrungsmuster, die weniger dramatisch, aber sehr hartnäckig nachwirken (Gaensbauer 1982), also darauf, dass diese tagtäglichen eher als die spezifischen Erfahrungen die Vorläufer und Ursachen von Psychopathologie sind (Spiegel, 1987). In diesem Sinne verweist Köhler (1985, S. 123f.) auf die Bedeutung des Spielraums, der entsteht, nachdem die Triebbefriedigung erfolgt ist (also das Kind gebadet, gewickelt und gestillt ist), in dem sich das Selbst entwickelt, wenn es seine Wahlmöglichkeiten entdeckt, seinen Interessen und Aufmerksamkeiten nachgeht, Initiativen entwickelt, Kontingenz- und Wechselseitigkeitserfahrungen macht und so fort.

»Die Muster sind nur noch als Familienatmosphäre, Familienklima oder affektiver Stil des Umgangs rekonstruier- und erinnerbar – oder sie werden in der Erinnerung ›fälschlich‹ in ein diskretes Ereignis verwandelt. … *Der Stellenwert von Deutungen, die affektiv intensive Erfahrungen auf den Punkt bringen, würde relativiert zugunsten von Parametern wie ›Atmosphäre‹, die niedrige Spannungszustände bezeichnen, aber ebenso unerläßlich für den therapeutischen Erfolg sind.* Die sog. unspezifischen Wirkfaktoren therapeutischer Settings werden in der neueren Psychotherapie-Prozeßforschung zunehmend betont« (Dornes 1999, S. 79, Herv. v. Verf.).

Ich selbst habe auf die Begeisterung zwischen dem Kind und seinen Bezugspersonen aufmerksam gemacht, welche diese Wirkungszusammenhänge zwischen Kleinkind und Bezugspersonen oft durchformt. Das Erleben der beteiligten Bezugspersonen lässt keinen Zweifel daran, dass die ganzheitliche Ausdrucksbewegung des fließenden Austausches eine urtümliche Lebensfreude ist. Dem gemeinsamen Spiel zwischen Kind und Eltern kommt eine Schlüsselrolle in der frühen Entwicklung zu. So lässt sich bei miteinander spielenden Mutter- oder Vater-Kind-Paaren immer wieder beobachten, wie beide in eine bewegende und bewegte Sphäre wechselseitiger Beglückung geraten, von dem sich selbst Beobachter angerührt fühlen. In diesem liegen die *Keimzellen einer heiteren Lebensgrundstimmung*. Im Austausch zwischen Berühren und Berührtwerden liegen die Keimformen für das spätere Erleben von Freude und Glück. Da die analytischen Entwicklungstheorien bisher fast ausschließlich mit den pathologischen Formen der Entwicklung befasst waren, habe ich die *Mitschwingung* mit den Lebensbewegungen des Kleinkindes als prototypisches und förderliches Beziehungsmuster früher Eltern-Kind-Interaktionen hervorgehoben. Sie soll die liebevolle und stellvertretende Unterstützung der frühen Lebensbewegungen des Kindes durch die Eltern auf den Begriff bringen. Sie enthält mehrere Dimensionen und erfüllt mehrere Funktionen: *die annehmende, die haltende, die antwortende, die ordnende, die bestätigende und die vorsorgende Funktion* (s. Heisterkamp 1991a, S. 25ff.).

Einen fundamentalen Beitrag zur psychotherapeutischen Atmosphäre in der psychoanalytischen Behandlung hat Karl Heinz Witte mit der ciszendenten Perspektive der Individualpsychologie im Allgemeinen und des Gemeinschaftsgefühls und der Liebe im Besonderen geleistet. Ich wiederhole hier kurz den Grundgedanken. Darin wird das ontologische »Bestimmtsein des Individuums vom Anderen her« (Witte 2002, S. 103) herausgearbeitet. Ganz persönlich freut mich natürlich, dass Karl Heinz Witte die Lebensbewegung zum Ordnungsträger seiner Überlegungen gemacht hat (s. Heisterkamp 1990). Er führt diesen Gedanken jedoch durch die ciszendente Perspektive weiter. Damit gelingt ihm sowohl die Überwindung der uns seit Descartes überkommenen Tradition der neuzeitlichen Subjektzentrierung als auch der lange Zeit in der Individualpsychologie vorherrschenden Meinung, die Entwicklung des Menschen vollzöge sich von der Selbstliebe zur Nächstenliebe hin, also in idealistischer Verkennung »vom Ich zum Nicht-Ich« (Witte 2002, S. 115). Er macht stattdessen auf die Umkehrung der Beziehungskonstellation aufmerksam:

»Es gibt *ursprünglich* eine Erfahrung oder Ahnung von der Befriedigung der Bedürfnisse, vom Zusammenstimmen der Erwartung und der Erfüllung und ein Miteinander von Ich, Du und Ihr im Wir. Diese Erfahrung kann eine neue Dimension eröffnen; allerdings ist der Zugang dazu meistens verloren oder verdorben oder ignoriert. Gleich ursprünglich wie Ich ist der oder die Andere; sie sind im Erfahrungsaufbau sogar früher als das Ich. Der Versuch, das Ich im Selbstbezug zu konstituieren, ist zum Scheitern verurteilt, weil ich immer schon der Eingefügte und Angesprochene bin. Insofern ist das Ich seinem Wesen nach Antwort und nicht Ursprung. In dieser phänomenologischen Sicht enthüllt sich die Transzendenz, wie eingangs skizziert, in Wahrheit als Ciszendenz« (Witte 2002, S. 108).

Daraus folgt, dass in unserem Leben *das Wir das Primäre* ist. Am Anfang des Lebens stammen wir aus dem – freilich immer störanfälligen und faktisch gestörten – Umfangensein in der Zweieinigkeit (Witte 2002, S. 124). In dieser Bezogenheit bildet sich schon sehr früh eine für den Menschen oder das Selbst typische Grundgestalt der Bezogenheit heraus (s. a. Antoch 2001). Das Nicht-Ich geht also dem Ich voraus und ohne das vorausliegende Gemeinschaftsgefühl oder die vorausliegende Liebe kann das Selbstgefühl nur krank werden oder krank sein.

»Diese Vorausleistung der Liebe manifestiert sich empirisch, psychologisch in der Beziehung der Mutter zum neugeborenen Kind. Es ist die Aufgabe der Mutter, mit ihrem vorauseilenden Gemeinschaftsgefühl das Gemeinschaftsgefühl des Kindes zu wecken und sich entfalten zu lassen (Adler 1935m/1983a, S. 98). Die Forderungen der psychoanalytischen Entwicklungsmetaphorik nach einer fördernden Umwelt, nach *holding* und *containing*, wie auch die Erkenntnisse der Säuglings- und Kleinkindforschung sprechen von diesem anthropologischen Vorausgang der Liebe vor dem Selbst« (Witte 2002, S. 116).

Hier ergibt es auch eine Entsprechung zu Sloterdijk, der die Erzeugung des menschlichen Wohnraums als Sphärenbildung bezeichnet. Auf der Welt sein heißt für Sloterdijk, mit anderen in Sphären sein. Vor einer Selbstfindung befinde ich mich immer schon in einer Sphäre mit anderen (Sloterdijk 2000, S. 46). Hier herrscht eine Urbezogenheit. Zum Wesen einer psychotherapeutischen Atmosphäre gehört als Urerfahrung ein in spezifischer Weise erlebtes In-Sein und Mit-Sein.

Behandlungsatmosphäre

Der Begriff der Atmosphäre steht für durchgängige und umfassende Gefühlsqualitäten des psychotherapeutischen Werkes. Das analytische Setting bildet vieles von dem ab, was das Kind für ein gesundes Wachstum braucht: Kontinuität, Verlässlichkeit, Akzeptanz, Resonanz, Schonung, Differenzierung, Einfühlung, Abgrenzung et cetera. In dieser Sphäre kann der Patient eine neue Wirklichkeitserfahrung machen. Dabei erfährt er Empathie, wie er sie wohl in dieser Form noch nie im Leben erlebt hat (Heisterkamp 1991b, 1993). Wenn der Therapeut kontinuierlich auf die Entwürfe mentaler wie leiblicher Selbstbewegungen achtet und ihnen Entfaltungsspielräume bietet, ihre Ausformung unterstützt und ihren tiefen psychologischen Sinn anerkennt, übernimmt er auf verschiedenen Ebenen und in den verschiedenen Bereichen der Selbstwerdung basale Funktionen eines Selbstobjekts. Er bietet dem Selbst auf den strukturellen Ebenen seines Gewordenseins stimmige Resonanz und Unterstützung. Die Mit-Bewegung, die sich auf die gesteigerten oder unterdrückten Tendenzen des Patienten einlässt, ist zentral bezogen auf Selbstobjektbedürfnisse (Wolf 1988; Stern 1992). Sie ist auf die präverbalen Spürformen des Selbstempfindens und des Selbsterlebens gegründet. Das bedeutet *eine kontinuierliche prä-*

parative und reparative Arbeit an der Kohäsion und Kontinuität, an der Stabilität und Flexibilität des Selbst.

Das gilt nicht nur für das selbstpsychologische Konzept. Daser (2003) betrachtet die Anerkennung als ein wesentliches Kennzeichen der analytischen Methode. Der anerkennende und achtsame Umgang mit dem Patienten gehört zu den zentralen Bestandteilen der psychoanalytischen Methode. Jede analytische Deutung, wenn sie heilsam wirkt, verläuft als eine Form der Anerkennung. Wir alle haben die Erfahrung gemacht, dass Worte weniger fruchten als das, was der Therapeut dem Patienten durch seine Haltung, das heißt durch die konkrete Weise seines Umgangs und durch die Qualität seines Handelns vermittelt. In demselben Sinne erläutert Jörg Scharff das Containing des Analytikers:

»Zu den Haltefunktionen rechne ich einmal die Weise, in der der Analytiker über die Regelmäßigkeit zeitlicher und örtlicher Präsenz, der schlichten Tatsache seines zugewandten Zuhörens sowie in seinem raumgebenden Schweigen als psychisch tragendes Hintergrundobjekt verfügbar ist. Die aktiveren Aspekte der Haltefunktion umfassen alle Momente, die mit den Begriffen Spiegelung, Bestätigung, Affirmation, Validierung und im weitesten Sinn mit Empathie beschrieben werden. Zum Halten gehört auch das Ertragen und ›Verdauen‹ starker affektiver Spannungen, die im Analytiker ausgelöst werden, ob sie nun positiver oder negativer Art sind« (Scharff 2002, S. 465).

Die so genannte Haltung des Analytikers birgt eine präverbale Botschaft, die sich über die Stimmung vermittelt: Sei willkommen. Du wirst sehen: Deine Störungen sind notgeborene, aber unter den Umständen geradezu schöpferische Selbstschutzmaßnahmen zum seelischen Überleben. Je mehr du das durchgearbeitet hast, umso mehr kannst du dich und können wir uns deines Lebens wieder freuen.

Wir laden Patienten in ein Ambiente ein, das ein *Gegenbild zu dem Familienklima* darstellt, aus dem sie stammen. Nach Reinert lässt sich die durchgängige Reaktion der Bezugspersonen bei narzisstisch gestörten Patienten in dem Kernsatz verdichten:

»Wenn Du nicht so bist, wie ich Dich haben will, so bist Du nicht richtig und ich verlasse Dich, mag dich nicht mehr, verlache dich, beschimpfe dich, mache dich klein«. Und in den Familien der Borderline-Patienten herrscht die atmosphärische Tendenz: »Wenn Du nicht so bist, wie ich

Dich haben will, so sollst Du am besten gar nicht geboren sein, sollst nicht mehr da sein« (Reinert 2001a, S. 103).

Je mehr Analytiker einen konkreten Einblick in ihre »Werkstatt« (s. Endres u. Salber 2001) gewähren, umso deutlicher lässt sich der therapeutische Eros operationalisieren. So kennzeichnet Reinert (2003, 2001b, 2000) seine modifiziert-analytische Langzeittherapie, indem er eine archaische Beziehungsebene berücksichtigt, die bis in die pränatale Zeit reicht, und sich dem Patienten in einer an den basalen Bedürfnissen des Patienten orientierten Weise bereitstellt. Darüber hinaus findet der Patient eine Reihe von Übergangs- oder Zwischenobjekten in der Praxis vor (Matratzen, Kissen, Decken, Steifftiere, einen Sandsack). Weiterhin beschreibt er differenziert, wie Borderline-Patienten in der Behandlung, nachdem sie ihren Therapeuten viele Male getestet haben, nachdem sie unmittelbar feststellen, dass ihr tödlicher Hass ihn nicht zerstört, sondern er den verstehenden Zugang aufrechterhält, nachdem sie im unmittelbaren Kontakt zu verstehen lernen, dass Nähe zu einem Objekt möglich ist, ohne sich von Vernichtung bedroht zu fühlen, so etwa zwischen 600 und 700 Stunden, zu einem Wendepunkt gelangen: nämlich der »Ruhe der bloßen Existenz« (Reinert 2003, S. 189f.). In ihr macht der Patient die Erfahrung, »dass er für einen anderen Menschen einen Wert besitzt, den er nicht durch Verzicht auf Eigenständigkeit erarbeiten, durch Leistung untermauern oder durch die Bereitschaft, sich missbrauchen zu lassen, erobern muss« (Reinert 2003). Der Patient beginnt, den bislang unbekannten oder unzugänglichen Selbstzustand zu genießen, der bisher nur im Tod erreichbar zu sein schien, in dem er einfach da sein kann, ohne ständig Leistungen erbringen, ohne ständig aufpassen und kontrollieren zu müssen. Dazu hebt Reinert hervor: »Dieses Stadium ist für den Patienten mit einem tiefen Glücksgefühl verbunden« (Reinert 2003, S. 190).

Der Analytiker kann hier wohl gar nicht anders, als sich mit seinem Analysanden zu freuen. Seine menschliche Reaktion gewinnt hier einen tiefen psychologischen Sinn: Sie bietet dem Patienten eine basale Resonanz. *Der Analytiker validiert mit seiner Freude diese entwicklungsträchtige Stelle des Neubeginns.* Er wird aus dem Prozess heraus zum salutogenen Selbstobjekt des Patienten. In einem seiner Aufsätze benennt Reinert die Freude des Analytikers ausdrücklich:

»Wenn ich sehe, was aus meinen Patienten, es handelt sich ausschließlich um schwere bis schwerste Borderline-Kranke, nach jahrelanger Therapie geworden ist, so ist mir dies in der Regel eine Freude; leben sie doch in Beziehungen, gestalten ihr Leben autonom, weisen keine pathologische Symptomatik mehr auf und können ohne Hilfe mit auch neuen Lebenssituationen fertig werden« (Reinert 2003, S. 193).

Ich sehe in der *Freude eine basale Form existenzieller Resonanz und Effektanz*, die für den Patienten heilsam und für den Analytiker wohltuend ist. Mit dem Begriff der Atmosphäre ist die nur gefühlsmäßig zu fassende durchgängige Qualität gemeint, in der der Patient intra- und interpsychisch eine Resonanz auf seine eigene Existenz findet und erhält. Indem der Analytiker ihn willkommen heißt und der Patient sich immer mehr auf eine gegenseitiges Willkommommenheißen einlassen kann, lernt er allmählich, sich anzunehmen und sich zu übernehmen. So ist auch die förderliche Wirkung einer glücklichen Verfassung des Therapeuten zu verstehen. Er schwingt als eine in sich ruhende und erfüllte Person mit dem Erleben des Patienten. Das ist vergleichbar mit einer glücklichen Elternfigur, die mit den Enttäuschungen der Tochter oder des Sohnes (zum Beispiel in der ersten Liebe) mitfühlt, aber aus einer reifen Verfassung heraus, die mit ihrer Hoffnung auf bessere Zeiten und ihrem liebevollen Glauben an die selbstschöpferischen Kräfte des Kindes sublimal heilsam wirkt (s. a. Antoch 2003).

Unterschwellige Wirkungen

Die phänomenologischen Beschreibungen, mit denen Gisela Eife (2004) die von Stern etablierten Now-Moments kennzeichnet, helfen indirekt, das Phänomen atmosphärischer Wirkungen zu lokalisieren. In diesen allen Psychoanalytikern vertrauten Now-Moments spitzt sich eine neurotisch erstarrte Bewegungsgestalt zu und bricht gleichzeitig ins Offene neuer Erfahrungen. Eife spricht hier von Kehrtwende. Als Wesenszüge dieser unmittelbaren Wandlungserfahrungen hebt sie hervor: Die Erhellung des Augenblicks, das Erleben einer Erschütterung und des Ergriffenseins, eine starke Verunsicherung, ein Innesein der eigenen Existenz sowie eine bleibende Veränderung und gleichzeitig das Bewusstsein eines größeren Zusammenhangs, die Eröffnung einer transsubjektiven Dimension. Diese Situationen werden vom Analytiker konkret bemerkt und bewusst behandelt. Eifes detaillierte Beschreibungen verdeutlichen die Unterschiede zwischen der Begegnung und der Atmosphäre; diese stellt ein eingegrenztes, besonderes Ereignis dar, jene ein ubiquitäres und sublimal wirkendes Geschehen.

Die atmosphärischen Wirkungen vollziehen sich besonders über die unmittelbaren Erfahrungen des operativen oder prozeduralen Verstehens. Oft wirken sie, ohne dass wir es bemerken, manchmal artikulieren sie sich an scheinbar unbedeutenden Dingen (Lampe, Fußmatte, Kaugummi) oder in besonderen Episoden (Begrüßung, Stimme, Lächeln). Im basalen Austausch, im respiratorischen »Dunstkreis«, in der fazialen Sphäre, in der stimmlichen Klangwelt, im aktionalen Wirkungsgeschehen reichern sich »Lebensstoffe« oder »Giftstoffe« in der Seele an und entwickeln ihre vitalisierenden oder krank machenden »Botenstoffe« im gesamten seelischen Kreislauf. Es gibt eine unterschwellige Anreicherung, ein Erreichen und Überschreiten von »Grenzwerten«, es gibt eine Aussendung der vitalen oder fatalen »Botenstoffe«, bis sie das Tageslicht des Bewusstseins in Form von benignen oder malignen Erinnerungen oder Enactments finden. *Die atmosphärischen Wirkungen verweisen auf die Urerfahrungen unserer präobjektalen* (»nobjektalen«) *Existenz*, auf die Macho (1993) besonders verwiesen hat. Erst im Rückblick auf die Sphären unseres Werdens lässt sich die tiefgründige Wirkungsweise von Atmosphären erahnen. In diesem Sinne schreibt Cremerius, dass er sich in der Analyse bei Bally so wohl gefühlt hat »wie ein Fisch im Wasser«. Er hat – wie auch immer – einen heilsamen, sublimierten Bezug zu seiner »Schwebeexistenz« in der präobjektalen Phase seiner intrauterinen Lebensphase und damit zum Quellgrund seiner Lebendigkeit gefunden (Sloterdijk 2000).

Die Untersuchung von Stimmungen geschieht meistens nur aus einer objektivistischen Perspektive, das heißt, als »Organe der Erkenntnis« werden sie in der Regel nicht zugelassen (Safranski 2001, S. 183). Damit übergehen wir einen fundamentalen »Wirkfaktor« psychotherapeutischer Behandlung. Ich habe in mehreren Veröffentlichungen (Heisterkamp 2002a, 2003b) auf eine späte Analyseerinnerung hingewiesen, in der die liebevolle Stimme meines ersten Analytikers sowie unsere freundliche Begrüßung und Verabschiedung wohltuend gewirkt hat. Was mir damals nicht bewusst oder zugänglich war, wurde mir erst nach weiteren Analysen deutlich: wie heilsam ich diese einladenden und willkommen heißenden Gesten erlebt habe. Auch wenn sie dem unmittelbar in der Freud'schen Nachfolge stehenden Analytiker, nämlich seinem Enkel Ernest Freud, nicht aufgefallen waren und keiner sie seinerzeit ansprechen konnte, haben sie dennoch nachhaltig gewirkt. Diese atmosphärisch gewonnenen und gespeicherten Erfahrungen bildeten die Grundlage für das Auftauchen und Durcharbeiten entsprechender Kindheitserinnerungen, über die ich Zugang zu den Ressourcen meiner Selbstwerdung fand.

Nach meinem bisherigen Verständnis erscheint es mir mittlerweile sinnvoll, zwischen einem *impliziten* und einem *expliziten operativen Verstehen* zu unterscheiden und den Begriff des *präsentischen Verstehens* nur für die letztere Form zu verwenden. Als Beispiel für präsentisches Verstehen möchte ich die bereits andernorts ausführlich beschriebene Begegnung mit meiner Analytikerin (Heisterkamp 2002a, S. 35ff.: »Ein bedeutsamer Augenblick«) anführen: Indem ich länger als gewöhnlich in ihre Augen schaute, durchströmte mich die unmittelbare Wandlungserfahrung, in der sich meine Sicherungen verringerten und ich mich in die faziale Sphäre einer mir bedeutsamen Frau ziehen ließ. Demgegenüber fehlt diese unmittelbare, konkrete und punktuelle Handlungseinheit in dem anderen Beispiel, in dem ich mich freundlich willkommen geheißen und freundlich verabschiedet fühlte und mich im beseelten Raum der liebevollen Stimme wohl fühlte (»Freundliche Begrüßung und Verabschiedung«, S. 35ff.). Dieser Erfahrung fehlt der spezifische situative Fokus, die konkrete Einzelerinnerung. Dieses Fehlen lässt die Vermutung wahrscheinlich werden, dass es sich um *eine sublimal wirkende, sphärische Erfahrung* handelt, die erst ex post durch die Konkretisierung in der Begrüßung und Verabschiedung fassbar wurde. Die Tiefe beziehungsweise die Grundstruktur dieser atmosphärischen Wirkung lässt sich noch weiter veranschaulichen, wenn wir bedenken, dass ich hier in eine sicher nur operativ oder prozedural vermittelte Sphäre des Willkommenheißens von Ernest Freud hineingenommen oder hineingelassen wurde. Diese annehmende Sphäre meines ersten Analytikers machte es mir möglich, eine heilsame Urerfahrung meiner eigenen

Existenz zu fassen, die einen kostbaren Schutz gegen eine mögliche Selbstauflösung während meiner Kindheit dargestellt haben mag. Ich fand Zugang zu der primären Liebe meiner Eltern und konnte nachspüren, dass sie mich wirklich gewollt hatten, wenn auch nach meiner Geburt leidvolle Beeinträchtigungen einsetzten. Diese Urerfahrung des Willkommenseins und des Geliebtseins fand in der Analyse mit Ernest Freud ihre grundlegende Konturierung. Diese Erfahrungen wurden evoziert durch eine Atmosphäre des Willkommensseins, in die ich mich hineinfand. Da sie keiner von uns beiden angesprochen hatte, war sie seinerzeit vermutlich keinem von uns zugänglich. Ich habe jedenfalls noch viele Analysestunden machen müssen, bis mir diese latenten Erfahrungen bewusst werden konnten.

Dem entspricht auch, dass mich erst meine Frau und Kollegin, die während meiner Vorbereitungen für diesen Beitrag die Biografie von Katja Behling über Martha Freud (2002) las, auf ein mögliches atmosphärisches Zusammenwirken von Ernest Freud und mir aufmerksam machte. Jener scheint bis zu seinem sechsten Lebensjahr (danach starb seine Mutter an einer europaweiten Grippeepidemie) in einem glücklichen Familienklima aufgewachsen zu sein. Seine Mutter galt als Lieblingstochter und Sonnenschein ihrer Mutter und als außerordentlich gut aussehend. Als Zwanzigjährige heiratete sie den Hamburger Fotografen Max Halberstadt, von dem auch viele Porträts Freuds stammen. Sie führten bis zu besagtem Schicksalsschlag eine glückliche Ehe und bekamen zwei Kinder: Ernest 1914 und Heinz Rudolf 1918. Ernest Freud hatte offenbar bis zu seinem sechsten Lebensjahr mehr als nur hinreichend gute familiäre Bedingungen für ein gesundes Wachstum. Mit den schweren Belastungen, die durch den Tod der Mutter (1920) und den Tod des Bruders sowie wohl auch durch die Wiederheirat und Emigration des Vaters eintraten, brauche ich mich hier nicht zu befassen. Jedenfalls gehe ich davon aus, dass er eine Urerfahrung des Willkommenseins gemacht hatte, die ihn sphärisch umgab und die wohl auch in seine Behandlung ausstrahlte: ein Kind von glücklichen Eltern zu sein, die sich über seine Geburt freuen. Die Freude über seine Existenz herrschte wohl auch bei seinen Großeltern Sigmund und Martha Freud vor; denn er berichtet die folgende schöne Kindheitserinnerung mit seinem Großvater aus dem zweiten oder dritten Lebensjahr:

»Ich hatte Geburtstag, und er rief mich vom Badezimmer aus. Man sagte mir, ich solle doch zu ihm gehen, was ich auch tat. Er saß in der Badewanne und hielt eine Blechtrommel in der Hand, auf die er mit den Trommelschlegeln schlug. Das war sein Geburtstagsgeschenk für mich« (W. E. Freud 2003, S. 63; Behling 2002, S. 174f.).

Auch ich selbst habe sicherlich einen Beitrag zum Aufblühen dieser einladenden Atmosphäre geleistet, indem mir der Weg nicht zu lang und die Umstände nicht zu lästig waren, Ernest Freud auch in London aufzusuchen. Seine Geste und seine Stimme hießen mich willkommen, luden mich ein und nannten mich beim Namen. Der liebevolle Umgang mit mir impliziert auch den Jubel seiner Eltern und Großeltern über seine Existenz. Im Nachhinein berührt es mich, wie er die Trommelsalve seines berühmten Großvaters über seine Existenz in therapeutisch transformierter Weise an mich und seine anderen Analysanden weiterzugeben verstanden hat.

Ein gesunder Psychotherapeut richtet seinen Arbeitsbereich – unter Berücksichtigung der praxeologischen Erfordernisse – so ein, dass er Gefallen daran findet, dass er sich darin wohl fühlt und gern dort arbeitet. Sein Ambiente bringt zum Ausdruck, dass er sich seiner Arbeit freut und stolz ist auf seine differenzierte Kompetenz. In dieser Verfassung stellt er dem Patienten ein Arbeitsfeld bereit, das der förderlichen Umwelt von Kindern zufriedener oder gar glücklicher Eltern entspricht. Auch diese wirken mehr dadurch, wie sie sich ihren Kindern gegenüber verhalten und was sie ihnen vorleben, als durch das, was sie ihnen erzählen oder welcher Erziehungslehre sie anhängen. Eine einladende Atmosphäre entspricht dem »Liebesvorschuss«, besser: der liebevollen Bezogenheit und Erwartung der Eltern, wenn sie ein Kind erwarten. Hier ist es geradezu natürlich, worauf uns Karl Heinz Witte (2002) in Anlehnung an Alfred Adler (1935m) oder Melanie Klein (Klein u. Riviere 1964) aufmerksam macht, dass durch die fürsorgliche und liebevolle Zuwendung der Eltern im Kind Dankbarkeit und Liebe entzündet werden. *Das Urmuster liegt in der elterlichen Freude über die Geburt ihres Kindes*, im Klang ihrer Stimme, im zärtlichen Austausch, in der Sphäre ihres An- und Einatmens, in der Stimmung ihres fazialen Feldes. Die bekannte Rede vom Glanz in den Augen der Mutter ist schon objektivistisch eingeengt, weil sie die Faszination des Kindes von der liebevollen Zuwendung sowie das rückwirkende Entzücken der Mutter verschweigt, ganz abgesehen davon, das das alles auch bezüglich der übrigen nahen Bezugspersonen gilt. Dieser gelebte und erlebte Kontext ist es, der auch die Liebe im Kind entzündet. Das vom Therapeuten bereitgestellte Milieu, in das der Patient quasi »hineingeboren« wird, stellt nicht nur einen Möglichkeitsraum, sondern auch einen Spiel- und Anregungsraum dar, in dem basale Formen wohliger Präsenz und freundlicher Resonanz, aber auch fehlender Akzeptanz, kühler Distanzierung oder schwüler Vereinnahmung unmittelbar wirksam werden können (s. Heisterkamp 2002a, S. 203).

Zwischen der Praxisatmosphäre und der Verfassung des Patienten können sich während der Behandlung immer wieder unbemerkt Kollusionen vollziehen. Mir fällt in diesem Zusammenhang meine eigene spartanische Praxiseinrichtung zu Beginn meiner Tätigkeit ein. Im günstigen Fall hat der Analytiker die belastenden Sphären seiner eigenen Individuation hinlänglich bearbeiten können. Das wird meines Erachtens häufiger vorausgesetzt als es gerechtfertigt zu sein scheint, da nach meinen Erfahrungen die frühen Selbst- und Seinszustände oft jenseits der Worte wirken und ebenfalls oft jenseits der Deutung verbleiben und sich einer traditionellen Bearbeitung nicht selten verschließen. Wenn der Analytiker selbst sein frühes Unglück nicht tief genug bearbeiten und nicht ausreichend Ressourcen der Lebendigkeit freilegen konnte, reinszeniert sich seine defizitäre Lebensbewegung oder seine sicherungsbedingte Selbstunterdrückung in der Art und Weise, wie er sich einrichtet, kleidet und arbeitet.

Einstimmung und Umstimmung

Krause (2004) hat in experimentellen Untersuchungen herausgefunden, dass psychisch Kranke den anderen in statistisch hoch signifikantem Maß unbewusst an ihre Affektmuster anzupassen versuchen. Während bei Gesunden die Varianz des Verhaltens gleichmäßig durch die Situation, den Partner und die eigene Situation bedingt ist, bestimme in einer Dyade der psychisch Kranke 80 Prozent der Varianz. Der Patient versucht also, seinen Therapeuten in seine emotionale Wirklichkeit einzubeziehen und im Sinne seiner Verfassung ein- und umzustimmen. Einerseits möchte er ihn testen, andererseits hofft er, dass der Analytiker ihm eine neue Erfahrung ermöglicht. Gut ausgebildete Psychotherapeuten sind nach Krause in der Lage, diesem unbewussten Anpassungsprozess gegenzusteuern, das heißt, ihrerseits den Patienten dabei zu unterstützen, sich umzustimmen. Unter dem Aspekt dieses Beitrags ist die Behandlung als eine »Umstimmung« zu verstehen, und zwar in mehrfacher Hinsicht. Der Patient versucht, den Analytiker in seine Grundstimmung hineinzuziehen. Dank der therapeutischen Offenheit hält sich dieser auch offen für die teilweise belastenden Stimmungen, gibt sie dann aber transformiert oder verarbeitet zurück; das heißt, er stimmt den Patienten seinerseits um.

Unter dem dialektischen Aspekt müssen alle bisherigen Überlegungen noch einmal in Hinsicht auf die lebensstiltypische Erfahrungsbildung und Wirklichkeitsgestaltung relativiert werden. Hier geht auch die Analogie zwischen Praxisatmosphäre und förderlichem Familienklima verloren. Während wir in einem hinreichend guten Milieu davon ausgehen können, dass die Liebe und die Sorge der Eltern auch im Kind spontan Dankbarkeit und Liebe entzünden, haben wir es bei unseren Patienten gerade mit solchen Menschen zu tun, die diese förderlichen Erfahrungen nicht machen konnten und mit einem aus Gründen des Selbstschutzes erheblich eingeschränkten Weltbezug notdürftig zu leben versuchen. An ihren »Sicherungen« oder »Widerständen« stoßen sich dann die anderen, inklusive die Therapeuten, oft die Nase. Wir können davon ausgehen, *dass eine Atmosphäre sowohl vom Analytiker bereitgestellt als auch von jedem Patienten neu erfunden wird* und dass unter der atmosphärischen Perspektive die Behandlung als ein polares Geschehen der Einstimmung und Umstimmung angesehen werden kann. Es fordert eine besondere Kompetenz, mit dem Patienten die defizitären und konflikthaften Lebensbewegungen durchzuarbeiten und ihm quasi zu einer zweiten Geburt zu verhelfen, bei der er willkommen geheißen und freudig dabei begleitet wird, wenn es ihm immer besser gelingt, sich selbst zu übernehmen und selbst zu verantworten. Aus unserer täglichen Erfahrung wissen wir, wie langwierig und schwierig das ist und wie lange auch liebevolle Bereitstellungen umgedeutet oder zurückgewiesen werden.

Ich selbst habe in der Analysandenposition eine nachhaltige Erfahrung gemacht, deren Quintessenz ich hier festhalten will. Es ging darum, dass ich in meiner letzten Analyse die Fußmatte auf meiner Couch entfernen wollte und mich stattdessen ohne diese Unterlage und ohne Schuhe darauf legen wollte. Nachdem die Analytikerin die Fußmatte tatsächlich entfernte, weil ich mich als ihr Gast bei ihr wohl fühlen sollte, stellte sich auf der Grundlage meiner unmittelbaren Erfahrung im anschließenden Durcharbeiten heraus, wie sich ein latentes Misstrauen gegen die liebevolle Haltung meiner Analytikerin an der Fußmatte »festgemacht« hatte und mich auf einer basalen Ebene in dem puritanischen Milieu meiner Herkunftsfamilie festhielt. Die Fußmatte war das symbolische Bollwerk meiner frühen Selbstschutzmaßnahmen geworden, das allen noch so liebevollen Anregungen meines psychotherapeutischen Raumes trotzte. Ohne die achtsame und liebevolle Bereitstellung wäre mir die Umstellung vermutlich nicht gelungen.

Eine entsprechende Atmosphäre wehte mir aus einem Bild der Fotoausstellung »Die Couch« entgegen, die die ehemalige Pressereferentin der DGPT, Claudia Guderian, gemacht hatte. Anlässlich der 50. Jahrestagung 1999 in Hamburg dokumentierte sie einen fotografischen Streifzug durch die Behandlungspraxen von Psychoanalytikern (s. Guderian 2004). So wurde das Bild einer Praxis ausgestellt, die so klein und so karg und lieblos eingerichtet war wie eine Klosterzelle. Im Kommentar des betreffenden Analytikers hieß es meiner Erinnerung nach, dass eine analytische Praxis nicht wohnlich und gemütlich eingerichtet werden dürfe, da eine Psychoanalyse kein »Zuckerschlecken« sei, sondern harte Arbeit erfordere. Wenn ich zu Beginn meiner analytischen Weiterbildung selbst in eine solche Praxisatmosphäre gekommen wäre, wäre ich vermutlich mit meinem puritanischen Herkommen in eine basale Kollusion mit dem betreffenden Analytiker geraten.

In seiner Untersuchung »Wesen und Formen der Sympathie« (1973) erklärt Max Scheler Liebe und Verbundenheit, das Mitschwingen und Mitgehen zu einer menschlichen Grundbefindlichkeit und bewertet das Trübe und Lastende als eine Störung und als ein Aussetzen dieses sympathetischen Grundzugs (s. Safranski 2001, S. 183f.). Entsprechend hat Psychotherapie mit einer empathischen, liebevollen, anerkennenden, erkennenden, kurz mit einer achtsamen Begleitung zu tun. Ich habe die psychotherapeutische Wirkungseinheit auf den Begriff einer Mit-Bewegung gebracht. *Die Mit-Bewegung ist das psychotherapeutische Prinzip, in dem sich die Umstimmungstendenzen des Patienten und die Umstimmung des Analytikers zugunsten gesunder Formen des Miteinanders aufheben.* Sie kennzeichnet eine therapeutische Wirkungseinheit, weil ihre Einrichtung, ihre Erhaltung und ihre Wiederherstellung optimale Bedingungen bereitstellt für eine einladende und willkommen heißende Atmosphäre, in der der Patient die Freude an seiner Existenz wieder finden und mit dem Analytiker teilen kann sowie sich schließlich wieder selbst übernehmen kann. Ich kennzeichne das therapeutische Werk durch zwölf Merkmale (s. Heisterkamp 2002b):

1. Psychoanalytische Behandlung ist begründet in einem intersubjektiven Wirkungsgeschehen, in dem jeder jeden bewegt und beide von der umfassenden Dialektik bewegt werden.
2. Die Behandlung ist um die Wirklichkeit des Patienten zentriert, und die Rolle des Analytikers ist deswegen durch eine Mit-Bewegung gekennzeichnet.
3. Was gewöhnlich als »Haltung des Analytikers« bezeichnet wird, ist – intersubjektiv beziehungsweise wirkungsanalytisch betrachtet – die Kunst, das gemeinsame therapeutische Werk als eine Form der Mit-Bewegung zu gestalten und zu erhalten.
4. Das bedeutet zum einen, empathisch mit der leidvoll eingeschränkten und notdürftig abgesicherten Selbstbewegung des Patienten mitzuschwingen.
5. Das bedeutet zum anderen, den Bezug zum eigenen (mentalen und leiblichen) Erleben nicht zu verlieren, auch wenn die wachgerufenen Gefühle und Empfindungen als »negativ« oder als »anstößig« gelten oder eigene Mangelerfahrungen belebt werden.
6. Die beiden letzten Funktionen machen erforderlich, dass der Analytiker zwischen seiner durch den Patienten wachgerufenen Selbstbewegung und der des Patienten unterscheiden kann. Die Fuge zwischen »Mit« und »Bewegung« bedeutet also sowohl einen Binde- als auch einen Trennungsstrich (Mit-Bewegung).
7. Die operative Dimension dieser psychotherapeutischen Wirkungseinheit regt beim Patienten eine Fülle von Enactments an, in denen der Patient seinen Analytiker in seine Wirklichkeit einbezieht beziehungsweise einzubeziehen versucht. Sie enthalten basale Anspielungen und Andeutungen für die Form der weiteren Behandlung.
8. Indem sich der Analytiker auf dieses Wirkungsgeschehen im strukturellen Rahmen der Mit-Bewegung einlässt, das heißt das eigene Han-

deln und Mithandeln möglichst so gestaltet, dass es für den Patienten entwicklungsförderlich ist (s. Streeck 2000, S. 50), nimmt der Patient an einem unmittelbar heilsamen Geschehen teil, das sowohl ein unmittelbares (implizites) als auch ein mittelbares (explizites) Verstehen ermöglicht.

9. Um die therapeutische Wirkungseinheit der Mit-Bewegung zu bewahren, achtet der Analytiker kontinuierlich darauf, ob sich die empathische Mit-Bewegung halten lässt und das intersubjektive Geschehen für den Patienten weiterhin förderlich ist.
10. Wenn der psychotherapeutische Handlungsdialog entgleist, entsteht ein Wirkungsgefüge wechselseitiger Be-Nötigung: Der Analytiker benötigt den Patienten, um seine eigenen Defizite zu kompensieren und seine eigenen Konflikte zu regulieren, beziehungsweise, er darf nicht wahrnehmen, wie er dazu von seinem Patienten genötigt wird.
11. Beeinträchtigungen der empathischen Mitschwingung werden fokussiert, notfalls operativ durchgearbeitet und als neue Szene zu verstehen versucht. Auch hier macht der Patient über seine unmittelbare Teilhabe an der Unterbrechung und Wiederherstellung des empathischen Bezuges seine korrektiven emotionalen Erfahrungen.
12. Mit-Bewegung bedeutet schließlich auch, dass der Analytiker sich von der tiefen Freude des Patienten, wenn ihm ein Neubeginn oder eine Selbsterneuerung gelungen ist, berühren lässt, und dass er die eigene Freude am gelingenden Therapiewerk nicht verleugnet. In der gemeinsamen Freude ereignet sich zwischen beiden eine operative Form wechselseitiger Resonanz und Akzeptanz (s. Heisterkamp 2003a).

Literatur

Adler, A. (1912a): Über den nervösen Charakter: Grundzüge einer vergleichenden Individual-Psychologie und Psychotherapie. Frankfurt a. M., 1972.

Adler, A. (1920a): Praxis und Theorie der Individualpsychologie: Vorträge zur Einführung in die Psychotherapie für Ärzte, Psychologen und Lehrer. Frankfurt a. M., 1974.

Adler, A. (1935m): Die Vorbeugung der Delinquenz. In: Ansbacher, H. L.; Antoch, R. F. (Hg.), Psychotherapie und Erziehung. Ausgewählte Aufsätze Bd. III: 1933–1937. Frankfurt a. M., 1983, S. 96–119.

Antoch, R. F. (2001): Über Sinn und Unsinn des Begriffs »Gemeinschaftsgefühl« oder: Adlers verfehlte Theorie der Macht. In: Lehmkuhl, U. (Hg.), Abschied und Neubeginn, Kontinuität und Wandel in der Individualpsychologie. Beiträge zur Individualpsychologie Bd. 26. München/Basel, S. 25–44.

Antoch, R. F. (2003): Halte lieb deinen Genossen, dir gleich. ICH bin's. Richard L. Cary Vorlesung. Hg. von der Religiösen Gesellschaft der Freunde (Quäker) Deutsche Jahresversammlung e. V. Bad Pyrmont.

Balint, M. (1970): Therapeutische Aspekte der Regression. Stuttgart.

Behling, K. (2002): Martha Freud. Die Frau des Genies. Mit einem Vorwort von Anton W. Freud. Berlin.

Cremerius, J. (1994): Psychoanalyse als Beruf oder: »Zieh' aus mein Herz und suche Freud«. In: Hermanns, L. M. (Hg.), Psychoanalyse in Selbstdarstellungen. Bd. 2. Tübingen, S. 73–144.

Daser, E. (2003): Begegnung im Dienste des Begreifens. Anerkennung als Moment des analytischen Prozesses. Forum der Psychoanalyse 19: 295–311.

Dornes, M. (1993): Der kompetente Säugling. Die präverbale Entwicklung des Menschen. Frankfurt a. M.

Dornes, M. (1997): Die frühe Kindheit. Entwicklungspsychologie der ersten Lebensjahre. Frankfurt a. M.

Dornes, M. (1999): Von Freud zu Stern. Klinische und anthropologische Implikationen der psychoanalytischen Entwicklungstheorie. Psychotherapeut 44: 74–82.

Ehebald, U. (1998): »Wünsch' dir eine lange Fahrt«. In: Hermanns, L. M. (Hg.), Psychoanalyse in Selbstdarstellungen. Bd. 4. Tübingen, S. 73–163.

Eife, G. (2004): »Augenblick der Begegnung«: Die Eröffnung einer trans-subjektiven Dimension. In: Schlösser, A.-M.; Höhfeld, K. (Hg.), Psychoanalyse des Glaubens. Gießen.

Endres, N.; Salber, W. (2001): Analytische Intensivbehandlung (IB). Gestalttherapie – Forum für Gestaltperspektiven 15: 59–81.

Freud, W. E. (2003): Remaining in Touch. Zur Bedeutung der Kontinuität früher Beziehungserfahrungen. Konsequenzen aus der psychoanalytischen Entwicklungspsychologie für die Prophylaxe. Gesammelte Schriften 1965–2000. Hg. v. H. v. Lüpke, bearb. v. H. Fehlbhaber. Frankfurt a. M.

Gaensbauer, T. (1982): The differentiation of discrete affects: A case report. Psychoanal. Study Child 37: 29–66.

Guderian, C. (2004): Magie der Couch. Bilder und Gespräche über Raum und Setting in der Psychoanalyse. Stuttgart.

Gur, B. (1992): Denn am Sabbat sollst du ruhen. München.

Heisterkamp, G. (1990): Konturen einer tiefenpsychologischen Analyse originärer Lebensbewegungen. Teil I und II. Zeitschrift für Individualpsychologie 15: 83–95 u. 163–176.

Heisterkamp, G. (1991a): Freude und Leid frühkindlicher Lebensbewegungen. Empirische Säuglingsforschung und tiefenpsychologische Entwicklungstheorien. In: Ahrens, T.; Lehmkuhl, U. (Hg.), Entwicklung und Individuation. Beiträge zur Individualpsychologie Bd. 14. München/Basel, S. 24–41.

Heisterkamp, G. (1991b): Zur Körperarbeit in der analytischen Psychotherapie. Praxis der Psychotherapie und Psychosomatik 36: 77–87.

Heisterkamp, G. (1993): Psychotherapie aus der Mit-Bewegung. In: Blothner, D.; Endres, N. (Hg.), entschieden psychologisch. Bonn, S. 134–143.

Heisterkamp, G. (2002a): Basales Verstehen. Handlungsdialoge in Psychotherapie und Psychoanalyse. Stuttgart.

Heisterkamp, G. (2002b): Selbstbewegung und Mit-Bewegung. Selbstpsychologie 3: 440–461.

Heisterkamp, G. (2003a): Geteilte Freude ist doppelte Freude. Zeitschrift für Individualpsychologie 28: 78–96.

Heisterkamp, G. (2003b): Enactments: basale Formen des Verstehens. In: Schlösser, A.-M.; Höhfeld, K. (Hg.), Psychoanalyse mit und ohne Couch. Haltung und Methode. Gießen, S. 257–279.

Heisterkamp, G. (2004): Körper und Selbst. In: Marlock, G.; Weiss, H. (Hg.), Theory and Practice of Body-Psychotherapy.

Hemmer, K. (2002): Übertragung und Gegenübertragung. In: Lehmkuhl, G. (Hg.): Theorie und Praxis individualpsychologischer Gruppenpsychotherapie. Göttingen, S. 108–132.

Hermanns, L. M. (Hg.) (1992, 1994, 1995, 1998): Psychoanalyse in Selbstdarstellungen. Bd. 1–4. Tübingen.

Jaeggi, E. (2003): Die Angst des Therapeuten vor sich selbst. Psychotherapie 8: 194–198.

Khan, M. (1963): Das kumulative Trauma. In: Khan, M., Selbsterfahrung in der Therapie. München, 1977, S. 50–70.

Klein, M.; Riviere, J. (1964): Love, Hate, and Reparation. New York.

Köhler, L. (1985): Beiträge der Kleinkindforschung in den USA zum Thema Narzißmus und Aggression. In: Luft, H.; Maas, E. (Hg.), Narzißmus und Aggression. DPV-Arbeitstagung November 1984. Hofheim/Wiesbaden, S. 119–139.

Köhler, L. (1998): »Umsonst war's nicht.« Bericht einer betroffenen Zeitzeugin. In: Hermanns, L. M. (Hg.), Psychoanalyse in Selbstdarstellungen. Bd. 4. Tübingen, S. 165–230.

Kohut, H. (1971): Narzißmus. Eine Theorie der psychoanalytischen Behandlung narzißtischer Persönlichkeitsstörungen. Frankfurt a. M.

Krause, R. (2004): Das Gegenwartsunbewusste als kleinster gemeinsamer Nenner aller Techniken. Integration und Differenzierung als Zukunft der Psychotherapie. Der Psychotherapeut 49.

Macho, Th. (1993): Zeichen aus der Dunkelheit. Notizen zu einer Theorie der Psychose. In: Heinz, R.; Kamper, D.; Sonnemann, U. (Hg.), Wahnwelten im Zusammenstoß. Die Psychose als Spiegel der Zeit. Berlin, S. 223–240.

Mitscherlich-Nielsen, M. (1994): Anmerkungen zu meinem Leben und meiner Zeit. In: Hermanns, L. M. (Hg.): Psychoanalyse in Selbstdarstellungen. Bd. 2. Tübingen, S. 313–342.

Reinert, Th. (2000): Pränatalpsychologische Aspekte der Borderline-Störung. Dynamische Psychiatrie 33: 89–101.

Reinert, Th. (2001a): »Keiner versteht mich! Als rede ich chinesisch! Ich glaube, ich bin verrückt.« Die bizarre Welt des Borderline-Patienten. Zeitschrift für Individualpsychologie 26: 99–115.

Reinert, Th. (2001b): »... es durchwegs angezeigt ist, sich der Führung des Patienten zu überlassen« (Adler 1930). Geht das denn bei Borderline-Patienten? In: Lehmkuhl, U. (Hg.), Abschied und Neubeginn, Kontinuität und Wandel in der Individualpsychologie. Beiträge zur Individualpsychologie Bd. 26. München/Basel, S. 83–98.

Reinert, Th. (2003): Modifiziert-analytische Langzeittherapie von Borderline-Persönlichkeitsstörungen. In: Börner, I. (Hg.): Trauma und psychische Erkrankungen – Borderline Persönlichkeitsstörungen. Senden, S. 183–194.

Safranski, R. (2001): Ein Meister aus Deutschland. Heidegger und seine Zeit. Frankfurt a. M.

Scharff, J. M. (2002): »Ich kann es nicht fassen« – Körper und Sprache im konkret-symbolischen Handlungsfeld der inszenierenden Interaktion. Selbstpsychologie 3: 465–481.

Scheler, M. (1973): Wesen und Formen der Sympathie. Gesammelte Werke Bd. VII. Hg. v. M. S. Frings. Bern/München.

Sloterdijk, P. (2000): Sphären I: Blasen. Frankfurt a. M.

Smirnoff, V. (1994): Ein analytischer Wandersmann. In: Hermanns, L. M. (Hg.), Psychoanalyse in Selbstdarstellungen. Bd. 2. Tübingen, S. 343–419.

Spiegel, S. (1987): Beitrag zum Symposium über D. Stern »The Interpersonal World of the Infant«. Contemp. Psychoanal. 23: 6–17.

Spitz, R. (1965): Vom Säugling zum Kleinkind. Naturgeschichte der Mutter-Kind-Beziehung im ersten Lebensjahr. Stuttgart.

Stern, D. N. (1992): Die Lebenserfahrung des Säuglings. Stuttgart.

Streeck, U. (2000): Szenische Darstellungen, nichtsprachliche Interaktion und Enactments im therapeutischen Prozeß. In: Streeck, U., Erinnern, Agieren und Inszenieren. Enactments und szenische Darstellungen im therapeutischen Prozeß. Göttingen, S. 13–55.

Winnicott, D. W. (1958): Die Fähigkeit zum Alleinsein. In: Winnicott, D., Reifungsprozesse und fördernde Umwelt. München, 1974, S. 36–46.

Witte, K. H. (2002): Eine ciszendentale Interpretation der Individualpsychologie Alfred Adlers. In: Brunner, R. (Hg.): Die Suche nach dem Sinn des Lebens. Transpersonale Aspekte der Individualpsychologie. Beiträge zur Individualpsychologie Bd. 27. München/Basel, S. 95–134.

Wolf, E. S. (1988): Atmosphäre und Abstinenz. In: Kutter, P.; Páramo-Ortega, R.; Zagermann, P. (Hg.), Die psychoanalytische Haltung. Auf der Suche nach dem Selbstbild der Psychoanalyse. München/Wien, S. 187–206.

Wolf, E. S. (1998): Gegen den Strom schwimmen: Umwandlungen und Wiederbelebung. In: Hermanns, L. M. (Hg.), Psychoanalyse in Selbstdarstellungen. Bd. 4. Tübingen, S. 369–430.

Karl Heinz Witte

Da-Sein im Augenblick – Zeitlichkeit und Lebensstil

Living the moment – Time and lifestyle

On the one hand, our experience of time is determined by the time of the clock, which tells us how far we have come, and when is our turn, and on the other hand determined by time-guidelines of symbolic order, like knowing when we become old or knowing how long the period of storm and stress may last. The former is physical or objective time the latter is social time. Widely unnoticed is our lifestyle likewise time-behaviour. It is determined by the way in which we are »there« in a specific moment, how we prove results. Examples from the phenomenology of the moment shall demonstrate experiences of this actual time. The moment as such could gain in significance in theory and practice of analytical psychotherapy.

Zusammenfassung

Unsere Zeiterfahrung ist einerseits von der Uhrzeit bestimmt, die uns sagt, wie weit wir gekommen und wann wir dran sind, andererseits von den Zeitvorgaben der symbolischen Ordnung, die zum Beispiel weiß, wann wir in die Jahre kommen und wie lange die Sturm-und-Drang-Zeit dauern darf. Die erste ist die physikalische oder objektive Zeit, die zweite die soziale Zeit. Weithin unbemerkt ist aber auch unser Lebensstil ein Zeitverhalten. Er wird davon bestimmt, wie wir im Augenblick »da« sind, wie wir uns zeitigen. Beispiele aus der Phänomenologie des Augenblicks sollen die Erfahrung dieser je eigentlichen Zeit nahe bringen. Der Augenblick könnte in der Theorie und Praxis der analytischen Psychotherapie eine neue Signifikanz gewinnen.

Unsere Zeiterfahrung ist einerseits von der Uhrzeit bestimmt, die uns sagt, wie weit wir gekommen und wann wir dran sind (exemplarisch: Pöppel 1997), andererseits von den Zeitvorgaben der symbolischen Ordnung, die zum Beispiel weiß, wann wir in die Jahre kommen und wie lange die Sturm-und-Drang-Zeit dauern darf (exemplarisch: Elias

1985). Davon spreche ich nicht. Im Folgenden wird also das meiste nicht berücksichtigt, was Psychologen und Mediziner interessiert, wenn sie die Zeitbestimmtheit oder das Zeiterleben des Menschen untersuchen.

Alfred Adler war ein Querdenker. Seine Werke sind vom wissenschaftlichen Standpunkt aus zu Recht vergessen. Nicht nur weil die moderne Forschung ihn überholt hat. Das trifft natürlich für manche seiner Thesen zu. Sondern weil er von Grundannahmen ausgeht, welche die Wissenschaft nicht teilen kann. Das ist vor allem seine Idee vom »Gegenstand« der individualpsychologischen Forschung, und zwar hinsichtlich dreier Bestimmungsmomente, unter denen das Individuum als Thema der Forschung vor-verstanden wird:

Das Individuum ist Einzelnes. Radikal gedacht ist es als solches nicht unter ein Allgemeines subsumierbar. Es ist Bewegung, in Differenz zur Struktur. Darum sagt Adler, wir betrachten die Form als geronnene oder gefrorene Bewegung. Schließlich ist das Individuum nicht nur ein Lebewesen *in der Zeit*, sondern es ist für Adler vor allem ein Ereignis der Zeit.

Die genannten Abgrenzungen sind nicht als ausschließende Gegensätze, sondern als Polaritäten zu verstehen. Deshalb kann der Proband auch nach Adler Klassen zugeordnet werden; dann wende ich die Diagnostik und Psychodynamik an. Natürlich gilt auch der Strukturgesichtspunkt; dann kann die Individualpsychologie als Selbstpsychologie oder Objektbeziehungstheorie betrachtet werden. Der Patient ist offenkundig ein Wesen in der Zeit; und so unterliegt er der Entwicklungspsychologie, und die Therapie wird Nachreifung. Die individualpsychologische Adler-Rezeption geht genau in diese Richtung der psychoanalytischen Interpretation Adlers, »und das ist gut so«. Wenn wir Adler nur psychoanalytisch interpretieren, können wir ihn getrost vergessen; denn dann haben wir auch das Einzige außer Acht gelassen, was Adler interessant macht: den idiosynkratischen, meinetwegen verrückten philosophischen Ausgangspunkt.

Ich wiederhole ihn: Drei Bestimmungsmomente, unter denen Adler das Individuum als Thema der Forschung versteht, machen seine Lehre interessant: Das Individuum ist Einzelnes (nicht unter ein Allgemeines subsumierbar), es ist Bewegung (nicht Struktur), und es ist ein Ereignis der Zeit (nicht ein Wesen in der Zeit).

Ich versuche, die Aufmerksamkeit für ein Zeitphänomen zu wecken, das uns so nah ist, dass wir es fast nicht bemerken. Wir leben nicht nur in der Zeit als einer Dimension, einer Zeitstrecke von–bis. Wir *sind* zeitlich, das heißt, unser Sein ist Zeit. Wir sind Zeitigung.

Wenn wir, wie es der Tradition entspricht, die Zeit durch Bewegung erklären wollen, dann wäre das Zeitphänomen, um das es mir hier geht, nicht durch das Maß oder die Richtung dieser Bewegung bestimmt, die sich von außen sehen lassen, sondern wir müssten die Bewegung gleichsam »kinästhetisch« in ihrem Inneren spüren, wie wenn mein Ich der bewegte Punkt selbst wäre, mein Bewegungs-, Seh- und Fühlorgan. So verstehe ich Adlers Bewegungsbegriff. Vielleicht kennen wir ähnliche Empfindungen aus Träumen oder aus Achterbahnfahrten mit bewegter Kamera.

Das Individuum ist ein Ereignis der Zeit. Das kommt in dem berühmten Satz zur Sprache: »Wir lernten in jeder seelischen Bewegung zugleich Vergangenheit, Gegenwart, Zukunft und Endziel, gleichzeitig auch die frühkindliche Situation des Betreffenden an der Geburtsstätte seiner Persönlichkeit erblicken« (Adler 1926m/1982a). Vergangenheit, Gegenwart und Zukunft in einem Moment: Das ist der Augenblick. Das ist keine irgendwie externe, sondern eine ganz und gar intime, intrinsische Zeit.

Davon will ich schreiben. Und darum werde ich den Draufblick von außen vermeiden. Denn diese in meinem Dasein entspringende Zeit ist jeweils die Zeit oder die Zeitigung des Selbst. Jeweils ich bin oder du bist es selbst, der diese Zeit lebt. In meinen Vignetten verschleiere ich die Grenze zwischen den Patienten und mir; denn es geht mir nicht um Fälle, sondern um Phänomene. Das heißt: Nicht das Gleiche, aber dasselbe, nämlich das Existenziell-Phänomenale des Ereignisses, könnte auch mir geschehen sein. Darum transformiere ich alle Patientenberichte in die Ich-Form; aber nicht so, dass ich die Mitteilungen der Patienten in wörtlicher Rede zitiere; ich werde vielmehr so tun, als spräche ich von mir selbst. Ich versuche, mich in die Patienten hineinzuversetzen, um – wie in einer Collage aus meinen Worten und aus Aussagen der Patienten – das jeweilige Zeitlichkeitsphänomen in erlebter Rede zu vergegenwärtigen.

Seit Stunden schon schleimen sich die Gedanken durch mein Hirn. Gegenwart ist das auslaugende, verfehlende Greifen, die gestaltlose, ziellose, wortlose Hingehaltenheit. Mein Leib ist betäubt, von Schmerzen verzogen, von Schienen gebremst, zitternd und glühend gelähmt. Pein, Peinlichkeit – und der unauswaschbare Zigarettengeruch in den Kleidern und schon in der Haut. Vorhänge zu, das Telefon ausgesteckt, der Blick verloren, augenblicklos in die Luft starrend oder auf den Fernseher. Ich weiß nicht, was ich denke, wo ich bin, was in mir andrängt. Aber ich weiß: Es ist nichts Gutes, und es sollte nicht weitergehen; denn ich kann für nichts garantieren. Vielleicht hat es am Mittwoch angefangen oder am Dienstag. Ich habe dann kein Zeitgefühl. Nur dass ich dagegen ankämpfe, mich mit der Rasierklinge zu schneiden, dass ich der Selbstverletzung einen oder zwei Tage widerstehen kann, das spannt einen Zeitbogen auf, je länger, je lieber; aber zugleich fortwährend in zeitloser Folter. Dann rinnt endlich das Blut; dann bin ich wieder da.

Was ist dieses »Da«? Hier taucht es auf aus einem andauernden, chronometrisch jedoch zeitlosen Wegsein. Empfindungslos, weil der Ansturm der Empfindungen, der somatische und mentale Tausend-Schmerz die Gefühle tot stellt. Natürlich ließen sich die Uhrzeiten des Zustandswechsels von außen bestimmen – und vielleicht wäre das für eine wirksame Schmerztherapie sogar sinnvoll. Aber was sagt mir eine solche Zeit angesichts der erlebten Zeitenthobenheit, angesichts dieser nichthaften Zeitigung im Schwarzen Loch der Un-Existenz?

Heidegger (2000, S. 301) schreibt in »Beiträge zur Philosophie«: »Das Da-*sein*: die Offenheit des Sichverbergens ausstehen. Das Weg-*sein*: *die Verschlossenheit des Geheimnisses und des Seins* betreiben, Seinsvergessenheit. Und dies geschieht im *Weg-sein* gemäß der Bedeutung: *vernarrt und verschossen in etwas, verloren an dieses.«* Zutreffend ist im letzten Beispiel »die Verschlossenheit des Geheimnisses und des Seins«. In dieser Not gibt es kein Offenes. Die Dumpfheit, die Ödnis, das Gefesseltsein von der Qual, vom unerschlossenen Mangel, sie verengen, ja verschließen die Augen und Ohren. Die Augen starren und die Ohren beharren. Keine Botschaft wird vernommen, noch viel weniger wird ein Geheimnis geahnt. Nicht »vernarrt und verschossen in etwas« ist dieses Wegsein. Aber »verloren« an etwas? Ja, verloren in Qual und Entbehrung. Was sich aufdrängt, tut weh, und was fehlt, ist verloren oder war nie gewonnen. Es würde süchtig begehrt, wäre es nur vorstellbar und zu haben; aber es ist in diesem Modus des Darauf-aus-Seins im Mangel weder greifbar noch zu begreifen.

Ich klammere alle Psychopathologie aus. Es handelt sich um ein In-der-Welt-Sein, das wir in je eigener Weise ebenso kennen können wie die Patienten. Ich stelle auch nicht die therapeutische Frage, wie »man« aus dieser Ödnis einen Ausweg finden kann. Es geht mir zunächst nur um die Weise des Daseins in der geschilderten Existenzform. Adlerianisch könnten wir vom Lebensstil sprechen. Die Weise des Da-seins ist hier das Weg-sein. Das Weg-Sein ist der Modus, in dem wir uns im Alltag zunächst und zumeist halten. Es handelt sich um eine Weise des Zeitverbrauchs, in der wir von Terminen bestimmt, von Besorgungen erfüllt sind, in der wir der U-Bahn nachjagen oder dem Abschlussexamen, dem Freizeiterlebnis, den Opernkarten – oder schlicht unsere Arbeit tun. Die Leere, die Ödnis, die Langeweile, der Stillstand der Uhrzeit sind nur die Umkehr der fortreißenden Zeit. Unsere Ruhestandskrisen und Horrorvorstellungen vom Altersheim sind erfüllt von Erwartungen der leeren Zeit, in der wir, statt Muße zu finden, uns in müßigen Verrichtungen verlieren.

Es gibt das Weg-Sein in der Weise der Leere und in der Weise der Fülle. So zum Beispiel in der folgenden »vernarrten« Weise des Weg-Seins, in der Besessenheit von etwas, von Essen, Trinken, Büchern, Platten, im Kaufrausch, im Arbeitsrausch. Was mir begegnet, wartet auf mich und fordert mich heraus. In den Süchten gibt es einen Stoffhunger. Ich lebe in unstillbarem Zeithunger.

Ich bin umstellt mit den To-dos meiner »Agenda«. Jedes Mal wenn ich ein To-do als erledigt abhake, hat dieses drei neue erzeugt. Die Sachen und Aufgaben füllen nicht nur meinen Schreibtisch und meinen Kopf aus, sondern auch meine Zeit. Ich bin stolz darauf, dass ich so konzentriert und effizient arbeiten kann. Arbeitszeitregelungen und bezahlte Überstunden existieren nur in der Welt der Wasserträger und Aktenvernichter. Die Elite schafft jederzeit. Heute Nacht war ich um vier Uhr mit dem Bericht fertig. Jetzt in der Therapiestunde ist es 8:30 Uhr. Um acht Uhr hat die Sekretärin die Datei in der Mailbox vorgefunden zum Korrigieren, Formatieren und Drucken. In den Zehn-Minuten-Pausen kann ich nochmals Korrektur lesen. Bis Mittag sind die redaktionellen Änderungen eingearbeitet, die Begleitschreiben ausgedruckt, unterschrieben, und ab die Post. Dann und wann bleiben noch Lücken zum Telefonieren und für Terminabsprachen. Für das kommende Wochenende haben Karin und ich es geschafft, uns einen Kurzurlaub auf Sylt freizuhalten.

Auch wenn dieser Bericht überfüllt ist von Tätigkeiten in höchster Konzentration, er spricht vom Da-Sein in der Form des Weg-Seins. Für ein innehaltendes »Da« ist das Tempo zu schnell. All diese Items auf der To-do-Liste rufen: »Jetzt!« und »Jetzt!« und »Nun aber schnell!«; doch kein Jetzt ist jemals ein Augenblick.

Alle diese Jetzt sind auf äußere Weltmomente bezogen. Zum Jetzt gehört eine Begebenheit, die an einem bestimmten Punkt im Zeit-Raum stattfindet, zu dem auch ich gehöre. Ich kann dazu bereitstehen, zünden, handeln, reagieren.

Ich denke, ich will, ich fühle, ich habe, ich entbehre, ich lese, ich verstehe nicht, ich erinnere mich, ich liebe, ich hasse. Lauter wechselnde und zeitlich verschiedene Zustände, die mir anhängen, mit denen ich umgehe, die ich betreibe. Zumeist sind wir damit identifiziert; aber, genauer betrachtet, ist diese Identität brüchig, und in all diesen wechselnden Zuständen lässt uns das Gefühl nicht los: Das bin ich eigentlich nicht selbst.

Ähnlich sagen wir in einer solchen Selbstwahrnehmung: »Ich bin nicht ganz da.« Ich spreche damit eine Zerstreutheit, eine Verlorenheit oder Vergessenheit an, die mein ganzes Wesen durchstimmt. Das kann, wie das Beispiel zeigte, mit höchster Konzentration und Reaktionsbereitschaft zusammengehen, mit feinster Abgestimmtheit auf die Schwingungen der Mitmenschen und die Modulation der Situationen.

Abbildung 1: Kairos. Relief aus dem Benediktinerkloster Togir, Dalmatien

Ich kann voll »im Hier und Jetzt sein« und doch »nicht ganz da«. Im Hier und Jetzt bin ich vom Anprall einer Begebnis, von der Herausforderung der Lage gestellt und gespannt oder auch in die Stimmung der Mitwelt gebracht, der heiter zugewandten, der bewegt mitreißenden, der bedrückt trauernden Mitwelt – und doch kann mich darin die Klarsicht überraschen: »Ich bin nicht ganz da.«

Auch der Kairos ist nicht der Augenblick. Der Kairos ist der mir zugeworfene Moment, den ich am Schopf packen sollte, sonst ist er verpasst. Darum wird er in der antiken Skulptur mit Stirnlocken und kahl geschorenem Hinterkopf dargestellt.

Wenn wir nach einer Symbolisierung des Augenblicks suchen, werden wir auf die Laokoon-Gruppe stoßen, die durch Lessing eine berühmte Auslegung erfahren hat.

Abbildung 2: Laokoon von Hagesandros, Athanodoros und Polydoros. 1. Jh. v. Chr., Rom, Vatikanisches Museum.

Lessing (1970ff., Bd. 6, S. 25): »Kann der Künstler von der immer veränderlichen Natur nie mehr als einen einzigen Augenblick, und der Maler insbesondere diesen einzigen Augenblick auch nur aus einem einzigen Gesichtspunkte, brauchen; sind aber ihre Werke gemacht, nicht bloß erblickt, sondern betrachtet zu werden, lange und wiederholter maßen betrachtet zu werden: so ist es gewiß, daß jener einzige Augenblick und einzige Gesichtspunkt dieses einzigen Augenblickes, nicht fruchtbar genug gewählet werden kann. Dasjenige aber nur allein ist fruchtbar, was der Einbildungskraft freies Spiel läßt. Je mehr wir sehen, desto mehr müssen wir hinzu denken können. Je mehr wir darzu denken, desto mehr müssen wir zu sehen glauben.«

Lessing (S. 26) erklärt auch, warum der Augenblick kein ausgedehntes Jetzt ist: »Erhält dieser einzige Augenblick durch die Kunst eine unveränderliche Dauer: so muß er nichts ausdrücken, was sich nicht anders als transitorisch denken läßt. Alle Erscheinungen, zu deren Wesen wir es nach unsern Begriffen rechnen, daß sie plötzlich ausbrechen und plötzlich verschwinden, daß sie das, was sie sind, nur einen Augenblick sein können; alle solche Erscheinungen, sie mögen angenehm oder schrecklich sein, erhalten durch die Verlängerung der Kunst ein so widernatürliches Ansehen, daß mit jeder wiederholten Erblickung der Eindruck schwächer wird, und uns endlich vor dem ganzen Gegenstande ekelt oder grauet.«

Die alltägliche Vorstellung meines Menschseins als ein Ich-Seins, grammatikalisch als ein Subjekt mit Prädikat, impliziert ein Hingegebensein an ein Objekt oder eine Tätigkeit, das heißt ein Weg-Sein.

Doch was, wenn ich mich nicht mehr als Subjekt, bestimmt durch meine zeitlichen Verrichtungen, verstehe, als Aktzentrum, als Ich, sondern als »Da«? – »Ich bin da«: Das Da ist hier nicht als Ortsadverb verstanden: Wo bin ich?, worauf die Antwort heißt: dort, hier, links oder rechts, auf der Welt. Sondern »Ich bin: ›Da‹«, dieses »Da« antwortet auf die Frage: Wer oder was bin ich? Antwort: »DA!« Dieses »Da« ist das Offene, ein Gleiten im freien Raum, das aufgefaltete Währen, der Augen-Blick. Das »Da« ist nicht Dies oder Das, nicht Hier oder Dort, nicht Jetzt oder Einst: Es ist meine Weise *zu sein,* als Da zu *sein* im Augenblick.

Es ist die Zeit der Flächenbombardierungen am Ende des Zweiten Weltkriegs. Ich bin acht Jahre alt. Die sieben oder acht Bewohner des kleinen Hauses haben sich im Luftschutzkeller zusammengefunden. Es ist ein roh gemauerter, weiß gestrichener Raum von etwa 15 qm, dessen Decke in der Mitte durch eine ebenfalls geweißelte Holzsäule abgestützt wird. Wir hören die angreifenden Flugzeuge über uns brummen. Es wird nicht gesprochen. Die Oma betet den Rosenkranz vor, beim Refrain fallen die meisten mit gedämpfter Stimme ein. Ich lehne mich an die Seite meiner Mutter. Sie hat den Arm um meine Schulter gelegt. Das ist die Stimmung eines ungewissen Wartens, eines dumpfen Gefühls von Angst und Geborgenheit, die den nun aufblitzenden Augenblick umhüllt: Ich höre das Sausen der Bombe, den zischenden Pfeifton, der in ihrem Fallen höher wird, anschwillt. Stillstehende, gespannte Zeit, höchste Gegenwart, kein Gedanke, kein Laut. Ducken, Anschmiegen, Atemholen und Anhalten, Anfang und Ende auf des Messers Schneide. Und dann der Einschlag, die Erschütterung des Bodens und der Wände: gerettet. – Der Augenblick ist vorbei: Die Bombe ist 20 Meter neben uns eingeschlagen: gerettet bis zum nächsten Mal. Und das Gleiche wieder, drei bis viermal in der Nacht. – Das ist mein Leben. Die Zukunft fliegt wie eine Bombe in mein Dasein hinein – und immer wieder darf ich durchatmen.

Ich bin nicht »da«, sofern ich weder mein Zerstreutsein noch mein Endlichsein gewahre. Das Da-Sein wird verfehlt, wenn das »Da« übersprungen wird, sei es auf eine unendliche Fülle oder auf eine unendliche Leere hin. Und so ist umgekehrt Da-Sein, ob in Fülle oder

Leere, die Gegenwart der Endlichkeit, das »Da« des Endes und der stets erneuerten Geburt.

Der Augenblick ist der Punkt des eigentlichen Versammeltseins im »Da«. Er ist zugleich die offene, entschlossene Weise, gegenwärtig, und das heißt bezogen zu sein.

Im Augenblick zu sein bringt meine ganze gewordene Existenz ein in eine Offenheit für die Ungewissheit und Endlichkeit meiner Zukunft, die sich jeweils, jäh weilend, einbindet in die Situation, augenblicklich endgültig, innehaltend im Sein zum Tode, um aber zugleich das neugeborene Leben im freudigen Durchatmen entgegenzunehmen und aufs Spiel zu setzen. Im Augenblick sind Vergangenheit, Gegenwart und Zukunft als Richtungen wie in einem Quellpunkt anwesend.

Mit seinem Verständnis der Kindheitserinnerungen hatte Adler einen genialen Einfall, sofern diese Erinnerungen nicht als traumatische oder beglückende, den Lebensstil begründende Begebnisse der frühen Jahre missverstanden werden.

Ich interpretiere sie als präsentische Erfahrungen (Heisterkamp 2002) gewesener Augenblicke. Das heißt: Die Erlebnisse der Kindheit sind nicht vergangen, sondern gegenwärtig. Als Vergangene wären sie außerhalb meiner gegenwärtigen Existenz, sie wären dort und damals. So erzählen wir meistens, wenn wir von unserm Lebenslauf berichten, auch wenn wir ihn affektiv lebendig aufladen:

Ich erinnere mich an den Schulappell zum Jahreswechsel 1950, dem Anbruch der zweiten Hälfte des 20. Jahrhunderts. Ich war 13 Jahre alt. Wir waren auf dem Schulhof in Reih und Glied angetreten. Der von den Nazis relegierte Kunsterziehungslehrer erzählte von der Unterdrückung der Hagener Künstler, von der Ausrottung der Juden, von der Entleerung der Gymnasien durch die Einberufung der älteren Schüler an die Front und als Flakhelfer – und der Tenor: nie wieder und Demokratie und eine bessere zweite Hälfte des 20. Jahrhunderts. Und so weiter, so könnte ich manche Episoden erzählen und auch die Stimmung und die Bedeutung solcher Begebenheiten für mein Leben auslegen.

Doch diese Episoden sind keine Augenblicke. Wir sollten den Augenblick nicht mit dem leeren Jetzt verwechseln, dem Datum auf der Zeitachse des Lebens, an dem sich ein prägendes Ereignis eingetragen hat. Der Augenblick ist Gegenwart, auch wenn er früher gewesen ist. Seine Dichte, die Erschütterung des gewöhnlichen Zeitlaufs ist heute so lebendig wie eh und je. Diese hervorgehobenen Augenblicke gibt es nicht nur als Kindheitserinnerungen. Sie sind präsentisch, das heißt herausgehoben aus der Kalenderzeit. Wir müssen die Präsenz des gewesenen Augenblicks verlassen und uns absichtlich auf ein datierbares Ereignis der Kalenderzeit beziehen, wenn wir eine Erinnerung zeitlich einordnen wollen: »Das war in dem Jahr, in dem wir nach Pasing umgezogen sind.«

Die Persönlichkeitsorganisation (im Verständnis der Psychoanalyse) hat eine Entwicklung. Mein je eigenes Selbst empfängt und entwirft meine je eigene Geschichte. Diese ist mein je eigenes Schicksal, und vielleicht, um ein altmodisches Wort zu benützen, meine »Berufung«, meine geheime Lebenslinie, unterhalb meiner öffentlichen Biografie. Die innere Geschichte reiht sich auf wie eine Perlenkette von Augenblicken, nicht chronologisch und nicht archiviert wie ein Lebenslauf, sondern im Augenblick der Besinnung fügen sich die gewesenen Augenblicke jeweils neu zu einem holografischen Bild meiner Geschichte zusammen. Die gewesenen Augenblicke werden gleichsam von der linearen Zeitachse in den Zeit-Raum des gegenwärtigen Augenblicks gesammelt. Der Auswahlgesichtspunkt ist nicht die zeitliche Ordnung, sondern die thematische Zusammengehörigkeit und die Intensität des Erlebens. Solche Augenblicke formen Leben wie pointierte Szenenbilder:

Ein Sommerabend in einem Dachzimmer über einem lärmenden Dorffest, wo wir über unerlässliche Verfehlungen und verzeihbare Schuld diskutierten, bis uns Eros die Sinne öffnete. Und am anderen Morgen der Spaziergang an jener blühenden Voralpenwiese entlang, wo mir aufging, wie befreiend es ist, sich unverschämt zu finden.

Ich fürchte, ich muss an die Selbsterfahrung der Leser appellieren, damit sie verstehen, wie sich eine Erinnerung an Augenblicke von einer gewöhnlichen Anamnese unterscheidet. Wenn ich Glück habe, sind einigen von Ihnen bei meinen Schilderungen schon eigene Augenblicke eingefallen.

Ich frage Sie: Was ist denn der erschütterndste Augenblick in Ihrem Leben, sei er leidvoll oder glücklich? – Bleiben Sie eine Weile dabei. Erzählen Sie sich selbst diese Geschichte, und spüren Sie die Stimmung, von der Sie in dieser Geschichte ergriffen sind. – Vielleicht fühlen Sie, dass sich Ihr Leben damals irgendwie umgestellt hat.

Vielleicht springt Ihre Erinnerung über zu einem anderen Augenblick. Und? – Und so weiter: die Perlenschnur von Augenblicken.

Unser ganzes Leben ist von solchen Augenblicken durchsetzt. Allerdings sind sie dem gewöhnlichen Diskurs, auch und gerade in der Psychotherapie, nicht so leicht zugänglich. Denn solche Augenblickserfahrungen sprechen wir nicht leichthin aus; und es scheint mir, dass wir sie im Alltag sogar vor uns selbst verbergen. Meistens halten wir uns in einem vagen Bewusstsein von unserer Vergangenheit und der Wesensart der wesentlichen Bezugspersonen auf. Welche Färbung die Augenblickserfahrungen haben, ob eher ermutigend oder düster, hängt wohl auch vom individuellen Lebensstil ab. Im Allgemeinen erzählen die Patienten gern überblickshaft, wie Vater und Mutter waren, was »immer wieder« geschah, wie es in der Schule war und wie ihre Pubertät verlief. Vielleicht werden sie in der Anamnese auch so ähnlich befragt.

Meines Erachtens könnte sich aus einer hinreichenden Wahrnehmung des Augenblicks in der Psychotherapie eine weithin unbeachtete Dimension auftun. Soweit ist sehe, ist das Konzept des Augenblicks erstmals von Daniel Stern (Stern et al. 2002) ausdrücklich in die psychoanalytische Praxeologie eingeführt worden. Seine Absicht ist, auf einen wesentlichen Wirkfaktor aufmerksam zu machen, der über das klassische Konzept der Deutung hinaus im Patienten eine entscheidende Veränderung initiieren könne. Ein Augenblick der Begegnung (*moment of meeting*) stelle sich im Kurs des therapeutischen Gesprächs dann ein, wenn spontan das gewöhnliche Miteinander erschüttert wird und der Analytiker sich zu einer nicht routinierten, persönlichen, unerwarteten Intervention herausgefordert sieht. Durch eine solche Begegnung im Augenblick werde die wechselseitige Beziehung (das »implizite Beziehungswissen«) neu definiert. In unseren Reihen haben Gisela Eife (2003) und Günter Heisterkamp (2002) sich mit dem Beitrag von Daniel Stern auseinander gesetzt. Günter Heisterkamp hat den Augenblick der Begegnung in seine Darstellung des »basalen Verstehens« und des »Handlungsdialogs« in der Therapie aufgenommen. Er betont, dass die bedeutsamen Augenblicke nicht im Voraus planbar sind, aber er gibt wichtige Hinweise zur vorbereitenden Geschichte solcher Bedeutung und zur förderlichen Atmosphäre und zur Haltung des Therapeuten, notwendige Bedingung der Möglichkeit des Augenblicks der Begegnung. Gisela Eife untersucht den wissenschaftstheoretischen Ausgangspunkt der Überlegungen Daniel Sterns und weist durch eine Analyse von Therapiesituationen nach, dass dessen systemtheoretisches Emergenzkonzept nur metaphorische Valenz hat und dass eine mögliche Reduktion des Augenblicksereignisses auf die Psychodynamik des Enactments und der projektiven Identifikation zu kurz greifen. Sie zeigt, dass hingegen eine phänomenologische Beschreibung, die sie selbst wie auch Stern und Heisterkamp bieten, den Augenblick und dessen Veränderungspotenzial hinreichend evident machen kann.

Literatur

Adler, A. (1926m): Individualpsychologie. In: Ansbacher, H. L.; Antoch, R. F. (Hg.), Psychotherapie und Erziehung. Ausgewählte Aufsätze, Bd. 1: 1919–1929. Frankfurt a. M., 1982a, S. 158–168.

Eife, G. (2003): Augenblick der Begegnung: Die Eröffnung einer trans-subjektiven Dimension. Vortrag beim Kongress: »Psychoanalyse des Glaubens«: 54. Jahrestagung der Deutschen Gesellschaft für Psychoanalyse, Psychotherapie, Psychosomatik und Tiefenpsychologie, 12.–14. 09. 2003 in Würzburg.

Elias, N. (1985): Arbeiten zur Wissenssoziologie. Hg. v. M. Schröter. Bd. 2: Über die Zeit. Frankfurt a. M.

Heidegger, M. (2000): Beiträge zur Philosophie. Frankfurt a. M.

Heisterkamp, G. (2002): Basales Verstehen: Handlungsdialoge in Psychotherapie und Psychoanalyse. Stuttgart.

Lessing, G. E. (1970): Werke. Hg. v. Göpfert, H. G.; Eibl, K.; Göbel, H.; Guthke, K. S.; Hillen, G.; Schirnding, A. v.; Schönert, J. Bd. 1–8. München.

Pöppel, E. (1997): Grenzen des Bewußtseins: Wie kommen wir zur Zeit, und wie entsteht Wirklichkeit. Frankfurt a. M.

Stern, D. N.; Sander, L. W.; Nahum, J. P.; Harrison, A. M.; Lyons-Ruth, K.; Morgan, A. C.; Bruschweiler-Stern, N.; Tronick, E. Z. (2002): Nicht-deutende Mechanismen in der psychoanalytischen Therapie. Das »Etwas-Mehr« als Deutung. Psyche 56: 974–1006.

Autorenverzeichnis

Stichwortverzeichnis

Die Autorinnen und Autoren

Elisabeth Fuchs-Brüninghoff, Individualpsychologische Beraterin und Lehrberaterin (DGIP), ist in eigener Praxis in Soest tätig.

Karlheinz Geißler, Prof. Dr., Universitätsprofessor für Wirtschaftspädagogik an der Universität der Bundeswehr München.

Günter Heisterkamp, Prof. Dr., Universitätsprofessor im Ruhestand, Diplompsychologe, zuletzt Universität Essen; Lehr- und Kontrollanalytiker (DGIP/DGPT/DAGG).

Kurt Kreppner, Priv.-Doz. Dr., Senior Research Scientist am Max-Planck-Institut für Bildungsforschung Berlin.

Ulrike Lehmkuhl, Univ.-Prof. Dr. med., Dipl.-Psych., Direktorin der Klinik für Psychiatrie, Psychosomatik und Psychotherapie des Kindes- und Jugendalters, Universitätsmedizin Berlin – Charité, Campus Virchow Klinikum, Lehranalytikerin (DGIP/DGPT/DAGG), Erste Vorsitzende der Deutschen Gesellschaft für Individualpsychologie.

Sten Nadolny, Dr. phil., ist Autor und lebt in Berlin.

Antje Peters ist Lehrerin und Individualpsychologische Beraterin (DGIP) in München.

Jürgen Rauber, Dr. med., Psychoanalytiker und Lehranalytiker (DGIP/DGPT), ist in eigener Praxis in Mainz tätig.

Thomas Reinert, Dr. med., Chefarzt der Fachklinik Langenberg in Velbert; Psychoanalytiker und Lehranalytiker (DGIP/DGPT/DAGG).

Franz Resch, Univ.-Prof. Dr. med., Professor für Kinder- und Jugendpsychiatrie an der Universität Heidelberg, Psychoanalytiker (ÖVIP).

Christian Riedhammer, M. A. Analytischer Kinder- und Jugendlichenpsychotherapeut (DGIP), ist in eigener Praxis in Ingolstadt tätig.

Ursula Sauer-Schiffer, Prof. Dr., Individualpsychologische Beraterin (DGIP), Professorin für Erziehungswissenschaft mit Schwerpunkt Erwachsenenausbildung an der Universität Münster.

Stefani Theis, Schauspielerin und Beraterin, lebt in Braunschweig.

Karl Heinz Witte, Dr. phil., Psychoanalytiker und Lehranalytiker (DGIP/DGPT), tätig in eigener Praxis in München.

Individualpsychologie bei V&R

Rainer Schmidt
Träume und Tagträume
Eine individualpsychologische Analyse

3., überarbeitete Auflage 2004.
231 Seiten , kartoniert
ISBN 3-525-46221-2

Träume und Tagträume werden tiefenpsychologisch und mit dem Akzent der Individualpsychologie Alfred Adlers in ihrer Aussagefähigkeit, auch für den therapeutischen Prozess, beleuchtet.

Almuth Bruder-Bezzel
Geschichte der Individualpsychologie
2., neubearbeitete Auflage 1999.
284 Seiten, kartoniert
ISBN 3-525-45834-7

„Für alle, die sich für die Individualpsychologie interessieren, ist dieses Buch ohne Einschränkungen zu empfehlen - und für ihre Fans die Lektüre eine Pflicht.“ *Publik-Forum*

Ulrike Lehmkuhl
Wie arbeiten Individualpsychologen heute?
Beiträge zur Individualpsychologie, Band 29.
2003. 324 Seiten mit 4 Abbildungen und 9 Tabellen, kartoniert
ISBN 3-525-45010-9

Almuth Bruder-Bezzel /
Klaus-Jürgen Bruder
Kreativität und Determination
Studien zu Nietzsche, Freud und Adler

2004. 206 Seiten , kartoniert
ISBN 3-525-46207-7

Der Band versammelt Aufsätze zur Psychoanalyse und Individualpsychologie: psychoanalytische Triebkritik, schöpferisches Unbewusstes, Konstruktivismus und Intersubjektivität, Nietzsche, Adler und Freud zum Krieg.

V&R
Vandenhoeck
& Ruprecht

Aus unserem Programm

Luc Ciompi
Die emotionalen Grundlagen des Denkens
Entwurf einer fraktalen Affektlogik
2., durchgesehene Auflage 1999. 371 Seiten mit 6 Abbildungen, kartoniert
ISBN 3-525-01437-6

Jürgen Kriz
Chaos, Angst und Ordnung
Wie wir unsere Lebenswelt gestalten
Transparent, Band 42. 2. Auflage 1998. 125 Seiten, kartoniert
ISBN 3-525-01728-6

Brigitte Boothe
Verlangen, Begehren, Wünschen
Einstieg ins aktive Schaffen oder in die Lethargie
1999. 174 Seiten mit 1 Abbildung, kartoniert
ISBN 3-525-01449-X

Hans Sohni
Geschwisterbeziehungen
in Familien, Gruppen und in der Familientherapie
2004. 124 Seiten, kartoniert
ISBN 3-525-46223-9

Andreas Bürgi / Herbert Eberhardt
Beratung als strukturierter und kreativer Prozess
Ein Lehrbuch für die ressourcenorientierte Praxis
2004. 272 Seiten, kartoniert
ISBN 3-525-46208-5

Hartmut Radebold
Abwesende Väter und Kriegskindheit
Fortbestehende Folgen in Psychoanalysen
Unter Mitarbeit von Hildegard Radebold. 3., aktualisierte Auflage 2004. 254 Seiten mit 2 Abbildungen, kartoniert
ISBN 3-525-01472-4

V&R
Vandenhoeck & Ruprecht